항공용 가스터빈

이병은 지음

KM 경문사

머리말

전 세계적으로 극히 소수의 회사들만이 최첨단기술인 항공용 가스터빈 설계기술을 독점하고 있으며, 제작기술 역시 핵심부품의 경우 국내에서 제작이 불가능한 상태이다. 이런 이유 때문에 기계산업기술의 최고 정점에 있는 항공용 가스터빈에 대한 국내의 설계기술 및 제작기술은 현재 매우 취약한 상태이다. 다만 국내의 기술 수준은 민항기를 운영하고 있는 항공사와 군용기를 운영하는 공군에서 가스터빈엔진에 대한 정비를 수행하고 있는 정도이다. 따라서 국내에서 편찬된 항공용 가스터빈의 기본적인 이론에 대한 책이 많이 부족하여 대부분 원서를 이용하고 있다. 그리고 국내에서 편찬된 교재도 대부분 외국에서 발행된 교재를 그대로 번역해 놓은 상태이다. 이런 교재들은 내용이 어렵고 방대하기 때문에 이런 교재들을 이용하여 항공용 가스터빈에 입문하는 학생들에게 체계적인 교육을 실시하기 쉽지 않다.

저자는 항공용 가스터빈에 대한 가장 기본적인 내용들을 쉽고 간략하게 정리하여 항공용 가스터빈에 입문하는 학생들이 가스터빈의 기본적이면서 기초적인 운전원리를 쉽게 이해할 수 있도록 노력하였다. 참고로, 본 책은 저자가 지난 15년간 학생들을 대상으로 실시한 강의를 통하여 정제된 자료를 기초로 작성되었다. 그러나 초판인 만큼 다소 미흡한 부분이 있을 것으로 판단되며, 미흡한 부분들은 지속적으로 수정 보완해 나갈 예정이다.

저자는 항공용 가스터빈엔진에 입문하는 학생들뿐만 아니라 산업체 종사자들 역시 본 책을 통해 항공용 가스터빈엔진에 대한 기초적이면서 기본적인 내용을 쉽게 이해할 수 있을 것이라고 확신한다. 마지막으로 본 책의 출판에 깊은 관심을 가져주신 경문사 관계자 모든 분들께 깊은 감사를 드린다.

2016. 5.

이병은

차례

제3장 압축기

제4장 연소기

제5장 터빈

제6장 배기계통

제7장 성능

제8장 연료계통

제9장 윤활계통

제10장 시동계통

제11장 점화계통

제1장

가스터빈 기본원리

항공기 추진기관에는 가스터빈과 피스톤엔진이 있다. 가스터빈은 높은 비추력을 가지며, 동급의 피스톤엔진에 비해 최대 10배까지 높은 추력을 생산한다. 항공기 추진방식에는 프로펠러 추진과 제트 추진이 있다. 프로펠러 추진은 저속에서 높은 추진효율을 나타내며, 제트 추진은 고속에서 높은 추진효율을 나타낸다. 따라서 중속에서는 프로펠러 추진과 제트 추진을 조합한 추진방법이 사용되고 있는데, 터보팬엔진과 터보프롭엔진이 이에 해당된다.

제트 추진에는 여러 가지 방법이 사용되고 있다. 대표적인 제트 추진기관으로는 로켓, 램제트엔진, 스크램제트엔진, 펄스제트엔진 등이 있다. 항공기 추진기관으로 가장 많이 사용되는 가스터빈은 터보제트엔진, 터보팬엔진, 터보프롭엔진, 터보샤프트엔진으로 구분된다. 이들 엔진은 각각 고유한 추진 특징을 가지고 있기 때문에 항공기 임무에 따라 그에 적합한 엔진이 적용되고 있다.

1.1 가스터빈 기본구성

가스터빈은 항공기를 추진하기 위한 추력을 생산하기 위해 작동유체로서 공기를 사용하는 열기관이다. 공기는 쉽게 구할 수 있으며, 비교적 낮은 압력에서 높은 온도로 가열할 수 있기 때문에 많은 열에너지를 쉽게 저장할 수 있으며, 이로 인해 높은 TIT를 요구하는 가스터빈에 사용할 수 있는 최적의 작동유체이다. 추력을 얻기 위해서 가스터빈을 통과하는 공기는 가속되어야만 한다. 즉 가스터빈은 추력을 얻기 위해서 가스터빈을 통과하는 공기의 속도, 즉 운동에너지를 증가시키는 장치라고 단순하게 생각할 수 있다. 그림 1.1에 가스터빈 기본 구성을 나타냈다. 압축기는 유입되는 공기의 압력을 증가시키기 위하여 사용된다. 하나 또는 다수의 연소실 내부에는 고압의 공기 속으로 미세한 분무형태로 연료가 분사되어 연소되면서 공기를 가열시킨다. 연소가 일어나는 동안에 압력은 (거의) 일정하게 유지된다. 그러므로 연소과정에서 공기가 가열되면 공기의 비체적이 증가하며, 연소실 체적은 일정하게 유지되기 때문에 공기가 가속된다. 이렇게 가속된 공기는 터빈으로 보내진다. 따라서 연소실을 빠져나와 터빈으로 유입되는 연소가스는 압력에너지, 운동에너지, 열에너지를 포함하고 있다. 터빈은 연소가스에 포함되어 있는 압력에너지와 열에너지의 일부를 기계적인 일로 변환시킨다. 그리고 터빈에서 생성된 기계적인 일은 압축기를 구동하는 데 사용된다. 배기노즐은 터빈을 빠져나온 배기가스에 포함되어

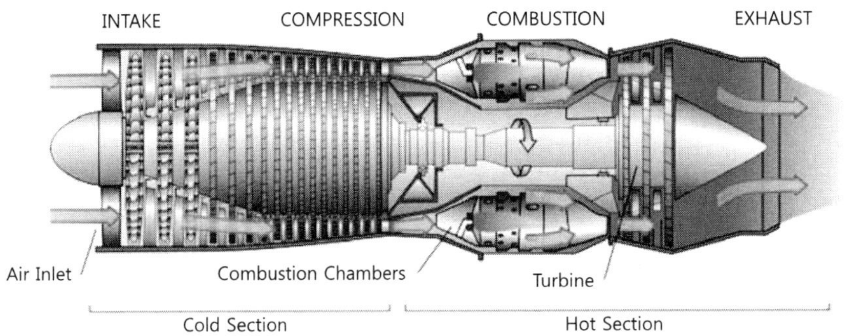

그림 1.1 가스터빈 기본 구성

있는 나머지 에너지를 사용하여 배기가스를 가속시켜 고속의 배기제트를 얻는다. 가스터빈은 이 고속 배기제트의 반작용 힘을 이용하여 추력을 얻는 가장 대표적인 항공기 추진장치이다. 한편, 그림 1.1에 나타나 있는 것처럼 신선한 공기가 유입되는 입구덕트, 공기가 압축되는 압축기, 디퓨저를 저온부라 하며, 고온의 연소가스가 생성되고 통과하는 연소기, 터빈, 배기노즐을 합쳐서 고온부라 한다.

1.2 브레이턴 사이클

일반적인 가스터빈은 그림 1.2와 같이 간단하게 나타낼 수 있다. 이 그림에 축동력이 나타나 있는데, 축동력이 없으면 순수한 터보제트엔진이며, 축동력이 있으면 터보팬, 터보프롭, 또는 터보샤프트엔진이다.

가스터빈 운전원리를 설명하기 위해 단순사이클 가스터빈에 대한 이상적인 $p-v$ 및 $T-s$선도를 그림 1.3에 나타냈다. 단순사이클 가스터빈이란 입구계통과 배기계통을 무시하고 단지 압축기, 연소기 터빈만을 고려한 사이클이다. 가스터빈에 대한 열역학적 사이클은 브레이턴사이클이다.

과정 1→2는 압축기에서 일어나는 과정으로서 압축기 입구로 유입된 신선한 공기가 높은 압력으로 압축되는 과정이다. 이 과정에서 열이 추가되지 않는다. 그러나 공기가 압축됨에 따라 공기 온도가 상승한다. 따라서 압축기를 빠져나오는 공기는 높은 온도와 압

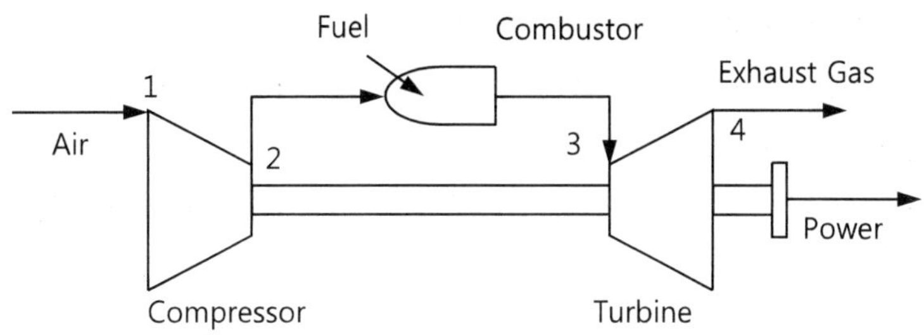

그림 1.2 가스터빈 개략도

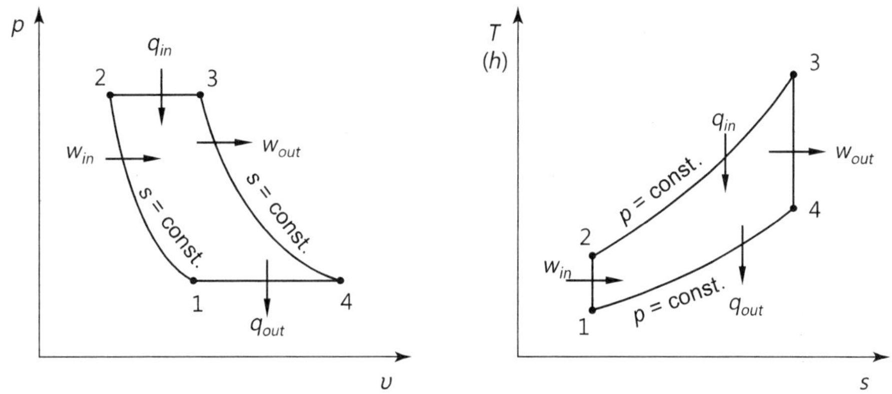

그림 1.3 단순사이클 가스터빈 p-v 및 T-s 선도

력을 가진다. 압축기에서 일어나는 열역학적인 과정은 단열과정이다. 그러나 실제 압축이 진행되면서 온도와 압력이 증가하면 온도가 압축기 케이싱을 통해 외부로 전달되기 때문에 엄밀하게 살펴보면 단열과정이 아니다. 그러나 압축기를 통과하는 공기의 축방향 속도가 마하수 0.5에 해당하는 고속이며, 이로 인해 압축이 순식간에 진행되기 때문에 압축기에서 일어나는 과정을 단열과정이라 가정할 수 있다. 따라서 그림 1.3에 나타나 있는 $p-v$선도에 나타나 있는 것처럼 과정 1→2를 단열과정으로 나타낼 수 있다. 한편, 압축기에서 압축이 진행되면서 로터와 스테이터를 통과하는 동안 형상손실, 이차유동손실, 누설손실 등이 발생한다. 그러나 압축기에서 발생하는 모든 손실을 무시한다면 가역과정이 성립하기 때문에 이상적인 압축과정은 등엔트로피과정이 된다. 등엔트로피과정이란 단열과정이 가역적으로, 즉 단열과정이 손실 없이 일어나는 과정을 의미한다. 실제로 열역학에서는 각종 열기관에서 발생하는 다양한 손실을 과정에 반영하기 어렵기 때문에 열기관에서 발생하는 모든 손실을 무시하고 손실이 없는 이상적인 과정으로 처리한다. 그러므로 과정 1→2는 그림 1.3에 나타나 있는 $T-s$선도에서처럼 등엔트로피과정으로 나타내며, 과정이 상방향으로 진행되는 이유는 공기가 압축되면서 자연스럽게 온도가 올라가기

때문이다. 공기 압축에 사용되는 압축기 구동력은 터빈으로부터 전달받는다. 따라서 압축기에서 일어나는 에너지 변환을 살펴보면, 압축기에서는 기계적인 일이 압력에너지로 변환된다는 것을 알 수 있다.

과정 2→3은 연소기에서 일어나는 연소과정으로서 압축기를 빠져나온 압축공기가 연소기로 유입되어 연소기 내부로 분사된 연료와 혼합되어 연소되는 과정이다. 이 과정에서 연료에 포함되어 있는 화학적 에너지가 열에너지로 변환된다. 따라서 $T-s$선도에서 확인할 수 있는 것처럼 공기의 온도가 상승하며, $p-v$선도에서 확인할 수 있는 것처럼 공기의 비체적이 증가한다. 연소과정은 정압상태에서 일어난다. 이는 가스터빈이 개방계 열기관으로서 개방된 공간에서 연소가 일어나기 때문이다. 그러나 실제적인 과정에서 연소기 내부에서 일어나는 유체마찰과 연소에 의한 갑작스러운 온도상승으로 인해 압력이 약간 줄어든다. 따라서 연소기에서 일어나는 에너지 변환을 살펴보면, 화학적 에너지가 열에너지와 운동에너지로 변환된다는 것을 알 수 있다. 한편, 압축기를 빠져나온 공기의 높은 압력은 그대로 유지되기 때문에 연소과정에서 압력에너지의 변화는 없다. 따라서 연소기로부터 터빈으로 유입되는 배기가스는 높은 수준의 압력에너지, 열에너지, 운동에너지를 포함하고 있다. 비록 일차연소영역에서 국부적으로 높은 온도에 도달하기는 하지만 연소계통에서는 연료-공기 혼합, 연소, 희석, 냉각이 일어나도록 설계한다. 따라서 연소계통 설계는 매우 어려우면서 복잡하기 때문에 연소기는 실험적 연구를 통해 개발하고 있다.

과정 3→4는 터빈에서 일어나는 단열팽창과정이다. 터빈을 통과하는 작동유체는 고온가스로서 터빈 케이싱을 통해서 열의 일부가 외부로 빠져나간다. 그러나 터빈을 빠져나가는 작동유체가 고속이며, 이로 인해 팽창과정이 순식간에 종료되기 때문에 단열과정이라고 가정할 수 있으며, 그림 1.3에 나타나 있는 $p-v$선도에서처럼 과정 3→4를 단열과정으로 나타낸다. 한편, 연소가스가 터빈 노즐과 버켓을 통과하면서 형상손실, 이차유동손실, 누설손실 등이 발생한다. 그러나 이들 손실을 무시하면 가역과정이 성립하여 등엔트로피과정이 된다. 따라서 터빈에서는 등엔트로피팽창과정이 일어나며, 그림 1.3에 나타나 있는 $T-s$선도에서처럼 등엔트로피과정으로 나타낼 수 있다. 과정 3→4가 하방향으로 진행되는 이유는 터빈에서는 팽창과정이 일어나기 때문에 과정이 진행되면서 작동유체의 온도와 압력이 내려가기 때문이다. 따라서 터빈에서 일어나는 에너지 변환을 살펴보면, 연소가스에 포함되어 있는 압력에너지, 열에너지, 운동에너지가 기계적인 일로 변환된다는 것을 알 수 있다. 이 변환은 두 단계로 일어난다. 우선 터빈을 구성하는 노즐에서 연소가스가 팽창되면서 가속된다. 이 과정에서 작동유체의 압력에너지의 일부가 운동에너지로 변환된다. 다음 단계로 버켓에서 운동에너지의 일부가 기계적인 일로 변환된다.

버켓에서 발생한 기계적인 일은 터빈 축을 회전시키며, 터빈 축은 압축기에 연결되어 있기 때문에 터빈에서 발생한 기계적인 일은 압축기를 구동하는 데 사용된다. 한편, 터빈에서 생산된 일 가운데 압축기를 구동하고 남는 일은 축동력으로 사용한다. 축동력의 종류로는 터보팬엔진의 경우 팬 구동동력, 터보프롭엔진의 경우 프로펠러 구동동력, 산업용엔진의 경우 압축기나 발전기 구동동력 등이 있다.

과정 4→1은 배기과정으로서 실제 가스터빈 내부에서 일어나는 과정이 아니라 터빈을 빠져나온 배기가스가 대기 중으로 배출되는 과정이다. 대기 중으로 배출된 배기가스는 대기 중에서 냉각된다. 따라서 이 과정을 정압냉각과정이라고도 한다. 정압과정이 성립하는 이유는 가스터빈에서 배기가스를 대기 중으로 배출하는 동시에 가스터빈에서 흡입하여 압축하는 공기 역시 대기 중에서 압축기로 유입되기 때문이다. 이 과정은 가스터빈 내부에서 일어나는 과정이 아니기 때문에 열역학적으로 닫혀 있기보다는 열려 있는 과정이다. 그러므로 일부 자료에서는 이 과정을 처리하지 않거나 점선으로 연결하는 경우도 있다. 그러나 열역학적 사이클 해석을 위해서는 사이클을 닫아주어야 하기 때문에 대부분의 자료에서 이 과정을 실선으로 처리하고 있다.

항공기를 추진하는 열기관에는 그림 1.4에 나타나 있는 것처럼 가스터빈과 피스톤엔진

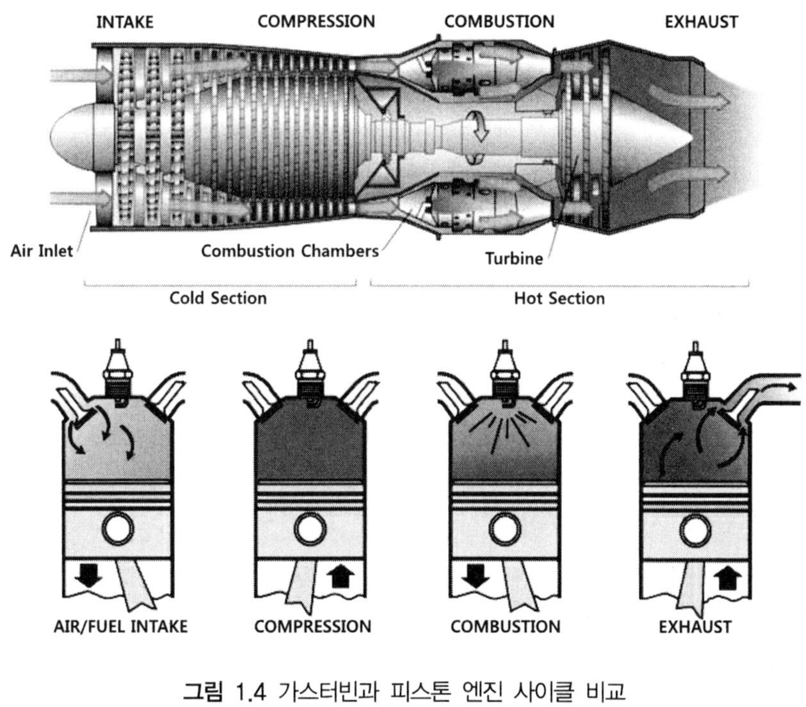

그림 1.4 가스터빈과 피스톤 엔진 사이클 비교

이 있다. 가스터빈의 작동 사이클은 4행정 피스톤엔진의 작동 사이클과 유사하다. 그러나 가스터빈에서 연소는 정압과정으로 일어나는 데 반해서 피스톤엔진에서는 연소가 정적과정으로 일어난다. 그림 1.4에서 확인할 수 있는 것처럼 가스터빈과 피스톤엔진 모두 흡입, 압축, 연소, 배기과정으로 작동된다. 그러나 두 열기관 사이에 나타나는 가장 중요한 차이점은 피스톤엔진의 경우 이런 과정들이 단속적으로 일어나는 데 반해서 가스터빈에서는 이런 과정들이 연속적으로 일어난다는 점이다. 즉 이런 과정들이 순차적으로 일어나는 피스톤엔진에서는 오직 연소 한 과정에서만 동력이 생산되며, 나머지 과정인 흡입, 압축, 배기과정에서는 오히려 동력을 흡수한다. 따라서 피스톤엔진에서는 단속적으로 출력이 생산되며, 이로 인해 열기관 규모에 비해 적은 출력이 생산된다. 이에 반해 가스터빈은 연속적으로 과정이 일어나기 때문에 짧은 시간에 더 많은 연료를 연소시킬 수 있으며, 이로 인해 매우 큰 출력을 생산할 수 있다. 아울러 가스터빈은 엔진 입구부의 주어진 면적에 대해서 가능한 최대의 공기를 흡입할 수 있다. 열기관에 많은 공기를 흡입하면 많은 연료를 연소시킬 수 있기 때문에 더 큰 출력을 생산할 수 있다. 이 두 가지 이유로 인해 가스터빈은 동일한 크기를 가지는 동급의 피스톤엔진에 비해 최대 10배까지 더 큰 출력을 생산할 수 있다.

가스터빈에서의 연소는 정압가열과정이며, 이 과정을 통해 작동유체인 공기가 크게 가속된다. 가스터빈에서 연속적인 작동이 일어나기 때문에 연소실은 열려져 있는 공간이며, 이로 인해 폐쇄적인 공간에서 연소가 일어나는 피스톤엔진과는 달리 연소가 진행되는 동안에 공기의 압력이 증가하지 않는다. 그리고 연소가 진행되는 동안에 공기의 온도가 급격하게 상승하기 때문에 공기의 비체적이 급격하게 증가한다. 피스톤엔진은 연소과정에서 연소실에 1,000 psi를 초과하는 첨두압력이 작용하는 데 반해서 가스터빈 연소실에는 첨두압력이나 압력교란이 발생하지 않는다. 따라서 피스톤엔진에는 높은 옥탄가를 가진 연료를 사용하며, 실린더를 튼튼하게 제작해야 하는 반면에 가스터빈에는 낮은 옥탄가를 가진 연료를 사용하며, 가벼운 제관 형태로 연소실을 제작한다.

피스톤엔진과 비교했을 때 나타나는 가스터빈의 장점을 정리하면 다음과 같다.

1) 연소가 연속적으로 일어나기 때문에 큰 출력을 낼 수 있다.
2) 왕복운동 부분이 없어 진동이 적으며 고속회전이 가능하다.
3) 추운 기후에서도 시동이 용이하다.
4) 윤활유 소모가 적다.
5) 저급 연료 사용이 가능하다.
6) 고속비행이 가능하다.

가스터빈의 단점은 다음과 같다.

1) 연료 소모량이 많다.
2) 소음이 심하다.

그림 1.5와 1.6에 항공기 추진용 터보제트엔진의 개략도와 $h-s$선도를 각각 나타냈다. 터보제트엔진은 순수하게 제트추진에 의해 추력을 얻기 때문에 터빈에서는 압축기를 구동하기 위한 동력만 생산하면 된다. 따라서 압축기에 공급한 동력의 크기$(h_2^{'}-h_1^{'})$는 터빈에서 생산된 동력의 크기$(h_3^{'}-h_4^{'})$와 동일하다. 그리고 배기노즐에서 더 큰 추력을 얻기 위해 유동을 가속시키면서 압력이 낮아진다.

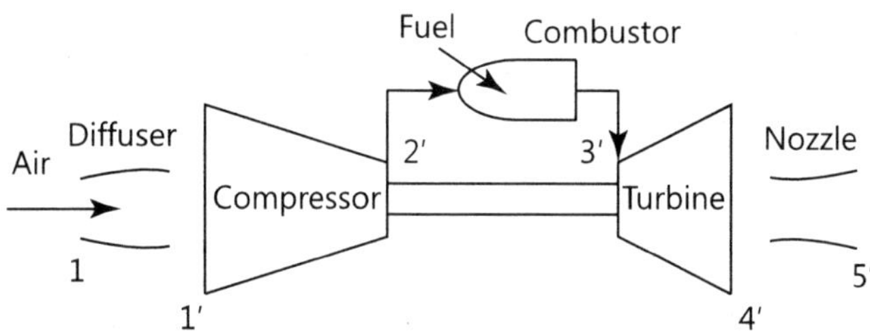

그림 1.5 항공기 추진용 터보제트엔진 개략도

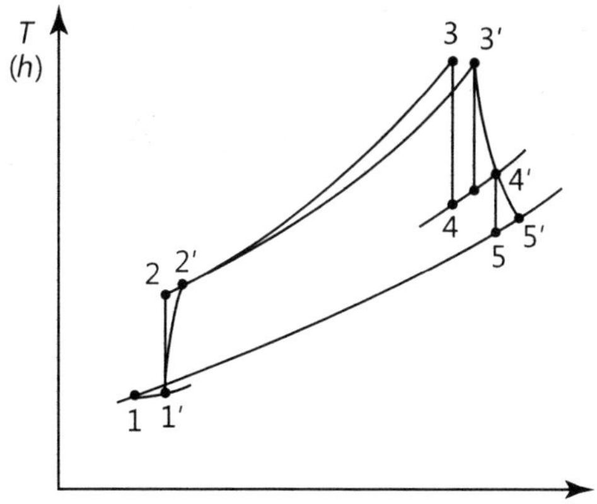

그림 1.6 항공기 추진용 터보제트엔진 $h-s(T-s)$선도

1.3 가스터빈 내부 압력 및 온도분포

가스터빈 효율은 가스터빈에서 얻을 수 있는 최대압력과 최대온도에 의해 지배를 받는다. 따라서 가스터빈 내부에서 최대압력과 최대온도가 나타나는 부위를 살펴보는 것은 중요하다. 그림 1.7과 1.8에 가스터빈을 통과하는 동안 나타나는 공기의 상태변화를 나타냈다. 압축기를 통과하는 동안 압력이 증가한다. 압축기에 열을 공급하지는 않는다. 그러나 압축이 진행되는 동안 압축에 의해 공기의 온도가 자연스럽게 증가한다. 이런 사실은 이상기체 상태방정식을 이용하면 쉽게 이해할 수 있다. 즉 이상기체 상태방정식으로부터 가스의 압력과 체적의 곱은 가스의 온도에 비례한다는 것을 알 수 있다. 한편 압축기를 통과하면서 공기의 속도는 약간 줄어든다. 일반적으로 축류압축기를 통과하는 공기의 속도는 마하수 0.5 정도의 고속유동이다. 그러나 이렇게 높은 속도로 압축기를 빠져나가는 경우 연소기에서 화염안정을 도모하기 어렵기 때문에 압축기 입구에서보다 출구에서의 속도가 작아지도록 설계한다. 일반적으로 압축기를 빠져나가는 공기의 속도는 마하수 0.35 정도이다.

압축기와 연소기 사이에 있는 디퓨저에서 압축공기의 정체압력과 정체온도는 일정하게 유지된다. 그러나 디퓨저에서 유체마찰이 일어나기 때문에 실제적으로 압력이 줄어든다.

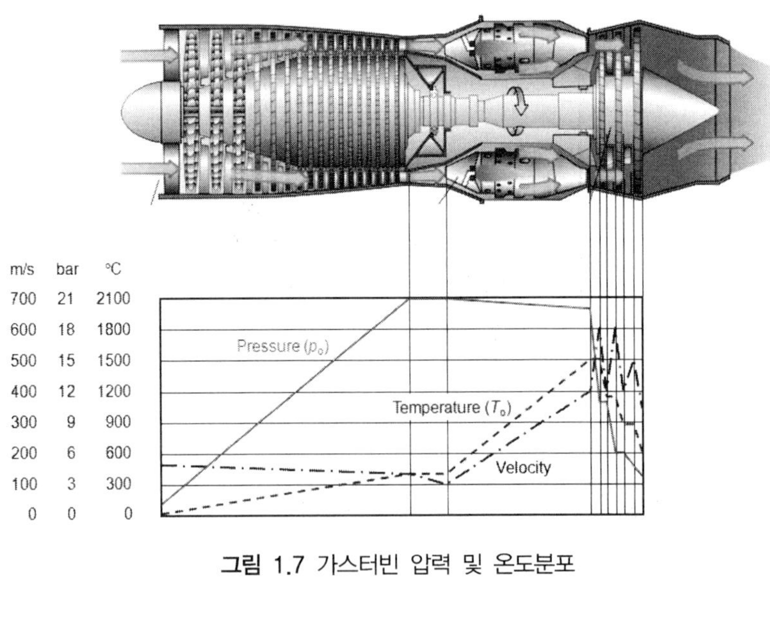

그림 1.7 가스터빈 압력 및 온도분포

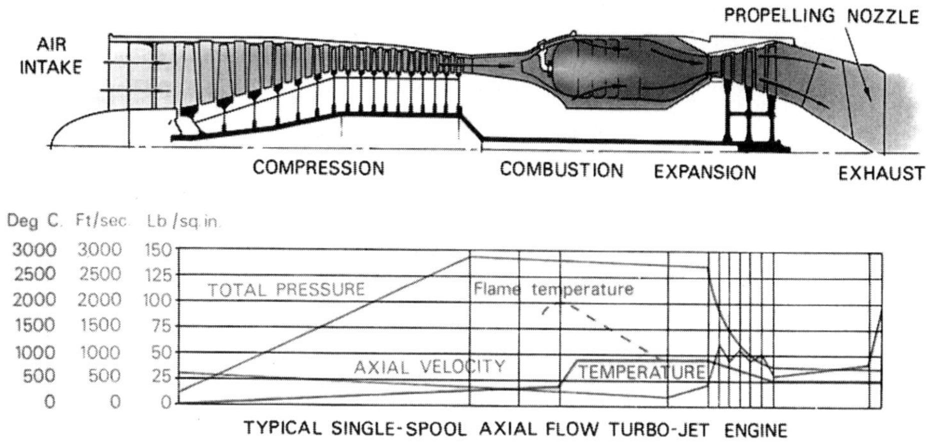

그림 1.8 가스터빈 압력 및 온도분포

따라서 가스터빈에서 가장 높은 압력이 나타나는 곳은 압축기 출구이다. 한편, 디퓨저에서 유동단면적 확대로 인해 압축공기의 속도가 줄어든다. 이는 연소기에서 화염을 안정적으로 유지시키기 위함이다.

앞에서 언급했듯이 연소기에서 작동유체의 압력은 유체마찰과 갑작스러운 온도 상승으로 인해 약간 줄어든다. 한편, 연소기 내부에서의 온도분포는 그림 1.7에 나타나 있는 것처럼 하류로 가면서 증가한다. 이는 연소가 연소기 1차영역에서 일어나지만 하류로 가면서 연소가 지속되기 때문이다. 일반적으로 연소기는 3구역, 즉 1차영역, 2차영역, 3차영역(희석영역)으로 구분한다. 1차영역에서는 연료와 공기의 혼합이 이루어지는 동시에 연소가 일어난다. 그리고 2차영역에서 연소가 완료된다. 3차영역에서는 연소가스와 냉각공기가 혼합되어 터빈으로 보내주어야 하는 온도로 연소가스를 냉각시킨다. 따라서 연소기 2차영역과 3차영역 경계에서 최대온도가 나타난다. 그러나 3차영역은 길이가 짧기 때문에 그림 1.7에서와 같이 연소기 출구에서 최대온도가 나타나는 것으로 표시한다. 한편, 그림 1.8에 나타나 있는 것처럼 연소기 내부에서의 온도분포는 일정한 것으로 나타내기도 한다. 아울러 이 그림에 나타나 있듯이 화염온도는 상류에서 하류로 가면서 낮아지는 것을 알 수 있다. 이는 연소기 하류로 가면서 연소기 내부로 지속적으로 냉각공기가 유입되기 때문이다. 이런 내용을 종합하면, 가스터빈에서 온도가 가장 높은 곳은 연소기 출구 또는 터빈 입구라는 것을 알 수 있다.

터빈에서는 팽창과정이 진행되기 때문에 그림 1.7과 1.8에서 확인할 수 있는 것처럼 작동유체의 온도와 압력이 낮아진다. 그리고 작동유체의 속도는 노즐을 통과하는 동안 증가하고 버켓을 통과하는 동안에는 줄어든다.

가스터빈 효율에 직접적인 영향을 미치는 최대압력과 최대온도는 첨단기술의 발달로 인해 지속적으로 증가하고 있다. 따라서 현재 연소기와 터빈은 각각을 구성하는 소재의 용융온도보다 더 높은 온도에서 작동하고 있으며, 이로 인해 연소기와 터빈 구성품에는 막대한 냉각이 요구된다. 가스터빈을 구성하는 부품의 소재와 냉각기술의 발달은 가스터빈 효율 향상과 가스터빈 무게 절감에 기여하고 있다.

1.4 추력 및 추진효율

1.4.1 추력

항공기 추진계통에 의해 발생하는 추력은 그림 1.9에 나타나 있는 것처럼 항공기를 앞으로 끌고 가거나 밀어주는 힘이다. 추력은 뉴턴의 제3법칙인 작용-반작용 법칙에 의해 발생하지만 엔진 형태에 따라 다른 방법으로 추력을 발생시킨다. 작동유체인 공기는 추진장치인 엔진에 의해서 가속되며, 이 가속에 의해 추력이 발생한다.

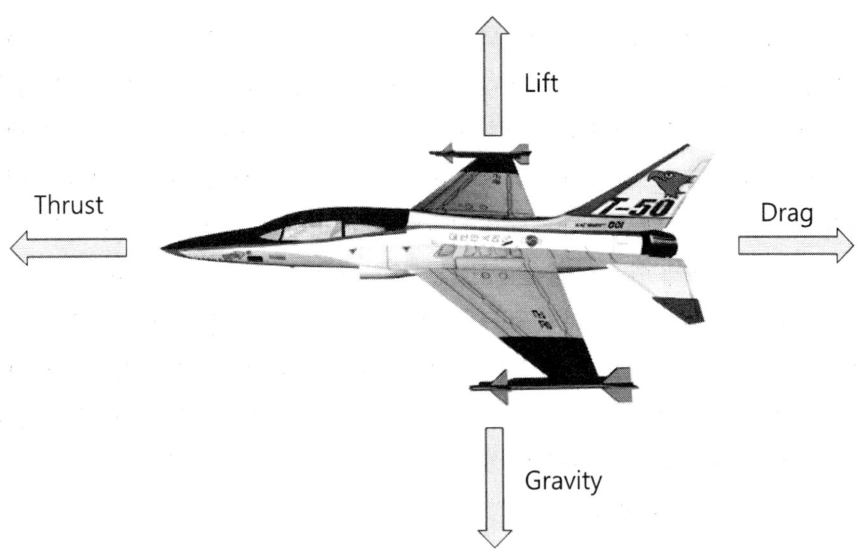

그림 1.9 항공기에 작용하는 힘

추력은 공기를 가속시켜 그 반작용을 통해 얻어지는 기계적인 힘이다. 공기는 뒤쪽으로 가속되고 작용-반작용의 법칙에 의해 엔진(항공기)은 반대쪽으로 가속된다. 공기를 가속시키기 위해서는 추진장치가 필요하다. 추력에 대한 이해를 쉽게 하기 위하여 우선 추진장치를 단순하게 공기를 가속시키는 기계라고 생각하자.

추력의 크기는 엔진을 통과하는 작동유체의 질량유량에 배기속도를 곱해서 구해진다. 이에 대한 내용을 살펴보기 위하여 그림 1.10의 제트유동을 살펴보기로 한다. 힘의 크기는 운동량의 시간에 대한 변화율로 나타난다. 따라서 다음과 같은 식이 성립한다.

$$F = \frac{d(mV)}{dt}$$

제트유동에서 그림 1.10에서와 같이 제어체적을 설정하면, 제어체적 내부로 연속적으로 유동이 흘러들어 간다. 그런데 제트유동이 정상유동이라고 가정하면 제트유동이 유입되는 제어체적 표면에서 유체의 속도가 일정하다. 따라서 위 식은 다음과 같이 된다.

$$F = V\frac{dm}{dt} = \dot{m}V \tag{1.1}$$

여기서 $\dot{m}$은 제어체적으로 유입되는 공기의 질량유량을 나타낸다. 그리고 질량유량은 다음과 같이 정의되며, 단위는 질량/시간(kg/s)이다.

$$\dot{m} = \rho VA \tag{1.2}$$

여기서 ρ는 공기의 밀도, V는 유체의 속도, A는 노즐 단면적이다. 따라서 제트노즐을 빠져나가는 제트유동에 의해 발생하는 힘의 크기는 $\dot{m}V(=\rho V^2 A)$이며, 제트유동에 의해 발생하는 반력(R)의 크기 또한 $\dot{m}V$이다. 따라서 제트유동에 의해 발생하는 추력의 크기는 $\dot{m}V$가 된다. 추력의 단위는 질량/시간 × 거리/시간 = 질량×거리/시간^{2}이기 때문에 힘의 단위가 된다. 참고로, 1 뉴턴은 1 kg의 질량을 가지는 물체를 1 m/s^{2}으로 가속시킬 수 있는 힘으로서 다음과 같이 정의된다.

$$1\ \text{N} = 1\ \text{kg}\cdot\text{m/s}^2$$

그림 1.11에 나타나 있는 것처럼 가스터빈 입구로 유입되는 공기의 속도를 V_o, 가스터빈 출구를 빠져나가는 공기의 속도를 V_e라 하면 가스터빈에서 발생하는 추력의 크기는 다음과 같다.

$$F = \dot{m}V_e - \dot{m}V_o = \dot{m}(V_e - V_o) \tag{1.3}$$

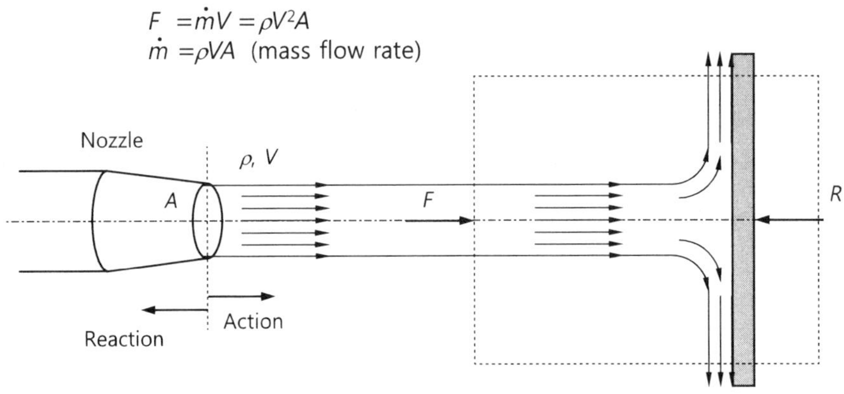

그림 1.10 제트유동에 의한 추력

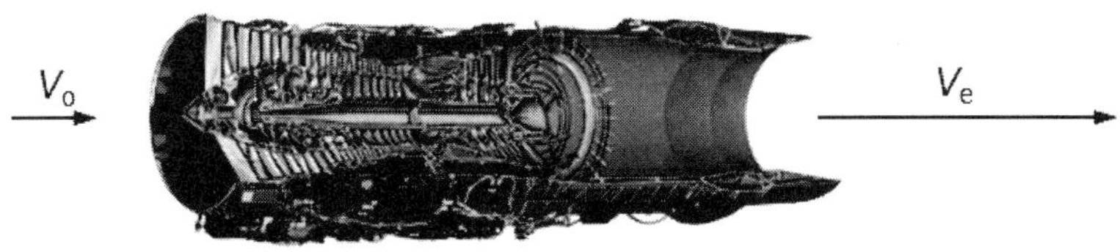

그림 1.11 가스터빈 속도분포

참고로, 가스터빈 출구에서의 질량유량은 가스터빈 입구로 들어온 공기의 질량유량과 연소실에 공급된 연료의 질량유량의 합친 것이 된다. 그러나 연료의 질량유량은 가스터빈 입구로 유입된 공기의 질량유량에 비해 매우 작기 때문에 무시할 수 있다. 식 (1.3)에 나타나 있는 힘의 크기는 가스터빈에서 발생하는 실제적인 추력으로서 진추력(net thrust)이라 한다. 즉 $\dot{m}V_e$는 가스터빈을 항공기 진행방향으로 미는 힘이고, $\dot{m}V_o$는 가스터빈을 항공기 진행 반대방향으로 미는 힘이다. 따라서 가스터빈에서 발생하는 실제적인 추력은 식 (1.3)과 같다. 즉 식 (1.3)은 실제적으로 발생하는 추력의 크기는 질량유량과 가스터빈에서 가속되는 공기의 속도 크기의 곱과 같다는 것을 의미한다.

1.4.2 추진

추진이란 어떤 물체를 앞으로 끌거나 앞으로 미는 것을 의미한다. 추진장치란 어떤 물체를 앞으로 밀기 위한 추력을 발생시키는 기계를 말한다. 식 (1.1)을 통해 알 수 있듯이 추력은 작동유체의 질량유량과 속도 두 가지에 의해 결정되기 때문에 높은 출력은 대량의 공기를 작게 가속시키거나 소량의 공기를 크게 가속시켜 얻을 수 있다.

항공기를 추진하는 엔진에는 여러 가지 형태가 있다. 항공기에 작용하는 힘 가운데 추력에서 항력을 빼준 값을 잉여추력(excess thrust)이라 한다. 따라서 잉여추력이 클수록 항공기는 더욱 빨리 가속된다. 민간항공기와 화물기 같은 일부 항공기는 대부분 순항조건에서 비행한다. 이런 항공기에 있어서 잉여추력은 높은 엔진효율과 낮은 연료소비율에 비해 중요하지 않다. 프로펠러와 팬은 공기역학적 효율이 우수하기 때문에 대량의 공기를 작게 가속시키는 데 적합하다. 이런 이유 때문에 대형 민간항공기와 화물기에는 각각 고바이패스비 터보팬엔진과 터보프롭엔진이 많이 사용되고 있다. 이에 반해 전투기와 고속 훈련기는 급속한 가속과 고속에 따른 큰 항력을 극복하기 위하여 매우 큰 잉여추력이 요구된다. 이런 항공기의 경우 엔진효율보다 잉여추력이 훨씬 중요하다. 따라서 군용기는 대개 작은 바이패스비를 가지면서 애프터버너가 장착된 터보팬엔진을 사용하고 있다.

1.4.3 프로펠러 추진과 제트 추진 비교

앞에서 식 (1.3)을 통해 실질적인 추력의 크기는 가스터빈을 통과하는 작동유체의 질량유량과 이 작동유체가 가속되는 속도의 크기의 곱과 같다는 것을 살펴보았다. 추진에는 프로펠러 추진과 제트 추진이 있다. 프로펠러는 대량의 공기를 소량 가속시켜서 추력을 얻는다. 따라서 그림 1.12에 프로펠러를 통과하는 공기의 질량유량을 대문자로 나타냈으며, 가속되는 속도 크기는 소문자로 나타냈다. 이에 반해 가스터빈은 소량의 공기를 크게 가속시켜 추력을 얻는다. 따라서 그림 1.12에 가스터빈을 통과하는 공기의 질량유량을 소문자로 나타냈으며, 가속되는 속도 크기는 대문자로 나타냈다.

프로펠러를 이용하여 추진하는 경우 항공기 비행속도가 음속보다 훨씬 낮은 속도로 제한된다. 이는 프로펠러가 고속으로 회전하면 프로펠러 팁 부분이 음속을 초과하며, 이때 프로펠러 팁 부위에서 충격파가 발생하여 프로펠러 효율이 급격하게 낮아지며, 높은 소음이 발생하고, 심한 경우에는 프로펠러가 찢겨나가기 때문이다. 그러나 가스터빈은 이런 제한이 없기 때문에 고속비행이 가능하다. 즉 가스터빈을 이용하여 추진하는 민간항공기는 높은 아음속으로 순항하며, 군용항공기는 음속을 초과하는 고속으로 비행할 수 있다. 이렇게 속도가 증가하면 더욱 많은 임무를 수행하거나 주어진 시간에 더 많은 승객과 화물을 실어 나를 수 있기 때문에 생산성이 향상된다.

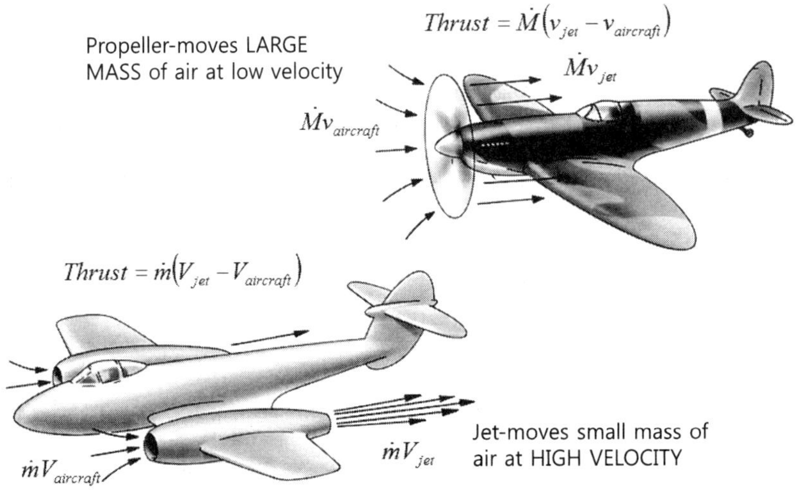

그림 1.12 프로펠러 추진과 제트 추진 비교

1.4.4 추진효율

항공기 추진효율(propulsive efficiency)은 다음과 같이 정의된다.

$$\text{PE} = \frac{\text{Thrust Power}}{\text{Thrust Power + Kinetic Energy Wasted}}$$

따라서 수식으로 정리하면 위 식은 다음과 같이 된다.

$$PE = \frac{\dot{m}(V_j - V_a)V_a}{\dot{m}(V_j - V_a)V_a + \frac{1}{2}\dot{m}(V_j - V_a)^2}$$

$$PE = \frac{V_a}{V_a + \frac{1}{2}(V_j - V_a)}$$

$$PE = \frac{2V_a}{V_a + V_j} \qquad (1.4)$$

여기서 V_a는 항공기 속도, V_j는 가스터빈을 빠져나가는 배기가스 속도이다. 이 식으로부터 추진효율에 관계된 두 가지 중요한 사실을 알 수 있다. 첫째는 항공기 속도에 비해 배기가스 속도가 커질수록 추진효율이 낮아진다는 것이다. 저속 비행의 경우 프로펠러는 공기를 작게 가속시킨다. 이에 반해 가스터빈은 저속 비행에서 공기를 크게 가속시킨다. 따라서 저속에서는 터보프롭엔진이 터보제트엔진에 비해 높은 추진효율을 나타낸다. 둘째는 항공기 속도가 증가할수록 추진효율이 증가한다는 것이다. 즉 식 (1.4)로부터 V_a가 커질수록 높은 추진효율을 가진다는 것을 알 수 있다. 그림 1.13에 가스터빈 형태별 추진효율이 나타나 있다. 이 그림에서 알 수 있듯이 비교적 저속에서 프로펠러를 장착한 터보프롭엔진의 추진효율이 가장 우수한 것을 알 수 있다. 터보프롭엔진의 경우 비행속도에 비해 제트 배기속도(터보프롭엔진의 경우 프로펠러 후류 속도)가 그리 크지 않기 때문에 높은 추진효율을 가진다. 그러나 고속에서는 프로펠러 팁효과 때문에 프로펠러를 장착한 비행기는 사용할 수 없으며, 순수한 터보제트엔진이 가장 높은 추진효율을 나타낸다. 그리고 중속에서는 바이패스비를 가지는 터보팬엔진이 높은 추진효율을 나타낸다. 한편, 바이패스비를 가지는 터보팬엔진은 고바이패스비 터보팬엔진과 저바이패스비 터보팬엔진으로 구분하는데, 고바이패스비 터보팬엔진은 터보프롭엔진에 가까워서 중속에서 높은 추진효율을 나타내며, 저바이패스비를 가지는 터보팬엔진은 터보제트엔진에 가깝기 때문에 고속에서 높은 추진효율을 나타낸다.

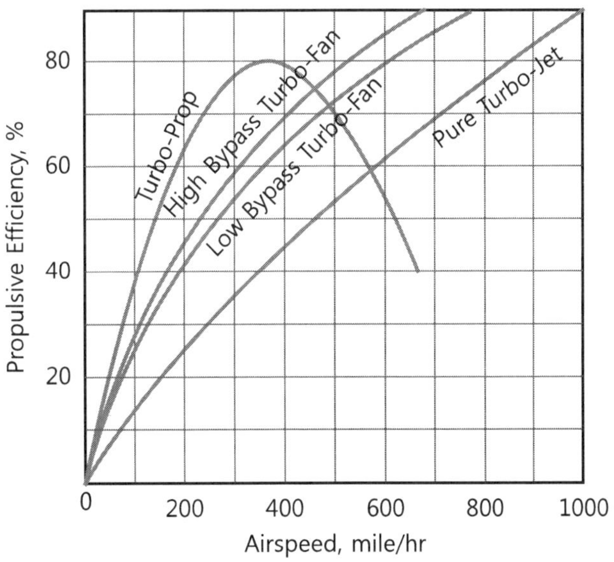

그림 1.13 가스터빈 형태별 추진효율 비교

1.5 제트엔진 종류

1.5.1 로켓

로켓은 추력 발생에 필요한 산화제와 연료를 고체 또는 액체의 형태로 로켓 내부에 저장하여 사용한다. 따라서 로켓은 가스터빈과 달리 공기를 흡입하지 않는다는 것이 특징이다. 로켓에서 연소가 일어나면 작은 체적의 고체 또는 액체 연료가 큰 체적의 기체가 된다. 연료와 산화제의 연소에 의해 발생하는 이 기체는 높은 초음속으로 배기노즐을 빠져나가면서 큰 추력을 발생시킨다. 따라서 로켓의 배기노즐은 그림 1.14에서 확인할 수 있듯이 배기가스를 초음속으로 가속시킬 수 있는 수축-확산노즐 형태로 되어 있다. 로켓은 높은 초음속으로 배출되는 배기가스에 의해 얻어지는 추력을 이용하여 공기가 없는 대기권 밖으로까지 비행할 수 있다.

그림 1.15에 로켓엔진을 장착한 우주왕복선을 나타냈다. 우주왕복선은 액체수소 연료

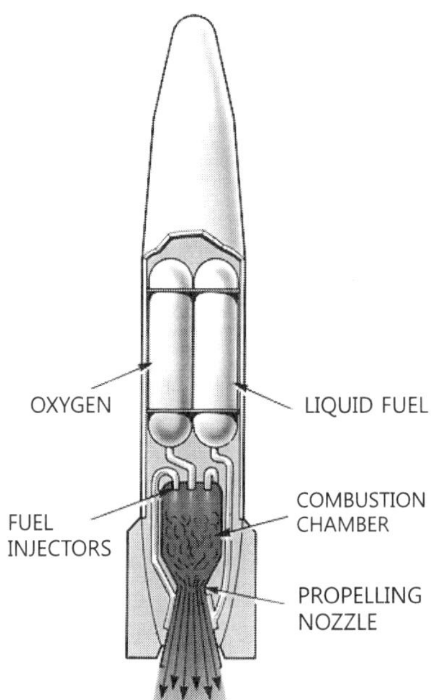

그림 1.14 로켓

그림 1.15 우주왕복선

를 사용하는 세 개의 메인 로켓엔진을 가지고 있으며, 각각의 로켓엔진은 400,000 파운드의 추력을 발생시킨다. 메인 로켓엔진은 우주왕복선이 이륙하는 동안에 고체연료를 사용하는 로켓 부스터와 함께 사용된다. 로켓 부스터는 각각 약 3,000,000 파운드의 추력을 발생시키며, 이륙 후에는 우주왕복선으로부터 분리되어 버려진다.

1.5.2 램제트엔진

램제트엔진은 고속으로 비행하는 비행체의 엔진 전면에 부딪히는 공기에 의해 발생하는 램압력에 의해 압축되는 공기를 이용하여 제트 추진하는 엔진이다. 램제트엔진은 공기를 흡입하는 엔진이며, 단속적으로 연소가 일어나는 펄스제트엔진과 달리 연속적으로 연소가 이루어진다. 램제트엔진은 램압력을 이용하기 때문에 그림 1.16에서 확인할 수 있는 것처럼 가스터빈과는 달리 축류압축기와 터빈이 없다. 따라서 램제트엔진은 가스터빈에 비해 매우 간단하며, 가벼운 것이 특징이다. 그러나 램제트엔진은 비행체가 정지해 있는 상태에서 추력을 발생시키지 못하기 때문에 정지해 있는 비행체를 추진하지 못한다. 따라서 램제트엔진은 이륙을 위해 로켓과 같은 보조이륙장치가 필요하다. 보조이륙장치는 램제트엔진이 스스로 추력을 생산할 수 있는 속도인 약 400 km/h까지 비행체를 가속시켜 주는 역할을 한다. 일반적으로 램제트엔진은 마하수 2.5~6에서 운전되며, 마하수 3의 속도에서 가장 효율적으로 작동한다.

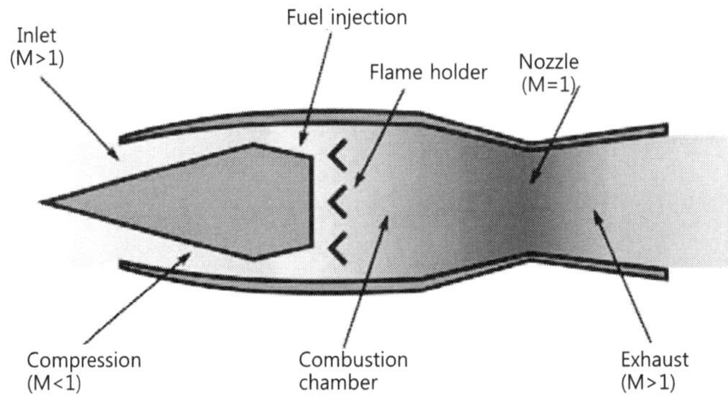

그림 1.16 램제트엔진 개략도

1.5.3 스크램제트엔진

스크램제트엔진(Scramjet; Supersonic Combustion Ramjet)은 램제트엔진이 변형된 형태로서 초음속유동 상태에서 연소가 일어난다. 램제트엔진에서처럼 스크램제트엔진도 연소가 일어나기 전에 유입되는 공기를 고속비행 상태에서 강력하게 압축시킨다. 스크램제트엔진 입구로 유입되는 공기를 압축시키는 원리는 그림 1.17에 나타나 있는 것처럼 극초음속으로 비행하는 비행체의 엔진 입구에서 다중 충격파가 형성되도록 하여 자연스럽

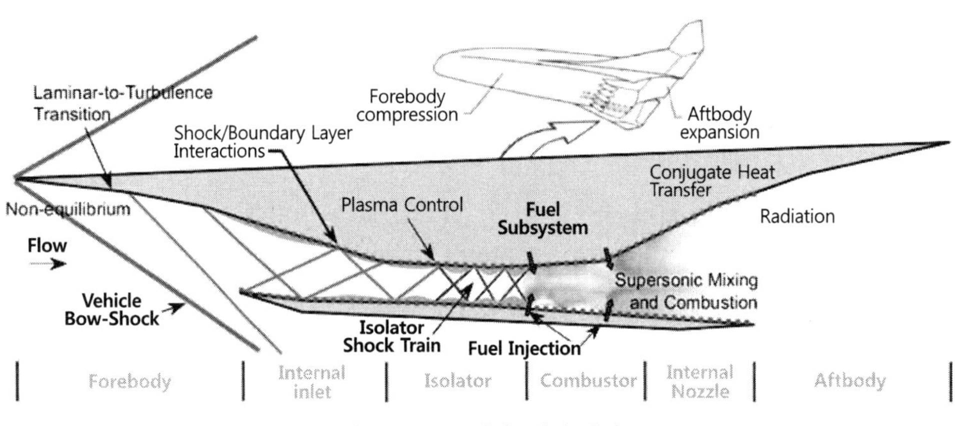

그림 1.17 스크램제트엔진 개략도

그림 1.18 하부에 스크램제트엔진을 장착한 극초음속 비행체 개념도 (X-43, NASA)

게 공기의 압축이 일어나도록 하는 것이다. 그러나 램제트엔진이 연소 전에 유동을 아음속으로 감속시키는 데 반해서 스크램제트엔진은 연소 전에 유동을 아음속으로 감속시키지 않기 때문에 엔진 전체에 초음속유동이 형성된다. 따라서 스크램제트엔진에서는 초음속유동 속에서 연소가 일어난다. 이렇게 하면 매우 높은 속도에서 스크램제트엔진이 효율적으로 운전된다. 스크램제트엔진의 최고속도는 마하수 12~24로서 극초음속기에 적용되는 엔진이다. 그림 1.18에 NASA에서 개발 중인 스크램제트엔진을 장착한 극초음속기를 나타냈다.

1.5.4 펄스제트엔진

펄스제트엔진은 연소가 맥동적으로 일어나는 제트 추진 엔진이다. 즉 펄스제트엔진은 연속적인 연소를 이용하기보다는 폭발력을 이용하는 제트엔진이라 할 수 있다. 펄스제트엔진은 엔진 입구에 그림 1.19에 나타나 있는 것처럼 밸브로 구성되어 있는 셔터를 가지고 있다는 것을 제외하면 램제트엔진과 비슷하다. 셔터를 통해 엔진으로 유입된 공기는 연료와 혼합되어 연소된다. 셔터는 스프링에 의해 열려있으며, 연소가 일어나는 동안 연소실 압력 증가에 의해 닫히기 때문에 연소가스는 제트파이프를 통해 빠져나가면서 추력을 발생시킨다. 연소가 완료된 후에는 연소실 압력이 낮아지기 때문에 스프링에 의해 셔터가 다시 열리며, 신선한 공기가 다시 유입되어 사이클이 반복된다. 펄스제트엔진의 제트파이프 길이는 엔진의 주파수(초당 연소 횟수)를 조절하는 역할을 한다. 그림 1.20에 나타나 있는 독일의 V-1로켓에 장착된 펄스제트엔진은 초당 40회 반복적으로 연소한다. 따라서 대부분의 펄스제트엔진은 맥동적으로 추력을 발생시키는 것이 아니라 실제적으로는 거의 연속적으로 추력을 발생시키며, 연료 또한 엔진 내부로 연속적으로 공급된다. 그러나 펄스제트엔진에서 발생하는 추력만으로는 비행체가 이륙하는 데 불충분하기 때문에 초기 비행을 위해서는 로켓과 같은 추진장치를 이용해야 한다. 펄스제트엔진은 유도미사일 추진장치로 사용되어 왔다. 그러나 펄스제트엔진은 성능이 우수하지 못한 관계로 1940년대 후반에 개발이 중단되었다.

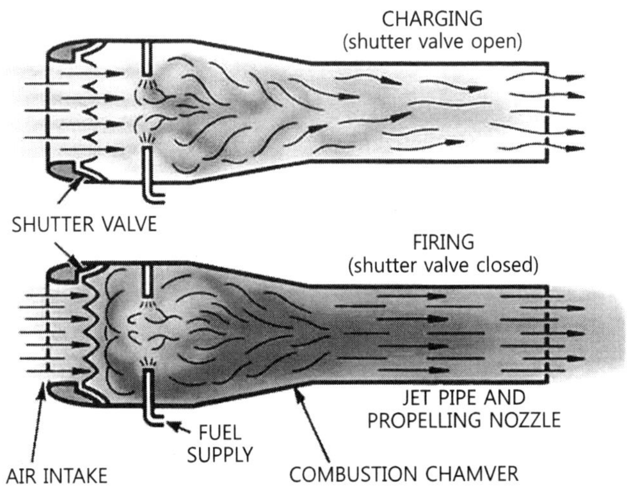

그림 1.19 펄스제트엔진

그림 1.20 펄스제트엔진을 장착한 독일 V-1 로켓

1.6 가스터빈 형태

그림 1.21에 다양한 임무를 가진 항공기를 나타냈다. 이 그림에서 상단 좌측에 나타나 있는 항공기는 보잉 777 민항기이다. 이 항공기의 임무는 승객이나 화물을 고속으로 장거리에 실어 나르는 것이다. 이런 항공기는 대부분 고속으로 순항하면서 비행한다. 하단 좌측에 나타나 있는 항공기는 F-14 톰캣 전투기이다. 이 전투기의 임무는 공중전에서 적군의 항공기를 격추시키는 것이다. 이런 전투기는 대부분의 경우 순항속도로 비행하지만 전투에 참가하는 경우 큰 가속비행이 요구된다. 그림 하단 우측에 나타나 있는 항공기는 C-130 화물기이다. 이런 화물기는 보잉 777처럼 장거리 화물 수송에 이용된다. 그러나 이런 화물기는 보잉 777처럼 빠른 속도를 요구하지 않으며, 경제적인 비행을 위해 높은 추진효율이 요구된다. 그림 상단 우측에 나타나 있는 항공기는 T-38 훈련기이다. 이런 훈련기는 조종사들에게 제트 비행기의 비행원리를 가르치는 데 사용된다. 그러나 이런 훈련기는 F-14처럼 급격한 가속비행이 요구되지 않는다. 이렇게 항공기는 임무에 따라 비행조건이 달라지며, 이렇게 다른 비행조건에 적합한 형태의 가스터빈이 별도로 존재한다. 즉 보잉 777 민항기는 높은 아음속 비행에서 추진효율이 우수한 두 개의 고바이패스비 터보팬엔진을 사용하며, F-14 전투기는 고속비행에서 큰 잉여추력을 얻을 수 있는 두 개의 애프터버너가 장착된 저바이패스비 터보팬엔진을 사용한다. 그리고 C-130 화물기는

그림 1.21 다양한 임무를 가진 항공기와 그에 적용되는 가스터빈 형태

저속에서 추진효율이 매우 우수한 네 개의 터보프롭엔진을 사용하고, T-38 훈련기는 고속 순항비행에 적합한 두 개의 터보제트엔진을 사용한다. 이렇게 가스터빈은 비행 특성에 적합한 형태로 변형되어 사용되고 있다.

1.6.1 터보제트엔진

모든 항공기용 가스터빈의 기본 구성품은 기본적으로 동일하여 압축기, 연소기, 터빈, 배기노즐로 구성되어 있다. 그런데 이런 구성품의 형태와 배치에 따라 가스터빈 형태가 달라진다. 터보제트엔진의 경우 그림 1.22를 통해 유추할 수 있듯이 가스터빈으로 유입된 모든 공기가 압축기, 연소기, 터빈을 통과한다. 가장 대표적인 터보제트엔진으로는 그림 1.23에 나타나 있는 올림푸스 593 가스터빈이 있는데, 이 터보제트엔진은 콩코드 여객기 추진기관으로 사용되었다. 이 터보제트엔진은 원래 군용기에 사용되던 엔진인데 일부 개조하여 콩코드 여객기에 적용하였다.

터보제트엔진을 장착한 항공기는 항공기 속도가 빠를수록 추진효율이 향상된다. 이런 사실은 식 (1.4)와 그림 1.13을 통해서 쉽게 알 수 있다. 터보제트엔진은 특히 마하수 1.2~3.0의 초음속 영역과 높은 고도에서 높은 추진효율을 나타낸다. 그러나 터보제트엔진은 매우 높은 아음속 영역(마하수 0.6~0.9)에서 연료소모율이 매우 높으며, 배기가스 제트유동에 의해 높은 소음이 발생한다. 아울러 터보제트엔진을 장착한 항공기는 제트엔진의 효율을 극대화시키기 위하여 램압력이 필요하기 때문에 긴 활주로를 필요로 하는 단점을 가지고 있다. 이런 이유 때문에 터보제트엔진은 최근 들어 높은 아음속 비행기에 적용되지 않고 있다. 제트 배기가스에 의한 소음은 식 (1.5)에 나타나 있는 것처럼 제트 속도의 8승에 비례한다.

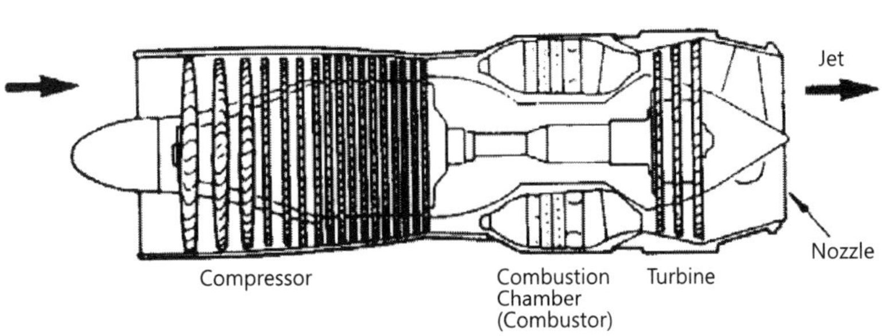

그림 1.22 터보제트엔진 개략도

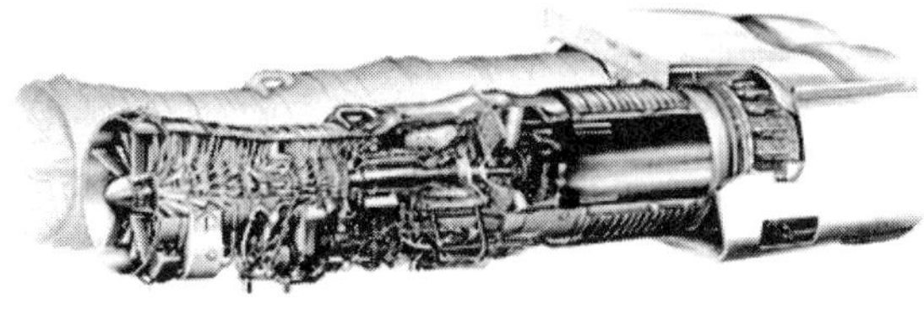

(a) Olympus 593 터보제트엔진

(b) Olympus 593 터보제트엔진을 장착한 콩코드 여객기

그림 1.23 터보제트엔진을 장착한 항공기

$$\text{Noise level} \propto V_{jet}^{8} \tag{1.5}$$

한편, 군용기에 주로 적용되어 왔던 터보제트엔진은 초음속 비행을 위해 대부분 애프터버너를 장착하였다. 터보제트엔진은 현재도 중거리 순항미사일에 사용되고 있는데, 이는 터보제트엔진이 작은 전면면적을 가지면서 높은 배기속도를 가지며, 비교적 간단하기 때문이다.

1.6.2 터보팬엔진

바이패스 엔진이라 불리기도 하는 터보팬엔진은 항공기 추진에 가장 많이 사용되고 있는 엔진이다. 터보팬이라는 용어는 터보와 팬의 합성어이다. 여기서 터보란 가스터빈을 의미하며, 팬은 가스터빈 앞에 부착된 팬을 의미하는데, 팬은 나셀로 이루어지는 도관 내부에서 회전한다. 따라서 터보팬엔진의 기본 형상은 엔진 앞부분에 팬이 있고, 그 뒤에 가스터빈이 있는 것이다. 팬은 가스터빈으로부터 동력을 전달받아 회전한다. 그러므로 터보팬엔진을 구성하는 가스터빈의 터빈은 압축기와 팬을 구동시키기 위한 동력을 생산해야 되기 때문에 터보제트엔진의 터빈보다 단 수가 많은 것이 특징이다. 참고로 그림 1.24(a)에 나타나 있는 터보팬엔진의 터빈 단 수는 7이다. 터보팬엔진에서는 두 가지 방법에 의해 추력이 생산되는데, 하나는 가스터빈에서 발생하는 제트 배기가스에 의한 추력이며, 다른 하나는 팬에서 얻어지는 추력이다. 이렇게 두 가지 방법으로 추력을 얻는 터보팬엔진은 높은 아음속영역에서 터보제트엔진에 비해 높은 추진효율, 낮은 연료소모율, 낮은 소음 수준을 가지게 되어 항공기 추진용 엔진으로 적합하다.

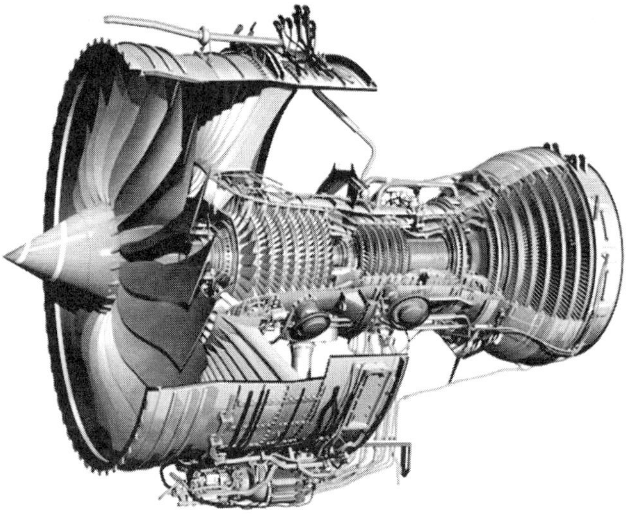

(a) 고바이패스비 터보제트엔진 (바이패스비 ≒ 6)

(b) F100-PW-220 저바이패스비 터보제트엔진 (바이패스비=0.36)

그림 1.24 터보제트엔진

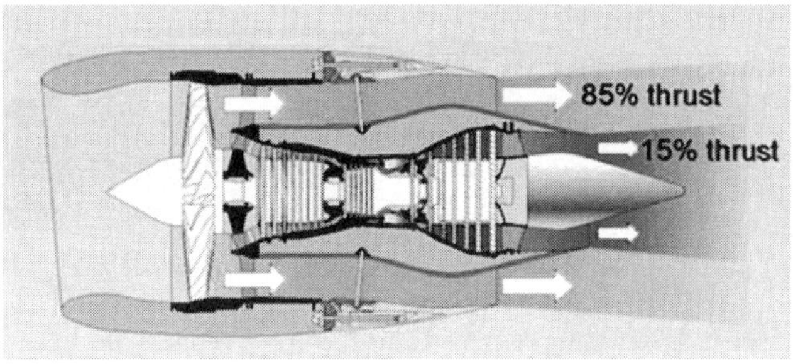

그림 1.25 고바이패스비 터보팬엔진 추력 생산 비율

그림 1.24에 나타나 있는 터보팬엔진으로부터 유추할 수 있듯이 터보팬엔진에서 팬을 통과한 공기 가운데 일부는 가스터빈으로 유입되며, 나머지 일부는 가스터빈을 우회한다. 따라서 터보팬엔진에서는 바이패스비(bypass ratio)가 존재한다. 바이패스비는 가스터빈을 우회하는 공기의 질량유량을 가스터빈을 통과하는 공기의 질량유량으로 나눈 값으로 정의한다. 따라서 바이패스비는 다음과 같이 나타낸다.

$$\mathrm{BPR}=\frac{\dot{m}_{bypass}}{\dot{m}_{core}} \tag{1.6}$$

그림 1.24(a)에 나타나 있는 고바이패스비 터보팬엔진에서는 팬에서 발생하는 추력이 가스터빈 제트유동에 의해 발생하는 제트 추력에 비해 훨씬 크다. 이에 반해 그림 1.24(b)에 나타나 있는 저바이패스비 터보팬엔진에서는 팬에서 발생하는 추력보다 가스터빈 배기가스 제트유동에 의해 발생하는 제트 추력이 훨씬 더 크다. 상업용 대형 항공기에 사용되는 고바이패스비 터보팬엔진의 경우 대개 6정도의 바이패스비를 가지며, 최대 9까지의 바이패스비를 가지기도 한다. 그림 1.25에 나타나 있는 것처럼 고바이패스비 터보팬엔진은 약 85% 정도의 추력이 팬으로부터 생산되며, 나머지가 가스터빈 제트 배기가스로부터 생산된다. 터보팬엔진은 팬 크기가 증가할수록, 즉 바이패스비가 증가할수록 추진효율이 증가한다.

현재 대부분의 상업용 항공기는 고바이패스비 터보팬엔진을 사용하고 있는데, 이는 고바이패스비 터보팬엔진이 높은 추진효율을 가지기 때문이다. 팬은 프로펠러와 유사하기 때문에 팬이 커질수록, 즉 바이패스비가 증가할수록 추진효율이 향상된다. 추진효율이 향상되면 연료소모율이 낮아지기 때문에 경제성이 우선적으로 요구되는 상업용 항공기에 고바이패스비 터보팬엔진이 적용되고 있는 것이다. 고바이패스비 터보팬엔진의 또 다른 장점은 소음이 낮다는 것이다. 고바이패스비 터보팬엔진을 우회하는 공기의 속도는 가스

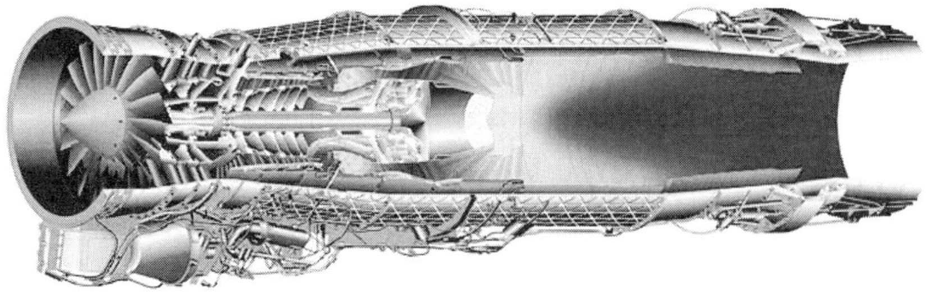

그림 1.26 EJ200 터보팬엔진

터빈 배기가스 속도에 비해 크게 낮으며, 가스터빈을 우회한 공기는 가스터빈 배기가스를 둘러싸기 때문에 터보팬엔진의 소음은 터보제트엔진에 비해 크게 낮아진다. 아울러 터보팬엔진의 가스터빈을 빠져나오는 고속의 배기가스 속도는 터보제트엔진의 배기가스 속도보다 작다. 이는 앞서 언급했듯이 터보팬엔진에 사용되는 가스터빈의 터빈에서는 압축기와 팬을 구동하기 위한 동력을 생산해야 되기 때문에 터빈에서 연소가스에 포함되어 있는 에너지 가운데 더 많은 양이 기계적인 일로 바뀌기 때문이다. 터보팬엔진에 적용되는 팬은 프로펠러와 유사하지만 차이점은 프로펠러가 피치조절을 하는 반면에 팬은 그렇지 않다는 것이다. 터보팬엔진은 고속으로 순항하는 비행기에 적합한 엔진으로서 순항속도에 적합하도록 팬 블레이드 각이 고정되어 있다.

대부분의 군용기는 대개 0.5 이하의 바이패스비를 가지는 저바이패스비 터보팬엔진을 사용한다. 저바이패스비 터보팬엔진은 전면면적이 작아서 고속 비행 시 항력이 적게 발생하며, 고속에서 높은 추진효율을 가진다. 한편, 고바이패스비 터보팬엔진에는 애프터버너를 사용하지 않지만 저바이패스비 터보팬엔진이나 터보제트엔진에는 애프터버너를 사용한다. 이는 저바이패스비 터보팬엔진의 경우 대개 전투기에 적용되며, 전투기의 급격한 가속을 위해 큰 잉여추력이 필요하기 때문이다. 그림 1.26에 나타나 있는 EJ200 터보팬엔진의 경우 애프터버너를 사용하지 않는 경우에 추력은 13,000 lb_f이지만 애프터버너를 사용하면 추력이 20,000 lb_f로 증가한다. 그러나 이렇게 추력이 50% 정도 증가하는 동안 연료소모는 두 배 이상으로 증가한다. 따라서 애프터버너는 항공기 이륙이나 전투 시에 잠깐만 사용한다.

1.6.3 터보프롭엔진

터보프롭엔진은 그림 1.27에 나타나 있는 것처럼 가스터빈 앞부분에 프로펠러를 장착한 형태이다. 터보프롭엔진은 저속에서 프로펠러와 배기제트의 조합에 의해 가장 높은 추진효율을 나타낸다. 앞서 살펴보았듯이 프로펠러는 저속에서, 순수한 제트엔진은 고속에서, 그리고 터보팬엔진은 중속에서 가장 높은 추진효율을 나타낸다. 터보프롭엔진에 장착되는 프로펠러 직경은 터보팬엔진에 적용되는 팬 직경보다 크다. 따라서 터보프롭엔진은 저속에서 고바이패스비 터보팬엔진보다 더 높은 추진효율을 가진다. 터보프롭엔진에 사용되는 프로펠러는 가변피치 형식이며, 대개 정속프로펠러를 사용한다.

터보팬엔진과 마찬가지로 터보프롭엔진은 프로펠러를 구동하기 위하여 가스터빈에 더 많은 터빈 단을 설치하여 배기가스로부터 더 많은 기계적인 동력을 추출한다. 배기가스로부터 추력을 전혀 얻지 않는 터보샤프트엔진과는 달리 터보프롭엔진은 배기가스로부터 약간의 추력을 얻는다. 이는 터보프롭엔진을 장착한 항공기가 비교적 빠른 속도로 비행

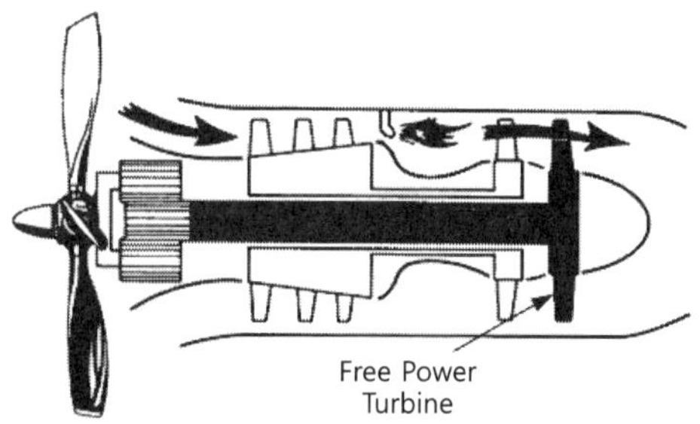

(a) 자유동력터빈을 장착한 터보팬엔진

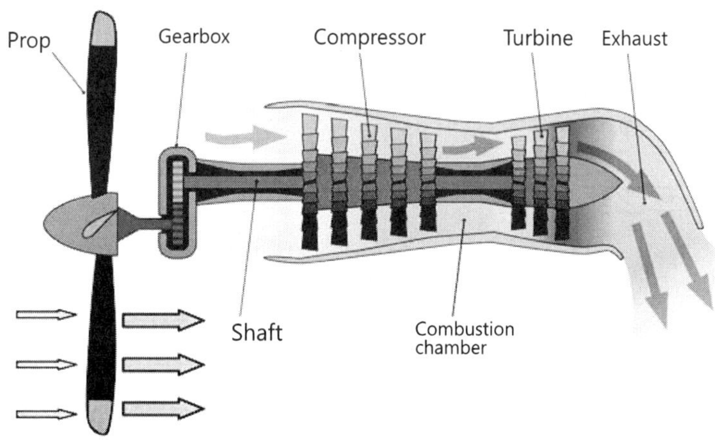

(b) 고정터빈을 장착한 터보팬엔진

그림 1.27 터보프롭엔진

하면서 발생하는 램압력에 의해 엔진의 추진효율이 상승하기 때문이다. 그러므로 터보프롭엔진의 전체 추력은 프로펠러 추력과 배기노즐 추력의 합으로 구성되며, 배기노즐 추력은 전체 추력의 5~25%를 담당한다. 터보프롭엔진에서 배기노즐에서 제트 추력이 차지하는 비중은 순항속도에서 연료 경제성에 의해 결정된다. 참고로, PT6 터보프롭엔진의 경우 약 95%의 추력이 프로펠러를 이용해서 얻어지며, 나머지 5%가 배기노즐 제트 추력이다. 즉 터보프롭엔진은 배기가스에 많은 추력을 생산할 수 있는 충분한 에너지가 포함되어 있지 않은데, 이는 프로펠러를 구동하기 위하여 터빈에 추가적으로 단을 설치하여 배기가스에 포함되어 있는 에너지를 대부분 추출하였기 때문이다.

터보프롭엔진의 프로펠러는 그림 1.27(a)에 나타나 있는 자유동력터빈(free power turbine)이나 그림 1.27(b)에 나타나 있는 고정터빈에 의해 구동된다. 현대식 터보프롭엔진의 경우 자유동력터빈을 사용하는데, 자유동력터빈이란 프로펠러를 구동하는 터빈 단과 압축기를 구동하는 터빈 단의 축이 분리되어 있는 형태를 말한다. 자유동력터빈은 가스터빈과 분리되어 있기 때문에 가스터빈 회전속도와 달리 자체적으로 최적의 속도로 회전할 수 있다. 즉 자유동력터빈은 앞에 있는 압축기, 연소기, 터빈과는 유체역학적으로 연결되어 있을 뿐이며, 기계적으로는 분리되어 있다. 따라서 자유동력터빈 앞에 있는 압축기, 연소기, 터빈을 가스발생기(gas generator)라 하며, 가스발생기는 자유동력터빈이 회전할 수 있도록 자유동력터빈에 연소가스를 공급하는 역할을 수행한다.

고정터빈을 이용하는 경우 고정터빈은 압축기, 감속기어박스, 프로펠러 축에 연결된다. 즉 프로펠러는 작은 토크를 가지는 높은 회전속도에서 큰 토크를 가지는 낮은 회전속도로 변환시키는 감속기어를 통해 터빈에 연결된다. 프로펠러 회전속도를 낮추기 위한 감속기어박스를 사용하면 엔진 무게가 증가하는 단점이 발생한다. 따라서 현대식 터보프롭엔진은 대개 자유동력터빈을 이용한다.

1.6.4 터보샤프트엔진

프로펠러 이외의 부하장치를 구동하기 위해 축을 통해 동력을 전달하는 가스터빈을 터보샤프트엔진이라 한다. 즉 터보샤프트엔진은 제트추력을 생산하기보다는 축동력을 생산하기 위해 최적화된 가스터빈이다. 개념적으로 살펴보면 터보샤프트엔진은 터보제트엔진과 유사한데, 차이점은 터보샤프트엔진은 배기가스에 포함되어 있는 대부분의 열에너지를 축동력으로 변환시키기 위해 터빈에서 추가적인 팽창이 일어난다는 점이다. 즉 터보샤프트엔진은 터보제트엔진보다 더 많은 터빈 단을 가진다. 그러므로 터보샤프트엔진은 터보프롭엔진에 가깝다고 할 수 있다. 실제로 하나의 가스터빈이 터보샤프트엔진과 터보프롭엔진 두 가지 형태로 동시에 판매되고 있다.

터보샤프트엔진은 헬리콥터, 보조동력장치, 선박, 탱크, 산업용 엔진과 같이 높은 축출력, 높은 신뢰도, 작은 크기, 경량이 요구되는 곳에 일반적으로 사용되고 있다. 터보샤프트엔진은 크게 두 부분, 즉 가스발생기(gas generator)와 동력부분(power section)으로 구성되어 있다. 가스발생기는 압축기, 연소기, 터빈으로 구성되어 있다. 그리고 동력부분은 추가적인 터빈 단, 감속기어, 출력이 발생하는 축으로 구성되어 있다. 가스발생기는 동력부분을 구동하기 위해 뜨거운 배기가스를 생산하는 역할을 담당한다. 설계에 따라 엔진 액세서리는 가스발생기에 의해 구동될 수도 있으며, 또는 동력부분에 의해 구동될 수도 있다. 대부분의 설계에 있어서 가스발생기와 동력부분은 기계적으로 분리되어 있으며, 이로 인해 가스발생기와 동력부분은 각각에 맞는 최적의 조건으로 회전하게 되며, 이런 경우 동력부분을 그림 1.28에 나타나 있는 것처럼 자유동력터빈이라 부른다. 그림 1.29에 헬리콥터에 사용되는 터보샤프트엔진의 개념을 나타냈다.

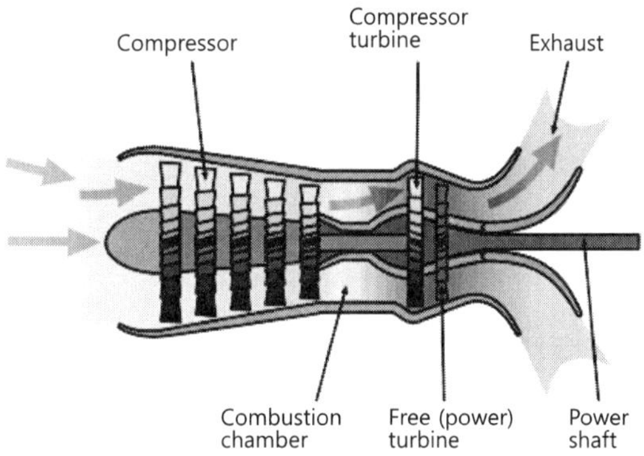

그림 1.28 자유동력터빈을 가지는 터보샤프트엔진

그림 1.29 헬리콥터용 터보샤프트엔진 개념도

제2장

가스터빈 입구계통

모든 가스터빈 엔진은 공기 흡입을 위한 엔진 입구계통(inlet or intake system)을 가지고 있다. 입구계통은 압축기 앞에 설치하며, 압축기로 유입되는 공기의 상태를 결정한다. 따라서 입구계통 성능은 엔진의 실질적인 추력에 큰 영향을 미친다. 대개의 경우 엔진 입구계통은 항공기 기체를 제작하는 회사에서 설계하고 시험한다. 그러나 입구계통은 항공기 모든 운전영역에서 효율적으로 작동해야 하며, 엔진 성능에도 큰 영향을 미치기 때문에 모든 엔진 제작회사들은 공기역학자들을 고용하여 엔진 입구계통을 개발하고 있다.

매우 느린 저속비행이나 항공기가 활주로에 정지해 있는 동안 자유류의 공기는 압축기에 의해 엔진 내부로 빨려들어 간다. 이런 이유 때문에 영국에서는 입구계통을 흡입구(intakes)라 부르고 있다. 그러나 고속비행에서 자유류의 공기는 램압력에 의해 엔진 내부로 밀려들어 간다.

가스터빈 입구계통은 압축기에 스톨이 발생하지 않도록 압축기 입구 전면에 공기를 균일하게 공급해야 한다. 이는 공기흐름에 작은 불연속이 생기는 경우일지라도 압축기에 큰 효율 손실이 발생하기 때문이다. 따라서 입구계통으로부터 공급되는 공기는 난류 성분이 최소가 되어야 한다. 아울러 입구계통 길이는 항력과 무게를 줄이기 위해서 최대한 짧아야 한다.

가스터빈 입구계통을 통해서 엔진 내부로 유입된 공기는 음속의 절반, 즉 마하수 0.5 정도의 속도로 압축기로 유입된다. 따라서 비행속도가 이보다 낮은 경우에는 입구계통을 통해서 유동이 가속되어야 하며, 비행속도가 이보다 빠른 경우에는 입구계통에서 유동이 감속되어야 한다. 따라서 입구계통 내부 형상은 큰 손실이 발생하지 않으면서 유동을 가속시키거나 감속시킬 수 있어야 한다.

압축기 입구에서의 평균 총압력을 자유류 총압력으로 나눈 값을 총압력회복이라 한다. 압력회복은 입구계통에 대한 또 다른 중요한 지수이다. 이는 압력회복이 큰 값을 가질수록 성능 측면에서 우수한 입구계통이기 때문이다.

2.1 수축-확산노즐에서의 유동

항공기 추진기관인 가스터빈의 경우 입구덕트 및 배기덕트의 형상은 1차원이며, 유동방향을 따라서 유동단면적이 변하는 덕트라고 생각할 수 있다. 아울러 초음속에 사용되는 가스터빈의 입구 및 출구덕트 형상은 그림 2.1의 수축-확산노즐 형태이다. 따라서 이에 대한 유동을 살펴보는 것이 제트추진을 이해하는 데 있어서 필수적으로 요구된다.

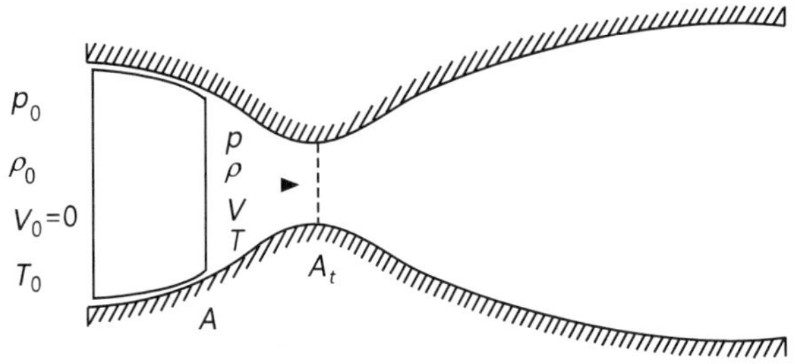

그림 2.1 수축-확산노즐

그림 2.1에 나타나 있는 수축-확산 노즐을 통과하는 1차원 등엔트로피 기체유동을 살펴보기로 한다. 이 노즐을 통과하는 기체는 연속방정식을 만족시킨다. 따라서 다음과 같은 식이 성립한다.

$$\dot{m} = \rho VA = \text{const.} \tag{2.1}$$

식 (2.1)은 연속방정식이다. 여기서 ρ는 기체의 밀도, V는 유동속도, A는 유동단면적이다. 위 식에 로그함수를 취하고 미분하면 다음과 같은 식이 얻어진다.

$$\frac{d\rho}{\rho} + \frac{dV}{V} + \frac{dA}{A} = 0$$

그림 2.1에 나타나 있는 단순한 덕트 유동에서 발생하는 마찰손실을 무시하면 등엔트로피과정이 된다. 등엔트로피과정에서 정체엔탈피는 일정하게 유지되기 때문에 다음과 같은 식이 성립한다.

$$h_o = h + \frac{1}{2}V^2 = \text{const.}$$

$$dh = -VdV \tag{2.2}$$

깁스방정식은 다음과 같다.

$$Tds = dh - vdp = dh - \frac{dp}{\rho}$$

등엔트로피과정에서 $ds = 0$이다. 따라서 위 식으로부터 다음 관계식이 성립한다.

$$dh = \frac{dp}{\rho} \tag{2.3}$$

식 (2.3)을 식 (2.2)에 대입하면 다음 관계식이 얻어진다.

$$-VdV = \frac{1}{\rho}dp = \frac{1}{\rho}\left(\frac{\partial p}{\partial \rho}\right)_s d\rho = a^2\frac{d\rho}{\rho}$$

위 식에 연속방정식을 대입하여 밀도 항을 없애면 다음과 같이 고속유동 특징을 살펴볼 수 있는 중요한 식이 얻어진다.

$$\frac{dA}{A} = (M^2 - 1)\frac{dV}{V} \tag{2.4}$$

수축-확산노즐에서 나타나는 유동을 살펴보기 전에 먼저 단순한 노즐과 디퓨저에서 일어나는 유동을 살펴보기로 한다. 그림 2.2(a)와 (b)에 나타나 있는 수축노즐은 하류로 가면서 단면적이 작아지는데, 이런 형태를 노즐이라 한다. 이에 반해 그림 2.2(c)와 (d)에 나타나 있는 확산노즐은 하류로 가면서 단면적이 커지는데, 이런 형태를 디퓨저라 한다. 그림 2.3에 나타나 있듯이 압축기 블레이드 통로는 하류로 가면서 단면적이 증가하는 디퓨저 형태이며, 터빈 블레이드 통로는 하류로 가면서 유동단면적이 감소하는 노즐 형태를 가지고 있다. 따라서 노즐과 디퓨저에서의 유동은 가스터빈 입구 및 출구에서뿐만 아니라 압축기와 터빈 블레이드 통로에서도 나타나는 매우 중요한 유동이라는 것을 알 수 있다.

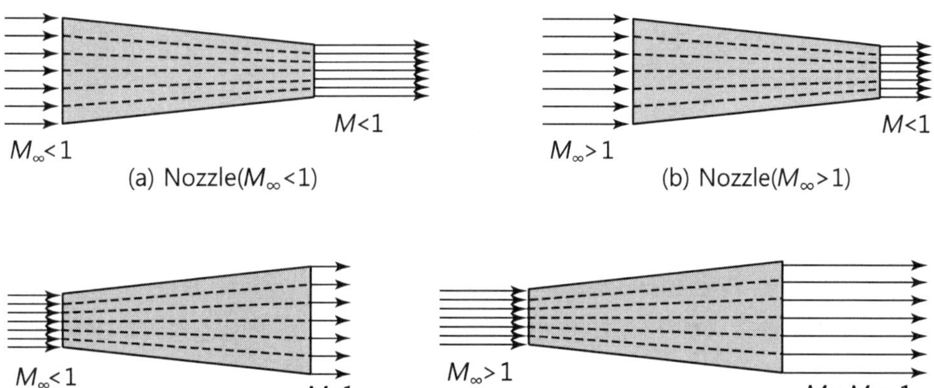

(a) Nozzle(M_∞<1) (b) Nozzle(M_∞>1)
(c) Diffuser(M_∞<1) (d) Diffuser(M_∞>1)

그림 2.2 노즐과 디퓨저에서의 유동

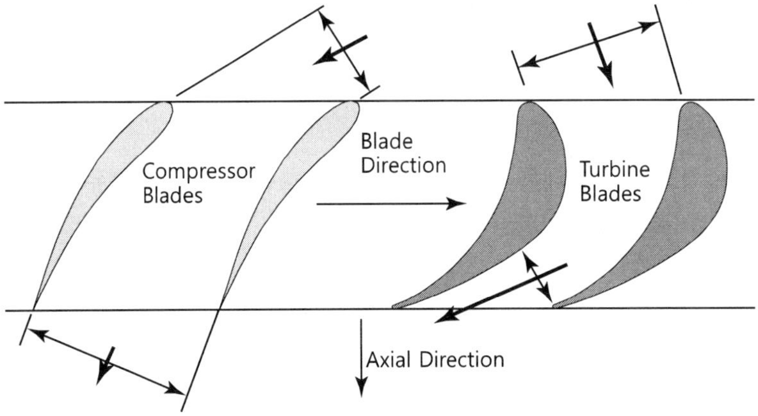

그림 2.3 압축기 및 터빈 블레이드 통로

먼저 노즐에서 나타나는 유동을 살펴보기로 한다. 유동방향을 따라 하류로 가면서 노즐 단면적이 축소되기 때문에 $dA/A<0$이다. 그림 2.2(a)에 나타나 있는 것처럼 노즐 내부로 유입되는 유체의 속도가 아음속일 때 (M^2-1)은 음(−)의 값을 가지기 때문에 식 (2.4)를 만족시키기 위해서 dV/V항이 양(+)이 되어야 한다. 이는 하류로 가면서 유체의 속도가 증가되어야 한다는 것을 의미한다. 따라서 아음속유동은 노즐을 통과할 때 유동이 가속된다. 이런 사실은 식 (2.1)에 나타나 있는 연속방정식을 통해서도 쉽게 이해할 수 있다. 이제 그림 2.2(b)에서와 같이 노즐 내부로 유입되는 초음속유동을 살펴보자. 이때 (M^2-1)은 양(+)의 값을 가지기 때문에 식 (2.2)를 만족시키기 위해서 dV/V항이 음(−)이 되어야 한다. 따라서 초음속유동이 노즐을 통과할 때 아음속유동 때와 정반대로 유동이 감속된다.

이제 디퓨저에서 나타나는 유동을 살펴보기로 한다. 디퓨저에서는 유동방향을 따라 단면적이 확장되기 때문에 $dA/A>0$이다. 그림 2.2(c)에 나타나 있는 것처럼 디퓨저 내부로 유입되는 유체의 속도가 아음속이면 (M^2-1)은 음(−)의 값을 가지기 때문에 식 (2.4)를 만족시키기 위해서 dV/V항도 음(−)이 되어야 한다. 이는 아음속유동이 디퓨저를 통과할 때 유체의 속도가 감소한다는 것을 의미한다. 이런 사실은 식 (2.1)에 나타나 있는 연속방정식을 통해서도 쉽게 이해할 수 있다. 이제 그림 2.2(d)에서와 같이 디퓨저 내부로 유입되는 유체의 속도가 초음속인 경우를 살펴보자. 이때 (M^2-1)은 양(+)의 값을 가지기 때문에 식 (2.2)를 만족시키기 위해서 dV/V항도 양(+)이 되어야 한다. 즉 초음속유동은 디퓨저를 통과하면서 유동이 가속된다. 이런 사실은 아음속유동에서 관찰되는 것과 정반대 결과이다.

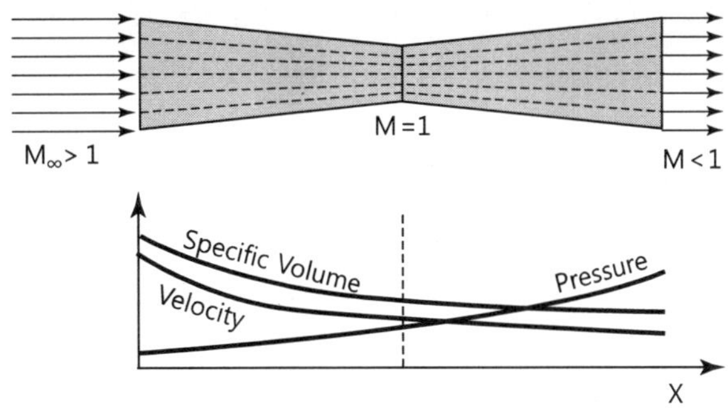

그림 2.4 수축–확산노즐 유동

노즐과 디퓨저를 일직선으로 연결하면 그림 2.4에 나타나 있는 것과 같은 수축-확산노즐이 된다. 수축-확산노즐을 이용하면 아음속유동을 초음속으로 가속시킬 수 있으며, 초음속유동을 아음속으로 감속시킬 수도 있다. 따라서 수축-확산노즐은 초음속 항공기 입구덕트 설계에 적용되고 있다. 앞에서 언급했듯이 축류압축기 입구에서의 유동은 압축기 로터 블레이드에 충격파가 발생하지 않도록 하기 위하여 마하수 0.4~0.6이 되어야 한다. 따라서 초음속 항공기는 입구덕트에서 공기의 속도를 줄여주어야 한다. 초음속으로 수축-확산노즐로 유입되는 공기는 수축노즐을 통과하면서 속도가 줄어들며, 수축-확산노즐 목에서 음속이 된다. 이 상태에서 확산노즐로 공기가 유입되면 아음속유동이 되어 공기의 속도가 더욱 줄어든다. 따라서 초음속 항공기의 입구덕트는 수축-확산노즐 형태를 가진다.

수축-확산노즐 입구로 유체가 아음속으로 유입되면, 유체는 단면적 축소로 인해서 속도가 증가하여 노즐 목에서 음속에 도달한다. 노즐 목에서 음속에 도달한 유동은 디퓨저를 지나면서 더욱 가속되어 초음속유동이 된다. 따라서 수축-확산노즐을 이용하면 아음속유동을 초음속으로 가속시킬 수 있다. 그러나 이 경우에 노즐 목에서는 마하수가 1이 되기 때문에 초킹(유동질식)이 발생하며, 수축-확산노즐을 통과하는 최대 질량유량은 노즐 목 단면적에 의해서 결정된다. 이런 수축-확산노즐은 실제로 초음속 항공기 배기노즐 설계에 적용되고 있다.

2.2 유동영역

항공기 엔진 입구로 유입되는 유동은 항공기 형태에 따라 아음속에서부터 초음속에 이르기까지 다양하다. 이런 고속유동이 어떤 형상을 가진 물체에 부딪치는 경우 매우 복잡한 유동 형태가 나타난다. 따라서 엔진 입구덕트에서 형성되는 유동 특징을 이해하기 위해서는 이들 유동에 대한 이해가 필수적으로 요구된다. 여기서는 엔진 입구덕트에 형성되는 유동을 이해하기 위하여 이들 유동영역에 대해서 간단하게 살펴보기로 한다. 이들 유동영역에서 나타나는 더욱 자세한 사항들은 다른 전문서적을 참고할 필요가 있다.

가스터빈 입구덕트에서의 유동 변화를 살펴보기 위하여 날개와 쐐기 주위의 유동을 살펴보기로 한다. 일반적으로 앞부분이 뭉툭한 날개는 아음속유동과 천음속유동을 살펴보기 위하여 주로 사용되며, 앞부분이 뾰족한 쐐기는 초음속과 극초음속유동을 살펴보기 위하여 주로 사용된다.

2.2.1 아음속유동

그림 2.5에 나타나 있는 것처럼 날개로 유입되는 자유류의 속도가 마하수 0.8보다 작으면 날개 주위에서 유동이 가속되더라도 날개 주위 전체 영역은 마하수가 1보다 작은 아음속유동이 형성된다. 이렇게 관심 유동영역 전체에 걸쳐 마하수 1보다 작은 유동이 형성되면 아음속유동이라 한다. 아음속유동의 경우 그림에 나타나 있는 것처럼 유선이 매끈한 것이 특징이다. 이는 유동이 압력파를 통해 유동 전면에 있는 물체의 존재를 파악하여 미리 물체를 비켜가기 때문이다. 한편, 마하수 0.3 이상의 아음속유동에서는 압축성 효과가 나타나기 때문에 기체의 밀도가 변한다.

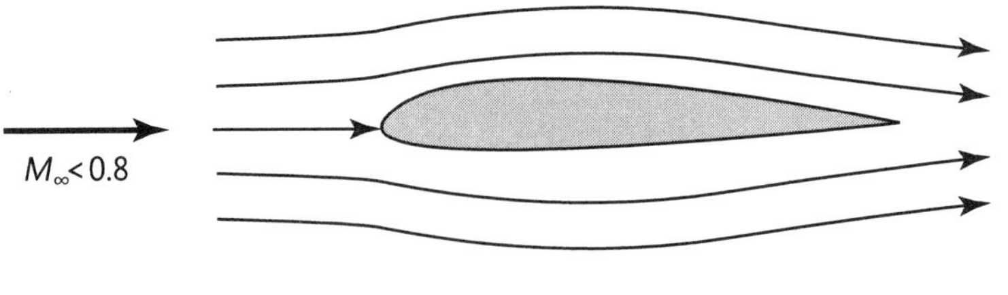

그림 2.5 아음속유동

2.2.2 천음속유동

천음속유동이란 관심 유동영역에 아음속유동과 초음속유동이 공존하는 유동을 말한다. 그림 2.6(a)에 나타나 있는 것처럼 날개로 유입되는 유동이 마하수 1보다 약간 작은 경우에는 날개의 흡입면을 흐르면서 유동이 가속되어 국부적으로 음속을 초과하는 초음속 포켓이 형성된다. 그리고 초음속 포켓 후방에 유동 불연속이 나타나는 수직충격파가 형성된다. 수직충격파를 통과한 유동은 마하수 0.8 정도의 아음속유동이 된다.

날개로 유입되는 유동이 마하수 1보다 약간 커지는 경우에는 새롭게 궁형충격파가 날개 앞전 상류에 형성된다. 그리고 날개 흡입면에 형성되었던 수직충격파는 그림 2.6(b)에 나타나 있는 것처럼 날개 뒷전으로 이동하여 꼬리충격파라고도 불리는 뒷전충격파를 형성한다. 궁형충격파 상류에서는 균일한 초음속유동이 형성되기 때문에 유선이 직선이면서 평행하다. 이는 초음속 자유류가 압력파보다 빠른 속도로 진행하기 때문에 충격파를 만날 때까지 전방에 있는 물체의 존재를 인지하지 못하기 때문이다. 한편, 물체 바로 앞에 형성되는 궁형충격파는 수직충격파와 거의 같다. 따라서 물체 바로 앞부분에 형성되는 궁형충격파 하류에서의 유동속도는 마하수 0.8 정도가 된다. 한편, 물체로부터 거리가 멀어지는 경우 궁형충격파의 강도가 약해지며, 일정한 거리를 초과하는 경우에는 궁형충격파가 형성되지 않는다. 따라서 그림 2.6(b)에 나타나 있는 것처럼 날개 앞부분에 아음속 포켓이 형성된다.

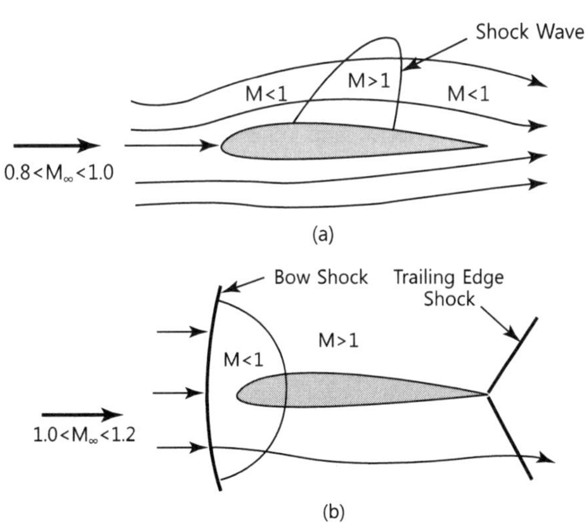

그림 2.6 천음속유동

2.2.3 초음속유동

자유류의 속도가 마하수 1.2를 초과하는 경우 그림 2.7에 나타나 있는 것처럼 뾰족한 물체를 만나면 경사충격파가 형성된다. 그런데 경사충격파가 형성되는 경우 충격파 하류에서의 속도는 상류에서의 속도보다 작아지지만 음속을 초과하는 속도가 나타나기 때문에 유동영역 전체에 걸쳐 초음속유동이 나타난다. 이렇게 관심 유동영역 전체에 걸쳐 마하수 1보다 큰 유동이 형성되는 경우 초음속유동이라 한다. 경사충격파를 지나는 동안 유선의 방향은 그림 2.7에 나타나 있는 것처럼 불연속적으로 바뀐다. 그리고 충격파 하류에서 유선은 직선이며, 방향은 쐐기 표면에 평행하게 된다. 경사충격파를 통과한 후에 압력은 증가하고, 유속은 느려진다. 따라서 초음속으로 비행하는 항공기의 엔진 입구에는 경사충격파를 이용하여 유속을 낮추고 압력을 증가시키는 방법이 적용되고 있다.

2.2.4 극초음속유동

물체로 진입하는 자유류 속도가 마하수 5를 초과하는 경우 극초음속유동이라 한다. 극초음속유동의 경우 그림 2.8에 나타나 있는 것처럼 초음속유동에서와 비슷하게 뾰족한 물체 전면에 부착된 경사충격파가 발생한다. 그러나 초음속에서와 달리 극초음속유동에서는 경사충격파를 가로지르면서 공기의 온도, 압력, 밀도가 폭발적으로 증가한다. 아울러 경사충격파와 물체 사이에 온도가 많이 올라가기 때문에 해리($O_2 \rightarrow 2O$, 그리고/또는 $N_2 \rightarrow 2N$) 또는 공기의 이온화가 진행된다. 이는 극초음속유동에서는 화학반응이 발생한다는 것을 의미한다. 한편, 극초음속유동의 경사충격파와 물체 사이의 영역에서 발생하는 해리는 흡열반응이기 때문에 온도를 낮추는 역할을 한다.

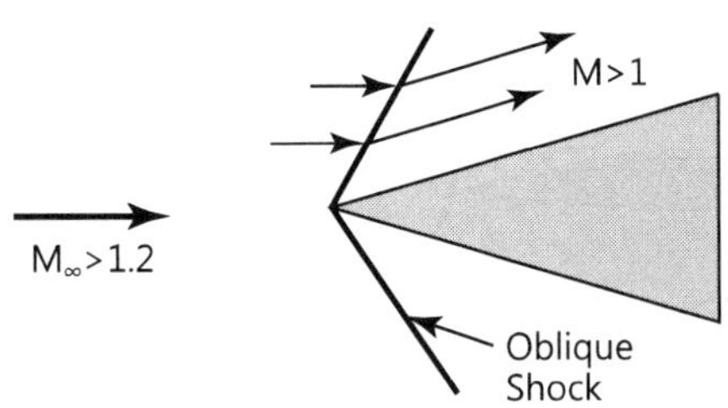

그림 2.7 초음속유동

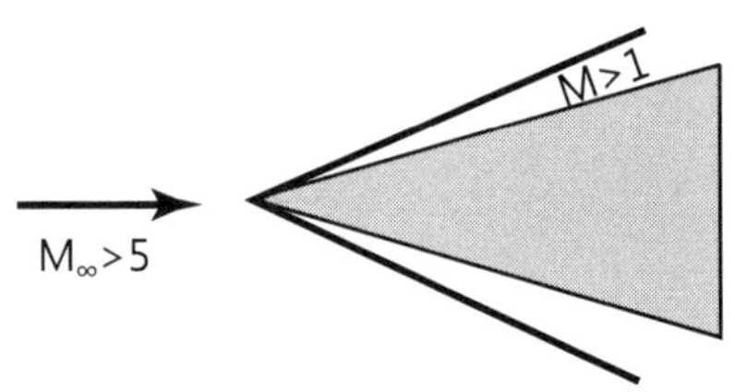

그림 2.8 극초음속유동

2.3 아음속 입구계통

다양한 형태와 크기를 가지는 항공기 입구계통은 대개 항공기 속도에 의해 큰 영향을 받는다. 아음속 항공기의 경우 엔진 입구는 공기가 직선으로 유입되지 않더라도 엔진 내부로 공기가 부드럽게 유입되도록 해주어야 한다. 참고로, 지상에서 옆바람이 불거나 비행 시 피칭이나 요잉 운동을 할 때 엔진 입구로 공기가 직선으로 유입되지 않는다.

대부분의 비행을 마하수 0.8 이상의 속도로 순항하는 대형 민항기와 같은 높은 아음속 항공기의 입구계통은 압축기 입구에서 마하수 0.5 정도의 유동조건을 맞추어주기 위하여 그림 2.9에 나타나 있는 것처럼 입구로부터 하류로 가면서 직경이 점차 증가하는 확산형태를 가지며, 고정 형상으로 되어 있다. 이렇게 확산덕트로 구성되어 있는 대형 민항기의 입구계통은 입구 디퓨저(inlet diffuser)라고도 불린다. 공기는 대기압 상태로 입구계통으로 유입되며, 압축기 입구에 도달할 때까지 확산되기 때문에 공기 압력은 대기압보다 약간 높아진다. 대개 공기는 입구덕트 앞부분에서 확산되며, 입구센터바디(inlet center body)라고도 불리는 엔진입구덮개부터 압축기 입구까지는 압력이 일정하게 유지된다. 이런 방법을 통해 엔진은 난류성분이 최소인 상태이면서 좀더 균일한 압력을 가진 공기를 받아들인다. 아음속 항공기의 경우 단순하면서, 직선이고, 짧은 입구계통을 가진다. 그리고 입구 표면은 내부로부터 외부에 이르기까지 연속적이면서 부드러운 곡선을 가진다. 입구계통 맨 앞부분을 입구 립(inlet lip)이라 부른다. 그리고 그림 2.9에서 확인할 수 있는 것처럼 아음속 입구덕트는 비교적 두꺼운 입구 립을 가진다.

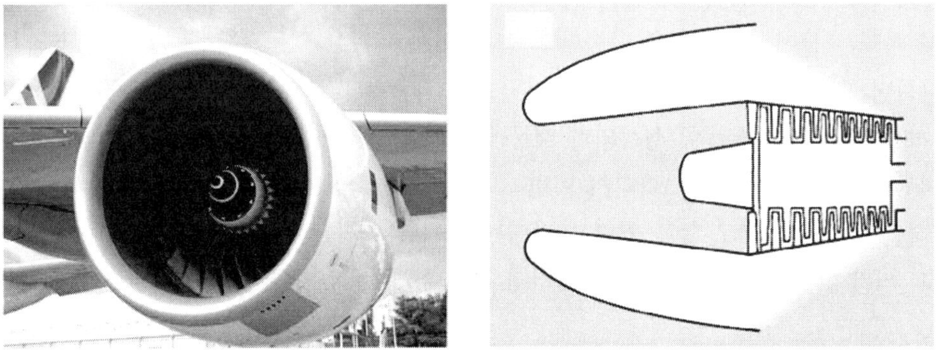

그림 2.9 대형 민항기 입구계통 형상

2.4 초음속 입구계통

가스터빈 압축기 입구로 유입되는 공기의 속도는 마하수 0.5 정도로 제한된다. 이는 압축기로 유입되는 공기의 속도가 마하수 0.5 정도의 아음속이어야 고속으로 회전하는 압축기 로터 블레이드에서 충격파가 발생하지 않기 때문이다. 압축기 로터 블레이드에서 충격파가 발생하면 공기 압축과정에서 비교적 큰 손실이 발생한다. 따라서 초음속으로 비행하는 항공기의 경우 유입되는 공기가 압축기에 도달하기 전에 입구계통에서 공기의 속도를 마하수 0.5 정도의 아음속으로 줄여주어야 한다. 이 같은 이유 때문에 모든 초음속 항공기는 초음속유동을 아음속으로 감속시킬 수 있는 고정 또는 가변 형태의 수축-확산 덕트를 사용한다. 초음속으로 비행하는 항공기는 입구계통 형상을 변화시키기 위해 이동 가능한 흐름제한장치를 사용하는데, 일반적으로 많이 사용하고 있는 흐름제한장치로는 웨지, 스파이크, 또는 플러그 입구 등이 있다. 한편, 초음속 항공기 입구덕트는 비교적 뾰족한 입구 립을 가진다. 이는 초음속비행 중에 발생하는 충격파로부터 성능 손실을 최소화하기 위함이다. 초음속 항공기는 초음속유동을 감속시킬 때 가장 효율적인 일련의 충격파를 형성시키기 위하여 입구가 콘(cone)과 램프(ramp) 형태로 되어 있다. 공기는 충격파를 통과하면서 비행속도에서 아음속으로 감속된 후에 입구계통의 아음속 부분을 통과하면서 압축기에 마하수 0.5 정도의 속도로 유입된다.

2.4.1 고정형 수축-확산 입구덕트

수축-확산 덕트로 유입되는 초음속유동은 2.1절에서 살펴본 것처럼 수축부분을 통과하면서 속도는 줄어들고 압력은 상승한다. 그리고 수축-확산 덕트 목 부분에서 마하수 1에 도달하면서 그림 2.10에 나타나 있는 것처럼 수직충격파가 형성된다. 충격파가 형성되면 그 하류에는 아음속유동이 형성되기 때문에 공기는 확산덕트를 통과하면서 속도는 더욱 줄어들고 압력은 증가한다. 따라서 이런 고정형 수축-확산 덕트를 이용하면 초음속 비행을 하는 동안 압축기로 높은 압력을 가지는 공기를 마하수 0.5의 아음속으로 공급할 수 있다. 이런 고정형 수축-확산 덕트는 최대 2의 마하수로 비행하는 군용기에 적용하고 있다.

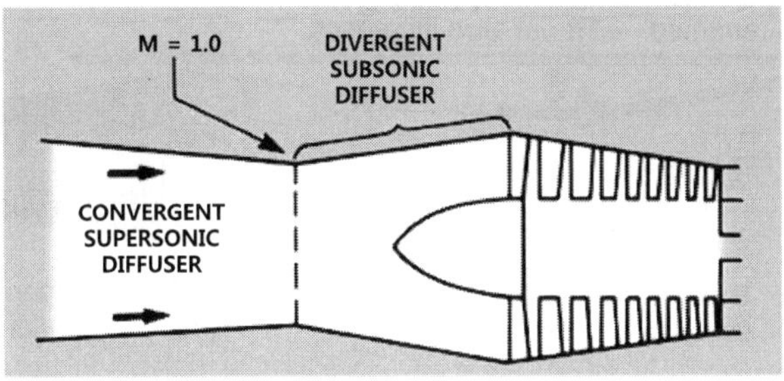

그림 2.10 고정형 수축-확산 입구덕트

2.4.2 이동형 스파이크 입구덕트

그림 2.11에 나타나 있는 이동형 스파이크를 이용한 초음속 디퓨저 형태의 입구계통은 공기속도를 줄이기 위한 충격파 형성과 이륙에서 순항에 이르기까지 다양한 비행조건을 만족시키기 위한 가변 수축-확산 형상을 모두 만들 수 있다. 공기속도는 최종적으로 형성되는 수직충격파 하류에서 마하수 약 0.8 정도의 속도로 낮아진 후에 추가적인 확산에 의해 마하수 0.5로 낮아진다. 이동형 스파이크는 앞부분에 위치했을 때 더 큰 수축-확산 효과를 나타낸다.

2.4.3 이동형 웨지 입구덕트

그림 2.12에 나타나 있는 이동형 웨지 입구덕트는 그림 상부에 나타나 있는 것처럼 웨지를 잡아당기면 입구덕트 형상이 확산형태가 되어 아음속 비행에 적합한 형상이 된다.

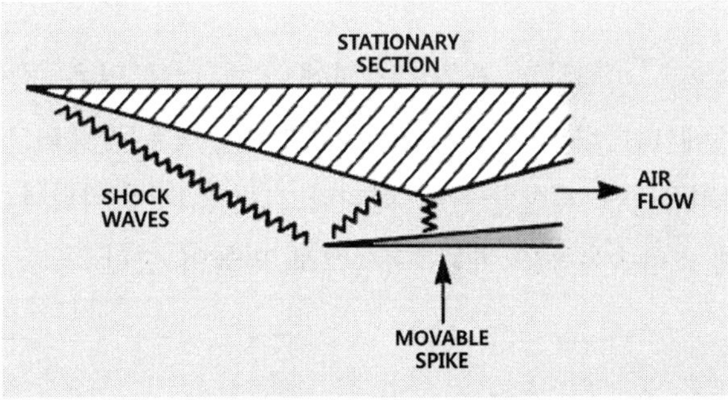

그림 2.11 이동형 스파이크

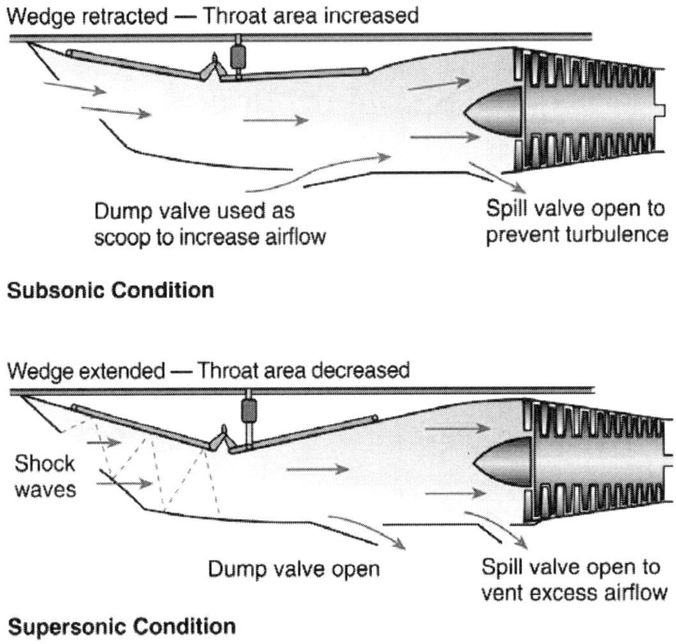

그림 2.12 이동형 웨지 입구덕트

이에 반해 그림 하부에 나타나 있는 것처럼 웨지를 밀어내리면 입구덕트가 수축-확산 형상이 되기 때문에 초음속 비행에 적합한 형상이 된다. 아울러 이 입구계통은 입구에서 충격파를 형성시켜 공기속도를 줄이고 압력을 높이는 형상으로 되어 있다. 많은 고성능 항공기는 순항속도에서 잉여 질량유량을 가진다. 따라서 이 입구덕트는 고속비행 시 원치 않는 램에어(ram air)를 밖으로 버리기 위한 스필밸브를 가지고 있다.

2.4.4 이동형 플러그 입구덕트

매우 빠른 초음속으로 비행하는 경우 램효과에 의해 너무 많은 공기가 입구계통으로 유입된다. 그림 2.13에 나타나 있는 이동형 플러그 입구덕트는 플러그를 이동시켜 입구덕트로 유입되는 공기유량을 제한할 뿐만 아니라 그림 2.14에 나타나 있는 것처럼 충격파 형성을 조절하여 초음속유동을 아음속유동으로 만들어 준다.

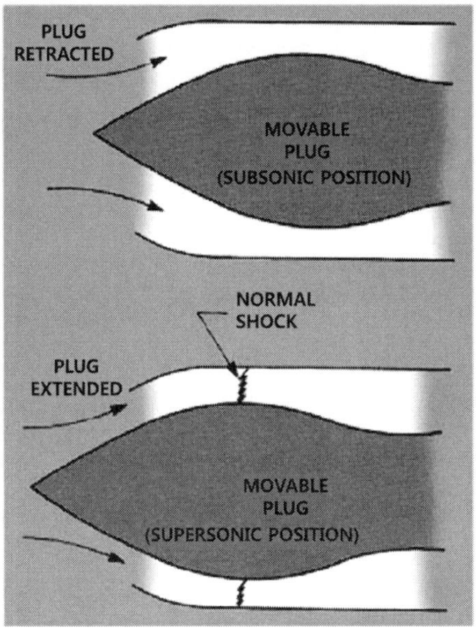

그림 2.13 이동형 플러그 입구덕트

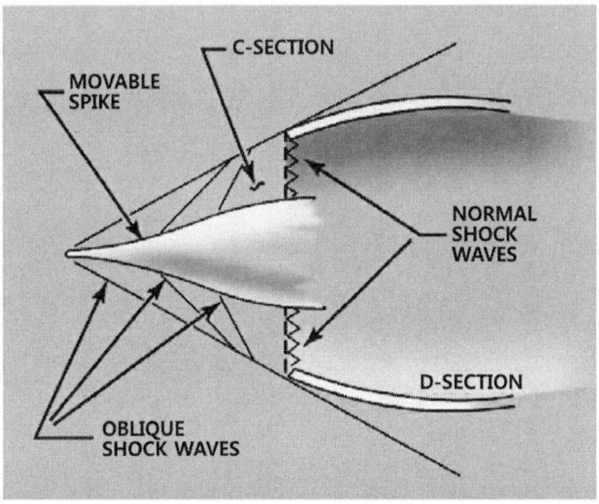

그림 2.14 초음속비행 시 이동형 플러그 입구덕트에서의 충격파 형성

제3장

압축기

모든 가스터빈엔진은 엔진으로 유입되는 공기의 압력을 증가시키기 위해 압축기를 가지고 있다. 압축기는 연소기 및 터빈과 더불어 가스터빈을 구성하는 핵심 3대 구성품 가운데 하나로서 가스터빈 성능과 출력에 큰 영향을 미친다. 압축기에는 축류형과 원심형 두 가지가 있다. 축류형 압축기에서 유체는 회전축과 평행한 방향으로 흘러간다. 이에 반해 원심압축기에서는 유동이 회전축에 평행한 축방향으로 유입되어 반경방향으로 유동방향을 전환한다. 현대식 대형 터보제트 및 터보팬엔진은 대개 효율이 우수하고 작은 전면면적으로 많은 질량유량의 공기를 흡입할 수 있는 축류형 압축기를 사용한다. 현대식 압축기의 효율은 85~90%이다.

3.1 압축기 일반사항

가스터빈엔진으로 유입되는 공기는 터빈에서 팽창되면서 동력을 생산하고 배기노즐을 통해 고속으로 분사하기 위하여 터빈에 도달하기 전에 미리 압축시켜야 한다. 압축기의 일차적인 목적은 엔진 입구를 통해 들어오는 공기의 압력을 증가시키고, 디퓨저로 배출하여 정확한 속도, 압력, 온도로 연소기로 보내주는 것이다. 압축기는 그림 3.1에서 확인할 수 있는 것처럼 터빈에 의해 구동되며 축을 통해 터빈에 직접 연결되어 있다. 즉 압축기는 터빈에서 생산된 동력을 공급받으며, 공급받은 동력을 압축기로 유입되는 공기에 전달하여 공기의 압력에너지를 증가시키는 역할을 담당한다. 따라서 압축기를 통과하면서 공기의 정체압력은 약 20~30배 상승한다. 압축기의 이차적인 목적은 엔진 서비스 브리드 에어(Engine Service Bleed Air)를 공급하는 것인데, 이 공기는 고온부품 냉각, 베어링 실 가압, 제빙을 위한 연료계통 가열 등을 위해 사용된다. 또 다른 압축기의 이차적인 목적은 커스터머 서비스 브리드 에어(Customer Service Bleed Air)라 불리는 항공기에 사용하기 위한 압축공기를 공급하는 것이다. 항공기에는 항공기 객실 여압, 공기조화계통, 공기시동, 압축공기 공급 등을 위해 압축공기가 필요하며, 이런 압축공기를 압축기로부터 추출하여 사용한다.

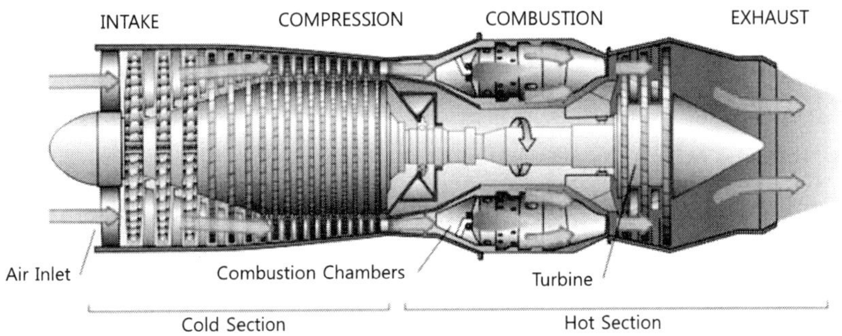

그림 3.1 축류압축기가 장착된 가스터빈

3.2 축류압축기

3.2.1 익렬

익렬(a row of blades)은 동일한 모양의 날개를 동일한 간격 및 각도로 일렬로 나란히 배열한 것을 말한다. 익렬을 흔히 캐스케이드(cascade)라고도 한다. 캐스케이드의 사전적 의미는 계단상으로 흘러내리는 폭포이며, 기계공학에서는 여러 개의 동일한 장치 또는 다른 장치를 사용하는 상태가 이 폭포의 흐름과 유사한 경우에 캐스케이드란 용어를 사용한다. 따라서 축류압축기와 같이 로터 블레이드 열과 스테이터 블레이드 열이 반복적으로 설치되어 있는 형상을 캐스케이드라 한다. 이론적으로 축류압축기에서는 그림 3.2에 나타나 있는 캐스케이드 이론처럼 상류에 있는 블레이드 압력면에 형성되는 고압영역에서 하류 블레이드 흡입면에 형성되는 저압영역으로 펌핑해주며, 이런 현상이 다수의 열에 걸쳐서 반복적으로 일어나기 때문에 축류압축기를 캐스케이드라고 한다. 그러나 실제로 이웃한 블레이드 사이에는 그림에 나타나 있는 것처럼 고압영역과 저압영역이 각각 구분되어 형성되는 것이 아니라 이들은 서로 합쳐져서 없어지며, 통로 형상이 확산형태이기 때문에 속도가 줄어들고 정압이 증가하는 유동이 형성된다. 한편, 축류압축기의 경우 한 열에 동일한 형상을 가진 다수의 블레이드가 설치되어 있는 익렬을 캐스케이드라 하며, 아무런 혼란 없이 익렬과 캐스케이드는 동일한 의미로 사용되고 있다.

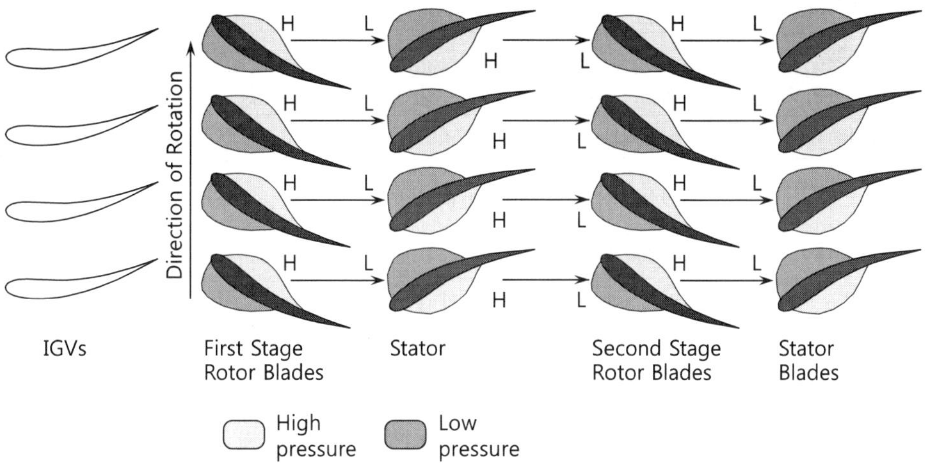

그림 3.2 캐스케이드 이론

그림 3.3에 기본적인 익렬 형상과 명칭을 나타냈다. 그리고 표 3.1에 각각의 익렬 명칭에 대한 설명을 정리하여 나타냈다.

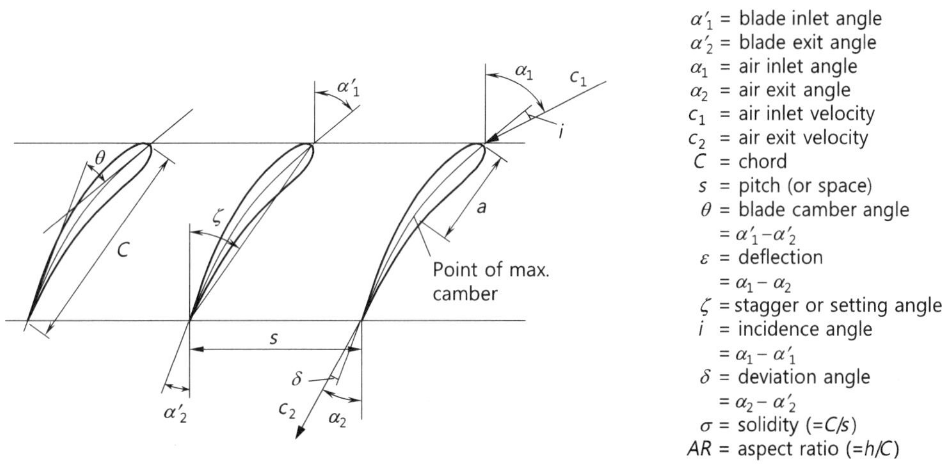

그림 3.3 압축기 익렬 명칭

표 3.1 익렬 명칭

명칭	내용
캠버선 (camber line)	블레이드 압력면과 흡입면 사이를 이등분한 선
캠버 (camber)	캠버선과 시위선 사이 거리
캠버각, θ (blade camber angle)	캠버선의 전향각(turning angle)
블레이드 형상	앞전으로부터 측정한 시위선 특정 길이에서 시위와 캠버 비율로 규정
종횡비, AR (aspect ratio)	블레이드 길이의 시위에 대한 비율 종횡비 대신에 허브-팁 비율(hub-to-tip ratio)을 자주 사용함
피치, s (블레이드 간격)	인접한 블레이드 사이 거리 피치를 블레이드 간격(blade spacing)이라고도 함 대개 블레이드 앞전 또는 뒷전에서 캠버선 사이 거리를 측정
넓이비, σ (solidity)	시위 길이의 피치에 대한 비 ($\sigma = C/s$) 넓이비는 익렬에서 이웃한 블레이드의 상대적인 간섭효과를 나타냄 넓이비 0.5~0.7: 단일 날개 실험데이터 사용가능하며 정확도 높음 넓이비 0.7~1.0: 단일 날개 실험데이터 사용가능하나 정확도 낮음 넓이비 1.0~1.5: 익렬 데이터 필요 (대부분의 압축기 설계가 여기에 속함) 넓이비 >1.5: 채널 이론(channel theory) 채택 가능
블레이드 입구각, α'_1	앞전에서 캠버선 접선과 압축기 축 사이에 형성되는 각
블레이드 출구각, α'_2	뒷전에서 캠버선 접선과 압축기 축 사이에 형성되는 각
엇갈림각, ζ (stagger angle)	시위선과 압축기 축 사이에 형성되는 각 설치각(setting angle)이라고도 함 큰 세장비를 가지는 블레이드는 미리 비틀리게 제작하며, 전속력으로 회전할 때 발생하는 원심력으로 비틀림이 풀려서 설계각이 유지되도록 함 세장비 4인 블레이드의 경우 팁에서 2~4° 미리 비틀어 제작함
절대 공기 입구각, α_1	블레이드로 유입되는 공기의 절대속도와 압축기 축이 이루는 각
절대 공기 출구각, α_2	블레이드를 빠져나가는 공기의 절대속도와 압축기 축이 이루는 각
상대 공기 입구각, β_1	블레이드로 유입되는 공기의 상대속도와 압축기 축이 이루는 각 그림 2.10에는 나타나 있지 않으며, 그림 2.11에 나타나 있음
상대 공기 출구각, β_2	블레이드를 빠져나가는 공기의 상대속도와 압축기 축이 이루는 각 그림 2.10에는 나타나 있지 않으며, 그림 2.11에 나타나 있음
입사각, i (incidence)	블레이드 입구각과 공기 입구각 사이에 형성되는 각 ($i = \alpha_1 - \alpha'_1$)
받음각, α (angle of attack)	공기 유입 방향과 블레이드 시위 사이에 형성되는 각
편차각, δ (deviation angle)	블레이드 출구각과 블레이드에서 배출되는 유동의 평균각 사이에 형성되는 각 ($\delta = \alpha_2 - \alpha'_2$)
편향각, ε (deflection)	공기 입구각에서 공기 출구각을 뺀 각 ($\varepsilon = \alpha_1 - \alpha_2$) 일반적으로 유동방향전환각(flow turning)이라고도 함

3.2.2 로터와 스테이터

축류압축기는 두 개의 주요 구성품, 즉 로터와 스테이터로 구성되어 있다. 압축기로 유입된 공기는 로터에서 가속된 후 스테이터에서 확산되면서 공기에 포함되어 있는 운동에너지가 압력에너지(압력상승)로 변환된다. 축류압축기는 각 단에서의 압력상승 크기가 작기 때문에 다단으로 구성한다. 축류압축기에서 단(stage)이란 그림 3.4에 나타나 있는 것처럼 로터 한 열(row)과 로터 바로 뒤에 있는 스테이터 한 열을 합친 것을 의미한다. 압축기 한 단에서 소비하는 동력의 크기는 터빈 한 단에서 생산되는 동력에 비해 작기 때문에 그림 3.1을 통해서 확인할 수 있는 것처럼 압축기 단 수는 터빈에 비해 훨씬 많다. 이에 대한 자세한 이유는 뒤에서 살펴볼 예정이다. 로터는 그림 3.5에 나타나 있는 것처럼 축에 고정되어 있으며, 고속으로 회전한다. 터빈으로부터 전달받은 기계적인 동력은 압축기 로터 블레이드를 통해 공기로 전달되어 공기를 가속시키고, 공기의 압력을 상승

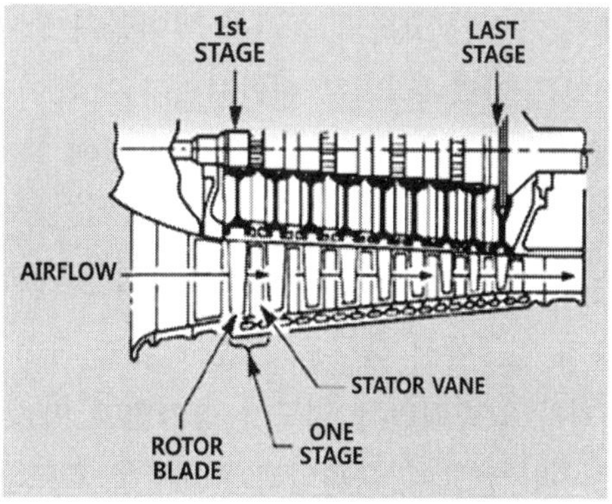

그림 3.4 축류압축기 블레이드 및 단

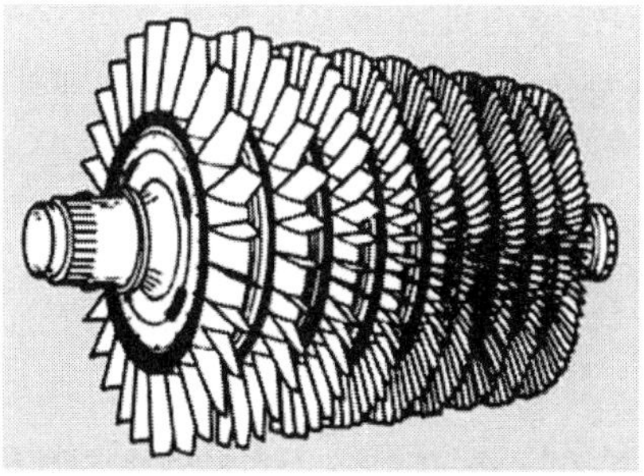

그림 3.5 축류압축기 로터

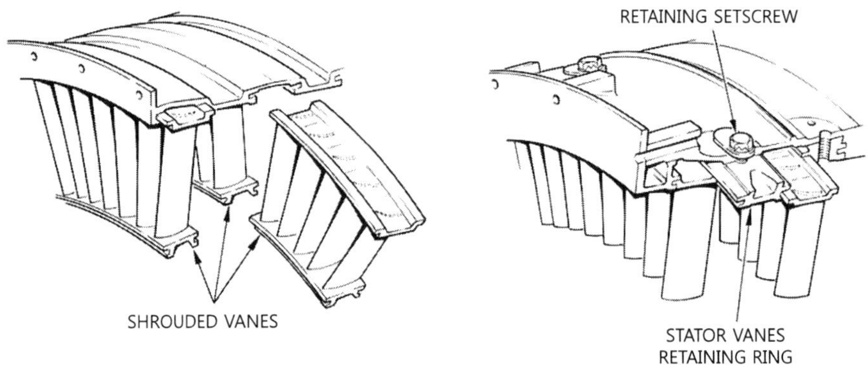

그림 3.6 축류압축기 스테이터

시키는 역할을 한다. 이에 반해 그림 3.6에 나타나 있는 스테이터는 케이싱에 고정되어 있으며, 회전하지 않는다. 스테이터는 로터 뒤에 위치하고 있으며 디퓨저 역할을 수행한다. 즉 스테이터는 로터에서 가속된 고속의 공기를 받아들여 스테이터 통로에서 확산시킴으로써 공기의 운동에너지를 압력에너지로 변환시킨다. 스테이터의 또 다른 기능은 다음 단에서의 추가적인 압축을 위하여 공기가 다음 단 로터에 최적의 각도로 유입되도록 유동을 안내하는 것이다.

그림 3.1과 3.4에서 확인할 수 있는 것처럼 로터 허브와 스테이터 케이싱 사이에 형성되는 환형면적은 축류압축기 입구에서 출구로 가면서 점차 축소된 형태를 가진다. 이는 압축기 축방향을 따라 공기가 압축되면서 밀도가 증가함에 따라 공기의 축방향 속도를 일정하게 유지시키기 위함이다. 참고로, 축류압축기 내부를 흐르는 공기의 축방향 속도는 마하수 0.5 정도이며, 이 속도는 압축기를 통과하는 동안 거의 일정하게 유지된다. 환형면적은 케이싱이나 로터 허브에 경사를 주는 방법으로 축소시킬 수 있다. 아울러 그림 3.1과 3.4에서 확인할 수 있는 것처럼 케이싱과 로터 허브 모두에 경사를 주는 방법도 있는데, 경사를 주는 방법은 제작에 따른 문제점과 다른 기계적 설계 요인 등에 의한 영향을 고려하여 결정한다.

3.2.3 속도삼각형

축류압축기를 통과하는 공기는 축 주위를 선회하면서 진행하는 3차원 유동이라 표시하기 매우 어렵다. 이런 어려운 점을 극복하기 위하여 그림 3.7에 나타나 있는 것처럼 로터 허브에서 스테이터 케이싱에 이르기까지 다양한 반경을 가지는 원통 측면에 나타나는 유동을 조사하면 축류압축기 3차원 유동통로에서 나타나는 유동형태를 2차원으로 살펴볼 수 있다. 즉 원통 측면에 나타나는 유동을 평면상에 펼쳐 놓으면 2차원 유동이 된다.

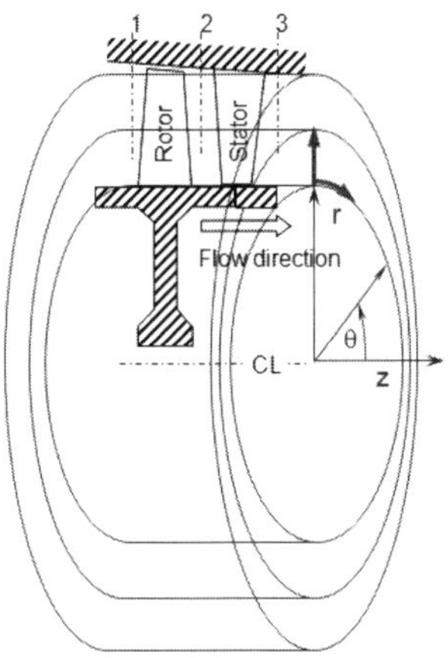

그림 3.7 축류압축기 유동분석 단면 개념

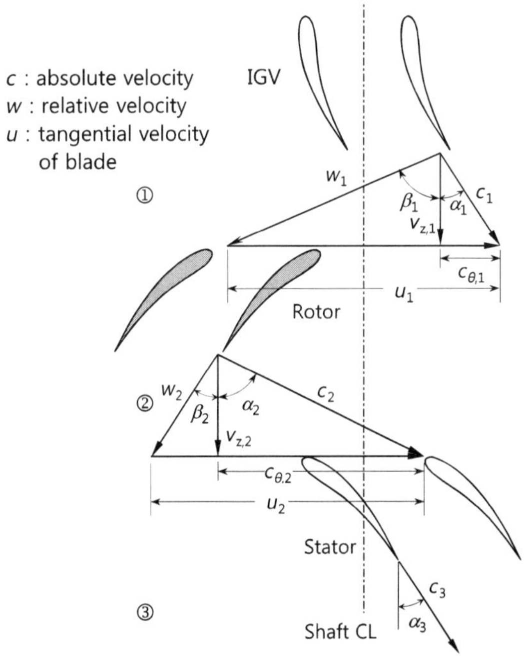

그림 3.8 축류압축기 한 단에서의 속도삼각형

그림 3.8에 축류압축기 한 단에 나타나는 대표적인 속도삼각형을 나타냈다. 참고로, 속도삼각형은 세 종류의 속도, 즉 공기의 절대속도, 공기의 상대속도, 로터의 회전속도로 구성된다. 절대속도는 관찰자가 어떤 물체의 이동을 정지한 상태에서 관찰한 속도이다. 상대속도는 관찰자가 이동하는 상태에서 어떤 물체의 이동을 관찰한 속도이다. 따라서 정지상태에 있는 스테이터에서는 절대속도를 관찰할 수 있으며, 회전하는 로터에서는 절대속도와 상대속도를 동시에 고려해야 한다. 즉 공기는 축방향을 기준으로 입구각 α_1, 절대속도 c_1의 크기를 가지고 로터로 진입한다. 그런데 로터는 접선방향을 따라서 u_1의 속도로 회전하고 있기 때문에 공기는 입구각 β_1, 상대속도 w_1으로 로터로 진입한다. 따라서 로터로 진입하는 공기의 상대속도 크기는 어떤 이동하는 물체(공기)의 속도에서 관찰자의 속도(로터의 회전속도)를 빼준 값($w_1 = c_1 - u_1$)이다. 한편, 로터가 최고의 성능을 발휘할 수 있도록 로터 블레이드각은 그림에 나타나 있는 것처럼 상대속도 입구각 β_1에 가깝게 정렬되어야 한다. 따라서 로터 입구에 세 개의 속도성분, 즉 로터로 진입하는 공기의 절대속도 c_1, 로터 블레이드 회전속도 u_1, 로터로 진입하는 공기의 상대속도 w_1으로 구성되는 하나의 속도삼각형이 만들어진다.

로터 블레이드 출구각은 입구각에 비해 작기 때문에 속도삼각형에서 확인할 수 있는 것처럼 로터를 통과하면서 공기유동 방향은 축방향에 가까워진다. 이로 인해 서로 인접한 로터 블레이드 사이에 만들어지는 유동통로는 자연스럽게 확산 형태가 되며, 이 통로를 지나면서 공기의 정압력이 상승한다. 그런데 로터는 회전하고 있기 때문에 실제로 공기는 절대속도 c_2로 로터를 빠져나간다. 따라서 로터 출구에서도 세 개의 속도성분, 즉 로터를 빠져나가는 공기의 상대속도 w_2, 로터 블레이드 회전속도 u_2, 로터를 빠져나가는 공기의 절대속도 c_2로 구성되는 또 하나의 속도삼각형이 만들어진다. 이 두 개의 속도삼각형 비교를 통해 $w_1 > w_2$와 $c_1 < c_2$가 성립하는 것을 확인할 수 있다. 로터 블레이드 유동통로에서 $w_1 > w_2$가 성립하는 이유는 유동통로가 확산 형태이기 때문이다. 그리고 $c_1 < c_2$가 성립하는 이유는 터빈으로부터 압축기로 공급된 동력이 기계적인 에너지 형태로 로터 블레이드를 통해서 공기에 전달되어 공기의 절대속도를 가속시키기 때문이다. 따라서 로터를 통과하면서 공기는 에너지를 얻기 때문에 공기의 정압력과 정체압력 모두 증가한다.

로터에서 가속된 공기는 절대속도 c_2로 스테이터로 진입한다. 스테이터 블레이드 유동통로도 로터 블레이드 유동통로와 비슷하게 확산 형태를 가진다. 그러나 스테이터는 정지 상태로 존재하기 때문에 공기에 에너지를 전달하지 못한다. 따라서 스테이터 블레이드 유동통로를 지나면서 공기의 정체압력은 일정하게 유지되며, 공기의 속도는 작아지고 정압력은 상승한다.

일반적으로 스테이터를 빠져나가는 공기 속도 c_3와 출구각 α_3는 로터에 진입하는 값들과 동일($c_3 = c_1$, $\alpha_3 = \alpha_1$)하도록 설계한다. 그리고 $u_1 = u_2$가 성립한다고 가정하면 다음 단 설계도 반복적인 작업이 되기 때문에 매우 쉽게 다단 축류압축기를 설계할 수 있다.

그림 3.9에 축류압축기 여러 단을 통과하면서 나타나는 속도변화가 나타나 있다. 속도삼각형을 통해서 설명했듯이 공기는 로터에서 가속되고, 스테이터에서 감속된다. 그리고 축류압축기의 각 단은 동일한 개념을 이용하여 설계하기 때문에 로터에서의 가속과 스테이터에서 감속이 거의 동일한 크기로 반복되고 있는 것을 확인할 수 있다. 즉 축류압축기 내부를 흐르는 공기의 축방향속도는 일정하게 유지된다. 그런데 그림에 나타나 있는 것처럼 공기는 축류압축기를 따라 흐르면서 압력이 증가하기 때문에 축류압축기 원형단면은 하류로 가면서 축소되는 형상을 가지며, 이런 사실을 이 그림에서 확인할 수 있다.

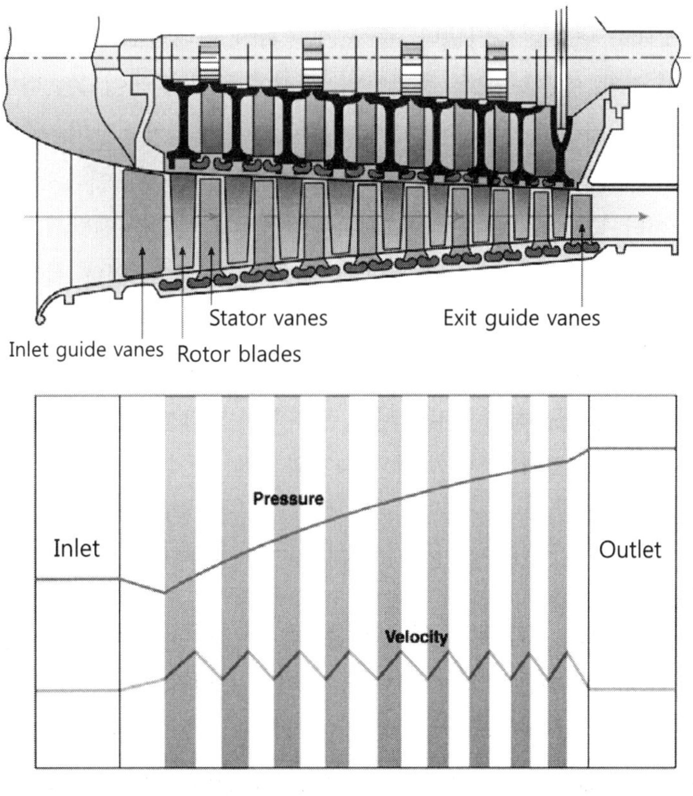

그림 3.9 축류압축기 내부에서의 속도 및 압력변화

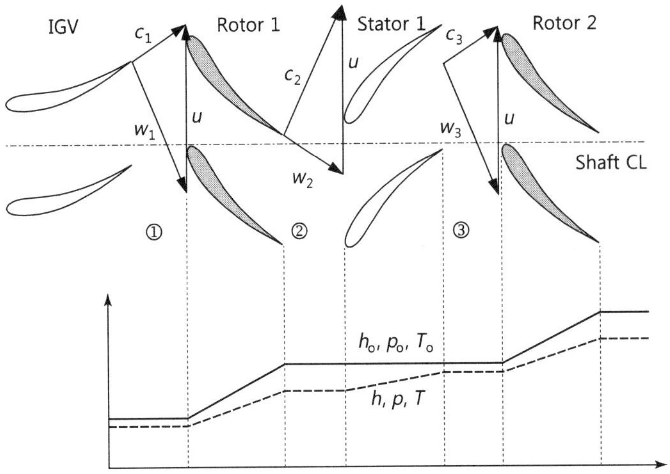

그림 3.10 축류압축기에서의 열역학적 상태량 변화

지금까지 논의된 내용을 바탕으로 그림 3.10에 축류압축기를 통과하면서 나타나는 공기의 열역학적 상태량 변화를 나타냈다. 즉 공기는 확산 형태인 로터 블레이드 통로를 지나면서 정엔탈피, 정압, 정온도 모두 증가하며, 동시에 로터 블레이드는 터빈으로부터 공급받은 기계적인 에너지를 공기에 전달하기 때문에 공기의 정체엔탈피, 정체압력, 정체온도 모두 증가한다. 그러나 스테이터는 정지해 있기 때문에 공기에 에너지를 전달할 수 없다. 따라서 스테이터 블레이드 통로를 통과하는 동안 공기의 정체엔탈피, 정체압력, 정체온도 모두 일정하게 유지되거나 유동통로에서 발생하는 손실로 인해 실제적으로는 오히려 약간 감소한다. 그러나 확산 형태를 가지는 스테이터 블레이드 통로를 통과하면서 공기의 속도가 감소하기 때문에 공기의 정엔탈피, 정압력, 정온도 모두 증가한다.

축류압축기의 로터를 통과하면서 나타나는 열역학적 상태변화는 열역학 제1법칙을 이용하여 살펴볼 수 있다. 열역학 제1법칙은 다음과 같다.

$$q_{12} = (u_2 - u_1) + (p_2 v_2 - p_1 v_1) + \frac{1}{2}\left(V_2^2 - V_1^2\right) + g(z_2 - z_1) + w_{12} \tag{3.1}$$

여기서 하첨자 1과 2는 각각 로터 입구와 출구를 나타낸다. 그런데 압축기에서 일어나는 과정은 단열과정이기 때문에 $q_{12} = 0$이다. 그리고 로터를 통과하면서 나타나는 내부에너지 변화량은 무시할 수 있을 정도로 작다고 가정할 수 있기 때문에 $u_2 - u_1 = 0$이다. 그리고 작동유체가 기체인 경우 로터를 통과하면서 나타나는 위치에너지 변화량은 무시할 수 있을 정도로 작기 때문에 $g(z_2 - z_1) = 0$이다. 그리고 한 단에서의 밀도변화 크기는 무시할 수 있을 정도로 작다고 가정할 수 있다. 그러므로 식 (3.1)은 다음과 같이 간략하게 표현된다.

$$p_2 + \frac{1}{2}\rho_2 V_2^2 = p_1 + \frac{1}{2}\rho_1 V_1^2 - \rho w_{12}$$

$$p_{o,2} = p_{o,1} - \rho w_{12} \tag{3.2}$$

여기서 p_o는 정체압력이다. 식 (3.2)에서 w_{12}는 터빈으로부터 공급받는 일이기 때문에 자체적으로 음(-)의 부호를 갖는다. 따라서 다음과 같은 관계가 얻어진다.

$$p_{o,2} > p_{o,1} \tag{3.3}$$

식 (3.3)은 공기는 로터를 통과하면서 정체압력이 상승한다는 것을 의미한다.

한편, 내부에너지와 유동에너지의 합은 엔탈피이기 때문에 식 (3.1)은 다음과 같이 나타낼 수 있다.

$$h_2 + \frac{1}{2} V_2^2 = h_1 + \frac{1}{2} V_1^2 - w_{12}$$

$$h_{o,2} = h_{o,1} - w_{12} \tag{3.4}$$

여기서 h_o는 정체엔탈피를 나타낸다. 따라서 다음과 같은 결과를 얻을 수 있다.

$$h_{o,2} > h_{o,1} \tag{3.5}$$

그러므로 식 (3.5)로부터 로터를 통과하면서 공기의 정체엔탈피도 증가한다는 것을 알 수 있다. 한편 식 (3.5)로부터 다음과 같은 관계식을 만들 수 있다.

$$c_p T_{o,2} > c_p T_{o,1}$$

여기서 T_o는 정체온도를 나타낸다. 정압비열이 일정하기 때문에 다음과 같은 결론을 얻을 수 있다.

$$T_{o,2} > T_{o,1} \tag{3.6}$$

식 (3.6)으로부터 로터를 통과하면서 공기의 정체온도 또한 증가한다는 것을 알 수 있다. 즉 확산 형태를 가지는 로터를 통과하면서 공기의 상대속도가 작아지기 때문에 정엔탈피, 정압, 정온도 모두 증가하며, 공기는 로터를 통과하면서 동력(일)을 공급받기 때문에 정체엔탈피, 정체압력, 정체온도 모두 증가한다.

이제 스테이터를 통과하면서 나타나는 열역학적 상태변화를 열역학 제1법칙을 이용하여 살펴보기로 한다. 스테이터에서 열역학 제1법칙은 다음과 같다.

$$q_{23} = (u_3 - u_2) + (p_3 v_3 - p_2 v_2) + \frac{1}{2}(V_3^2 - V_2^2) + g(z_3 - z_2) + w_{23} \tag{3.7}$$

여기서 하첨자 2와 3은 각각 스테이터 입구와 출구를 나타낸다. 그런데 압축기에서 일어나는 과정은 단열과정이기 때문에 $q_{23} = 0$이다. 그리고 스테이터를 통과하면서 나타나는 내부에너지 변화량은 무시할 수 있을 정도로 작다고 가정할 수 있기 때문에 $u_3 - u_2 = 0$이다. 그리고 작동유체가 기체인 경우 스테이터를 통과하면서 나타나는 위치에너지 변화량은 무시할 수 있을 정도로 작기 때문에 $g(z_3 - z_2) = 0$이다. 그리고 스테이터는 케이싱에 부착되어 있으며, 일을 생산하거나 소비하지도 않기 때문에 $w_{23} = 0$이다. 그러므로 식 (3.7)은 다음과 같이 간략하게 표현된다.

$$p_3 + \frac{1}{2}\rho_3 V_3^2 = p_2 + \frac{1}{2}\rho_2 V_2^2$$

$$p_{o,3} = p_{o,2} \tag{3.8}$$

따라서 식 (3.8)로부터 스테이터를 통과하면서 공기의 정체압력은 일정하게 유지된다는 것을 확인할 수 있다. 그러나 확산 형태를 가지는 스테이터를 통과하는 동안 공기의 속도가 감소하기 때문에 공기의 정압력은 증가한다.

추가적으로 스테이터를 통과하는 동안 정체엔탈피와 정체온도 또한 일정하게 유지된다는 사실을 로터에서 유도한 방법을 이용하면 확인할 수 있다.

축류압축기에 대한 이해를 돕기 위해서 그림 3.11에 압축기 로터 익렬과 터빈 버켓 익렬을 비교하여 나타냈다. 이 그림에서 확인할 수 있듯이 압축기 블레이드는 하류로 가면

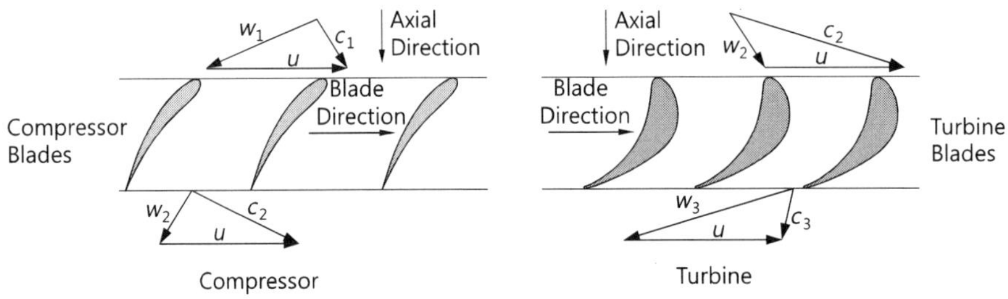

그림 3.11 압축기와 터빈 익렬에서 나타나는 유동 비교

서 유동면적이 증가하는 디퓨저 형상이며, 터빈은 유동면적이 작아지는 노즐 형상이다. 따라서 압축기 블레이드를 통과하면서 압력이 증가하지만 터빈 블레이드를 통과하면서 압력은 낮아진다. 아울러 압축기는 터빈으로부터 동력을 전달받아 유동을 가속시키며 ($c_1 < c_2$), 터빈은 작동유체의 운동에너지를 기계적인 일로 변환시키기 때문에 터빈 버켓을 통과한 유동은 감속되는($c_2 > c_3$) 것을 알 수 있다. 압축기 일렬과 터빈 익렬에서 나타나는 대표적인 유동의 차이점을 표 3.2에 정리하여 나타냈다.

그림 3.11과 표 3.2에 나타나 있는 유동방향전환각을 살펴보면, 압축기에서는 작고 터빈에서는 크다는 것을 확인할 수 있다. 압축기 블레이드 통로는 로터와 스테이터 모두 유동박리가 쉽게 일어날 수 있는 디퓨저 형상이다. 따라서 압축기 블레이드 통로에서는 유동박리가 발생하지 않도록 유동방향전환각을 작게 설정한다. 이는 압축기 한 단에서 공기를 압축하기 위해 소비하는 동력의 크기가 작다는 것을 의미하며, 이로 인해 압축기 한 단에서의 압력상승 크기도 작아지게 되는 것이다. 이에 반해 터빈 블레이드 통로는 유동박리가 일어나기 어려운 노즐 형상이다. 따라서 터빈 블레이드 통로에서는 유동박리가 일어날 염려가 적기 때문에 유동방향전환각을 크게 설정하며, 이로 인해 터빈 한 단에서 생산

표 3.2 익렬 유동특성 비교

	압축기 (Rotor)	터빈 (Bucket)
유동통로	확장 (디퓨저)	축소 (노즐)
유동의 절대속도	증가	감소
유동의 상대속도	감소	증가
압력	상승	강하
엔탈피 (온도)	증가	감소
일	소비	생산
블레이드 형상	얇음	두꺼움
블레이드 표면 경계층 두께	두꺼움 (유동 감속으로 인함)	얇음 (유동 가속으로 인함)
유동박리 가능성	큼	작음
유동방향전환각 (flow turning)	작음 (유동박리를 피하기 위하여 전형적으로 30° 정도)	큼 (전형적으로 100° 정도)
단 수	많음 (유동 전환이 작기 때문임)	적음 (유동 전환이 크기 때문임)
블레이드 길이	하류로 가면서 줄어듦	하류로 가면서 증가함

되는 동력의 크기는 압축기 한 단에서 소비하는 동력의 크기보다 훨씬 크다. 따라서 그림 3.1에서 확인할 수 있는 것처럼 축류압축기는 터빈에 비해 훨씬 더 많은 단으로 구성되어 있다.

3.2.4 압력비

압력비는 압축기 출구 정체압력을 압축기 입구 정체압력으로 나눈 값으로 정의한다. 따라서 압력비를 식으로 나타내면 다음과 같다.

$$r = \frac{p_{o,2}}{p_{o,1}} \tag{3.9}$$

여기서 r은 압력비, p_o는 정체압력, 하첨자 1과 2는 각각 압축기 입구와 출구를 나타낸다. 압력비는 TIT와 함께 가스터빈 성능과 열효율을 지배하는 가장 중요한 설계변수이다. 그림 3.12에 나타나 있는 것처럼 가스터빈 열효율은 압력비가 증가할수록 증가한다. 따라서 새로 개발되는 가스터빈일수록 높은 압력비를 채택하고 있으며, 현재 가장 높은 항공용 축류압축기의 압력비는 40 : 1 정도이다. 한편, 이 그림에서 압력비가 일정한 상태에서 작동유체의 비열비가 증가함에 따라 열효율이 증가하는 것을 알 수 있다.

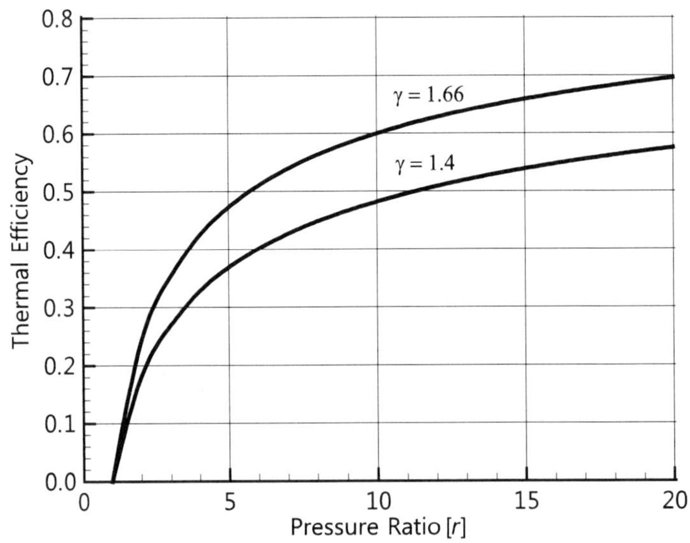

그림 3.12 가스터빈 압력비와 열효율 관계

표 3.3 축류압축기와 원심압축기 비교

종류	단당 압력비	효율 (%)	운전범위 (Surge to choke)
축류형	1.1~1.45	80~91	좁음, 3~10%
원심형	2.0~7.0	75~87	넓음, 25%

축류압축기는 다단으로 구성되어 있으며, 한 단을 통과한 공기는 다음 단을 통과하면서 지속적으로 압축이 진행된다. 그러나 각 단에서의 압력비는 1.05 : 1~1.3 : 1로 매우 작은 편인데, 이렇게 압력비를 낮게 유지시키면 매우 높은 압축기 단효율을 얻을 수 있다. 그러나 비록 단당 압력비는 낮지만 여러 단을 결합시키면 원하는 높은 압력비를 가진 축류압축기를 설계할 수 있다. 따라서 표 3.3에 나타나 있는 것처럼 축류압축기는 원심압축기보다 단당 압력비는 낮지만 다단으로 구성하여 높은 압력비를 얻을 수 있으며, 압축기 전체적으로 효율이 높다.

3.2.5 사이클 압력비

다단 축류압축기의 총 압력비는 각 단의 모든 압력비를 곱해서 구해진다. 가스터빈의 압력비는 모든 비행고도에서 동일한 값을 가진다. 그러나 엔진 입구에서 일어나는 공기역학적 변화 때문에 사이클 압력비는 비행속도와 비행고도에 따라 다른 값을 가진다. 이는 사이클 압력비가 압축기 압력비와 램 압축에 의해 엔진 입구에 형성되는 압력비를 곱한 값으로 정의되기 때문이다. 예를 들면, 마하 0.8로 비행하는 항공기에 장착한 가스터빈엔진의 압력비가 10 : 1이며, 엔진 입구에 램 압축에 의해 형성되는 압력비가 1.5 : 1이라면 사이클 압력비는 15 : 1이 된다. 엔진 입구에 형성되는 램 압력은 가스터빈으로 유입되는 공기의 질량유량에도 영향을 미친다. 즉 엔진 입구에 형성되는 램 압력이 증가할수록 가스터빈으로 유입되는 공기의 질량유량이 증가한다. 따라서 대기압력이 매우 낮은 고도에서 엔진 입구에 형성되는 램 압력은 가스터빈 엔진으로 유입되는 공기의 질량유량이 줄어드는 것을 보상한다.

3.2.6 압축기 일

압축기에서 소비하는 일의 크기는 두 가지 방법, 즉 개념적인 방법과 이론적인 방법으로 살펴볼 수 있다. 열기관의 특징은 $p-v$선도와 $T-s$선도를 이용하여 각각 일의 크기

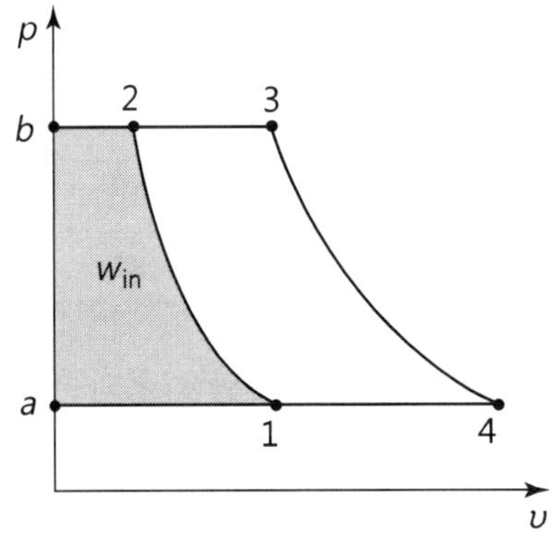

그림 3.13 브레이턴사이클 $p-v$선도

와 열량의 크기를 개념적으로 살펴볼 수 있다. 가스터빈은 개방계 열기관이기 때문에 가스터빈 각 구성요소에서 나타나는 일은 공업일이며, 공업일은 다음과 같이 정의한다.

$$w_{12} = -\int_1^2 v dp \tag{3.10}$$

식 (3.10)은 "공업일의 크기는 과정의 p축에 대한 투영면적의 크기와 같다"는 것을 의미한다. 따라서 그림 3.13에서 과정 1→2가 압축과정이며, 면적 1-2-b-a가 압축기에서 소비하는 일의 크기가 된다.

이제 이론적인 방법, 즉 열역학적인 방법을 이용하여 압축기에서 소비하는 일의 크기를 살펴보기로 한다. 압축기에서 소비하는 일의 크기는 이상적인 일의 크기와 실제적인 일의 크기로 구분할 수 있다. 이상적인 일의 크기는 등엔트로피과정으로 압축이 일어날 때의 일의 크기이며, 실제적인 일의 크기는 이상적인 일의 크기에 압축기 효율을 반영한 것이다. 이상적인 일의 크기는 열역학 제1법칙을 이용하여 이론적으로 계산할 수 있다.

$$q_{12} = (u_2 - u_1) + (p_2 v_2 - p_1 v_1) + \frac{1}{2}\left(V_2^2 - V_1^2\right) + g(z_2 - z_1) + w_{12}$$

$$q_{12} = (h_2 - h_1) + \frac{1}{2}\left(V_2^2 - V_1^2\right) + g(z_2 - z_1) + w_{12}$$

여기서 하첨자 1과 2는 각각 압축기 입구와 출구를 나타낸다. 작동유체가 공기이기 때문에 위치에너지 변화량은 무시할 수 있을 정도로 작다. 따라서 위 식은 다음과 같이 된다.

$$q_{12} = (h_2 - h_1) + \frac{1}{2}\left(V_2^2 - V_1^2\right) + w_{12}$$

$$q_{12} = (h_{o,2} - h_{o,1}) + w_{12}$$

축류압축기에서의 압축과정은 단열과정이기 때문에 $q_{12} = 0$이다. 따라서 위 식은 다음과 같이 된다.

$$w_{12} = -(h_{o,2} - h_{o,1}) \tag{3.11}$$

식 (3.11)은 터빈으로부터 압축기로 전달된 일은 로터 블레이드를 통해 공기에 전달되어 공기의 정체엔탈피 상승에 기여한다는 것을 의미한다. 실제적으로 공기를 압축하는 데 사용하는 일의 크기를 계산하기 위해서는 등엔트로피 압축일을 압축기 효율로 나누어 주면 된다. 따라서 식 (3.11)로부터 실제적인 압축일의 크기는 다음과 같이 나타낼 수 있다.

$$w_c = -c_p(T_{o,2} - T_{o,1})/\eta_c = \frac{-c_p T_{o,1}}{\eta_c}\left(r^{(\gamma-1)/\gamma} - 1\right) \tag{3.12}$$

여기서 w_c는 압축일, c_p는 정압비열, η_c는 압축기 효율, r은 압력비, γ는 비열비이다. 식 (3.12)로부터 두 가지 중요한 사실을 알 수 있다. 첫째, 압축기로 유입되는 공기의 온도가 증가할수록 압축기에서 소비하는 일의 크기가 증가한다는 사실이다. 실제로 가스터빈은 대기온도가 증가할수록 압축기에서 소비하는 일의 크기가 증가하기 때문에 가스터빈 출력이 줄어든다. 둘째, 다단 축류압축기의 각 단에서 동일한 압력비를 얻기 위해서는 압축기 앞부분에 있는 단에서보다 뒷부분 단에서 더 많은 일을 소비한다는 사실이다. 이는 압축기 앞부분에 비해 뒷부분에 있는 단에 더 높은 온도를 가진 공기가 유입되기 때문이다. 이런 이유 때문에 축류압축기 뒷부분에 있는 단의 효율이 앞부분에 있는 단에 비해 낮으며, 축류압축기의 압력비가 증가할수록 압축기 효율이 낮아지는 현상이 나타난다.

3.2.7 압축기 효율

일반적으로 압축기 효율은 등엔트로피 효율을 이용하여 나타낸다. 등엔트로피 효율은 등엔트로피과정으로 압축이 일어나는 경우 압축기에서 소비하는 이상적인 일의 크기를 압축기에서 소비하는 실제적인 일의 크기로 나눈 값으로 정의한다. 따라서 압축기의 등엔트로피 효율은 다음과 같다.

$$\eta_c = \frac{w_{c,ideal}}{w_{c,actual}} = \frac{h_{2s} - h_1}{h_2 - h_1} = \frac{T_{2s} - T_1}{T_2 - T_1} \tag{3.13}$$

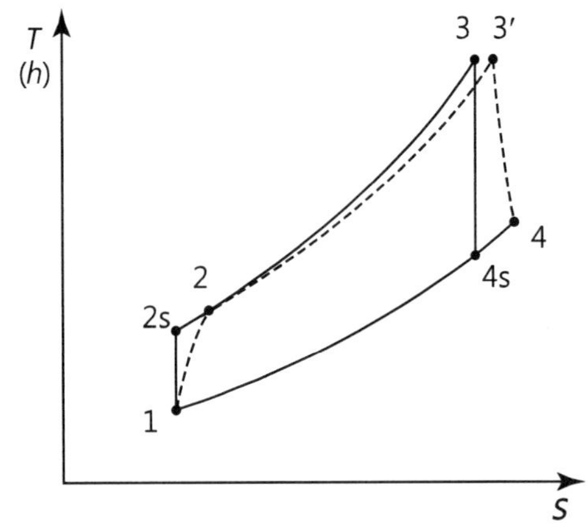

그림 3.14 브레이턴사이클 $h-s$선도

여기서 하첨자 1과 2는 그림 3.14에 나타나 있는 $h-s$선도에서와 같이 각각 압축기 입구와 출구를 나타낸다. 압축기에서는 단열과정을 통해 공기의 압축이 일어난다. 그런데 공기의 압축이 진행되는 동안 압축기에서 발생하는 손실이 없다고 가정하면 가역과정이 성립하여 공기의 압축은 그림 3.11에서 과정 1→2s, 즉 등엔트로피과정을 통해 진행된다.

그러나 압축기에서는 공기의 압축이 진행되면서 형상손실, 이차유동손실, 누설손실 등이 일어나기 때문에 공기의 압축이 등엔트로피과정을 따라 진행되지 못하고 과정 1→2를 따라, 즉 엔트로피가 증가하는 방향으로 진행된다. 그리고 압축기에서 발생하는 손실의 크기가 증가할수록 엔트로피 증가량이 커진다. 따라서 압축기에서 등엔트로피과정을 통해 압축이 진행될 때 압축기에서 소비하는 일의 크기($h_{2s}-h_1$)보다 실제적으로 압축기에서 소비하는 일의 크기(h_2-h_1)가 더 크기 때문에 압축기 효율은 식 (3.13)과 같이 정의되며, 1보다 작은 값을 가진다. 아울러 그림 3.14에서 효율이 우수한 압축기를 설계하기 위해서는 압축기에서 발생하는 다양한 손실의 크기를 최소화시켜 엔트로피 증가량을 작게 유지시켜야 한다는 것을 알 수 있다.

3.2.8 반동도

반동도(degree of reaction)는 축류압축기 단의 설계특징을 나타내는 대표적인 무차원수 가운데 하나이다. 반동도는 압축기 로터에서 일어나는 정엔탈피 상승을 단에서 일어나는 정엔탈피 상승으로 나눈 값으로 정의한다. 따라서 반동도는 다음과 같다.

$$\xi = \frac{h_2 - h_1}{h_3 - h_1} \tag{3.14}$$

여기서 ξ는 반동도, h는 정엔탈피, 하첨자 1, 2, 3은 그림 3.15에 나타나 있는 것처럼 각각 로터 입구, 로터 출구 또는 스테이터 입구, 스테이터 출구를 나타낸다. 그런데 공기 흐름 속에서 엔탈피를 직접 측정하기가 매우 어렵다. 따라서 반동도는 다음과 같이 엔탈피 대신에 온도를 이용해서 나타낼 수 있다.

$$\xi = \frac{T_2 - T_1}{T_3 - T_1} \tag{3.15}$$

그런데 공기흐름 속에서 온도를 직접 측정하는 것 또한 쉽지 않다. 따라서 반동도는 다음과 같이 공기흐름 속에서 측정이 상대적으로 쉬운 압력을 이용하여 나타낸다.

$$\xi = \frac{p_2 - p_1}{p_3 - p_1} \tag{3.16}$$

반동도를 식 (3.16)과 같이 나타낼 수 있는 이유는 열역학 제2기초식을 이용하면 확인할 수 있다. 열역학 제2기초식은 다음과 같다.

$$\delta q = dh - vdp$$

압축기에서 단열과정을 통해 압축이 일어나기 때문에 $\delta q = 0$이다. 그리고 압축기 단에서 일어나는 공기의 밀도변화가 매우 작다고 가정하면 열역학 제2기초식으로부터 다음과

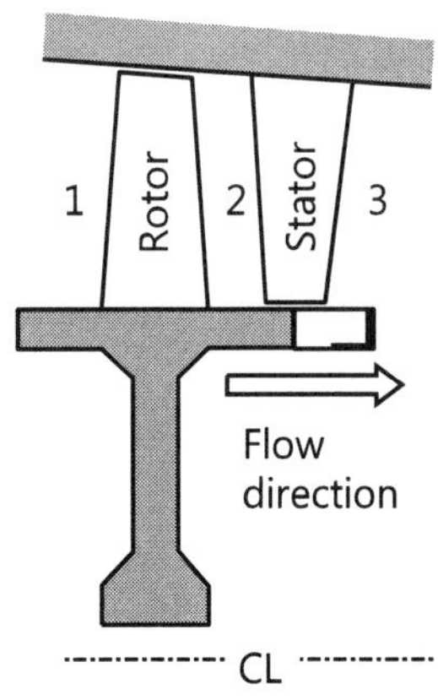

그림 3.15 축류압축기 단

같은 관계식을 유도할 수 있다.

$$dh \propto dp$$

위 식을 식 (3.14)에 대입하면 식 (3.16)을 얻을 수 있다.

3.2.9 팬

터보팬엔진에 장착되는 팬 블레이드의 종횡비(aspect ratio)는 팬 블레이드 길이를 팬 블레이드 허브에서의 시위로 나눈 값으로 정의한다. 큰 바이패스비를 가지는 터보팬엔진에 사용되는 두 가지 팬 블레이드를 그림 3.16에 나타냈다. 과거에는 그림 3.16(a)에 나타나 있는 큰 종횡비를 가지는 팬 블레이드를 주로 사용하였으나 최근에는 그림 3.16(b)에 나타나 있는 작은 종횡비(wide chord)를 가지는 팬 블레이드를 주로 사용하고 있다. 이는 작은 종횡비를 가지는 팬 블레이드를 사용하면 동일한 길이의 큰 종횡비를 가지는 팬 블레이드보다 더 큰 추력을 생산할 수 있으며, 엔진 무게를 줄일 수 있으며, 그리고 더욱 견고하기 때문이다. 작은 종횡비를 가지는 팬 블레이드는 스팬 지지 슈라우드(span support shrouds)와 팁 슈라우드가 없기 때문에 동일 직경의 큰 종횡비를 가지는 팬 블레이드에 비해 더 넓은 유동면적을 확보할 수 있으며, 이로 인해 더 많은 질량유량의 공기

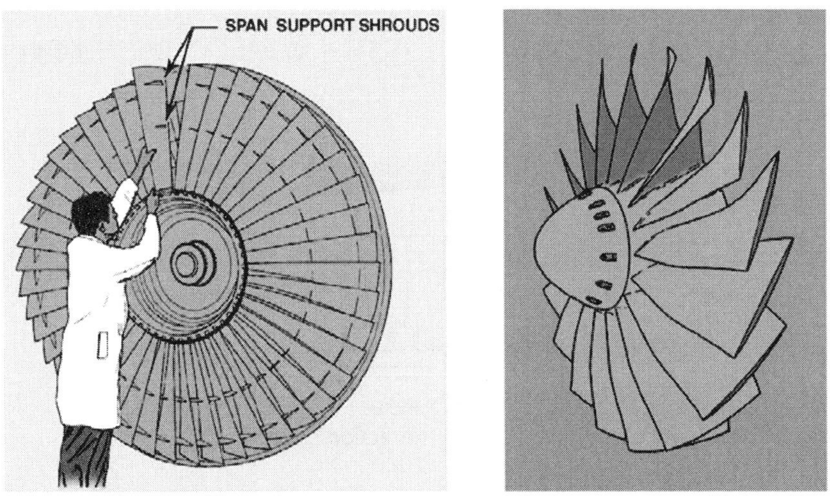

(a) 큰 종횡비를 가지는 팬　　(b) 작은 종횡비를 가지는 팬

그림 3.16 큰 바이패스비를 가지는 팬

를 흡입할 수 있다. 따라서 작은 종횡비를 가지는 팬 블레이드는 큰 종횡비를 가지는 팬 블레이드에 비해 더 큰 추력을 생산한다.

과거에는 작은 종횡비를 가지는 팬이 상대적으로 무거웠기 때문에 사용에 제한이 따랐지만 최근에는 팬을 가벼운 소재인 티타늄을 이용해서 속이 빈 형태로 제작하기 때문에 오히려 무게가 줄어들었다. 참고로, 티타늄 소재의 비중은 철금속의 절반 정도이다. 아울러 작은 종횡비를 가지는 팬은 새 충돌(bird strike)과 같은 FOD에 더 큰 저항성을 가지는 장점이 있다.

공기는 팬을 통과하면서 압력이 상승하는데, 작은 바이패스비를 가지는 팬의 경우 압력비는 1.5 : 1 정도이며, 큰 바이패스비를 가지는 팬의 경우 높게는 1.7 : 1 정도의 압력비를 가진다.

팬은 팬 팁에 걸리는 응력한계와 팬 블레이드 팁 속도제한 때문에 압축기 블레이드에 비해 매우 느리게 회전한다. 만약 팬이 너무 빠르게 회전하면 팬 블레이드 팁이 찢겨나갈 수 있으며, 팁에서 음속을 초과하는 속도가 발생하는 경우 충격파가 형성되어 팬 블레이드 효율이 급격히 낮아지는 동시에 소음 발생이 증가한다.

3.2.10 축류압축기의 장점 및 단점

지금까지 살펴본 축류압축기의 장점을 정리하면 다음과 같다.

1) 대량의 공기 압축이 가능하다.
2) 압축기 내부에서 유동이 직진하기 때문에 압축기 효율이 우수하다.
3) 단 추가를 통해 압력비를 증가시킬 수 있어 원하는 높은 압력비를 쉽게 얻을 수 있다.
4) 전면면적이 작아서 저항이 작다.

이에 반해 축류압축기는 다음과 같은 단점을 가지고 있다.

1) 구조가 복잡하여 제작이 어렵다.
2) 가격이 비싸다.
3) 무겁다.
4) 큰 시동파워가 필요하다.
5) 단당 압력비가 낮다.

3.3 다축식 엔진

대부분의 현대식 가스터빈 엔진은 터빈과 압축기를 더욱 효율적으로 매칭하기 위하여 다축식 구조를 사용한다. 터빈과 압축기를 매칭한다는 것은 압축기에서 소비하는 동력과 터빈에서 생산하는 동력의 크기를 일치시키는 것을 의미한다. 그림 3.17에서 확인할 수 있는 것처럼 터빈 한 단에서 생산되는 동력을 이용하여 압축기 여러 단을 구동시킨다. 이 그림에 의하면 고압압축기와 저압압축기는 각각 6단과 8단으로 구성되어 있으며, 각각 하나의 터빈 단에 의해 구동되는 것을 확인할 수 있다. 이는 압축기 한 단에서 소비하는 동력의 크기가 터빈 한 단에서 생산되는 동력의 크기보다 훨씬 작기 때문이다. 단당 출력에 직접적으로 관계되는 블레이드 통로에서의 유동방향전환각의 크기를 살펴보면, 그림 3.11에 나타나 있는 것처럼 유동박리 염려가 적은 터빈에서는 크게 설정하는 반면에 압축기에서는 유동박리 염려 때문에 작게 설정한다. 이 때문에 터빈 한 단에서 생산되는 출력이 압축기 한 단에서 소비하는 동력보다 훨씬 크며, 터빈 한 단이 압축기 여러 단을 구동시킨다.

다축식 엔진은 운전유연성을 확보하기 위하여 개발되었다. 즉 엔진을 다축식으로 구성하면 실속에 대한 염려 없이 높은 압력비를 얻을 수 있으며, 엔진의 급격한 가속이 가능하다. 축류압축기의 경우 하나의 축으로 구성된 압축기의 압력비가 5를 초과하면 실속이 발생할 가능성이 증가한다. 따라서 그림 3.17에서와 같이 압축기를 두 개의 축으로 분리

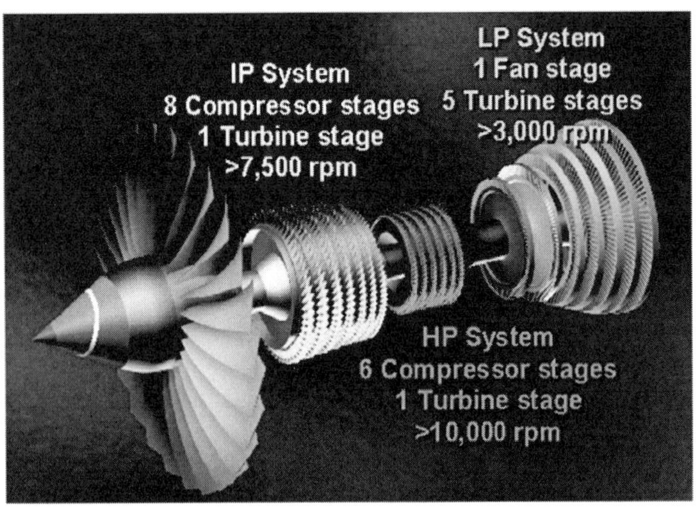

그림 3.17 다축식 엔진 – Trent (Rolls Royce)

하여 설치하면 실속에 대한 염려 없이 높은 압력비를 얻을 수 있다.

다축식 엔진의 또 다른 장점은 성능이 우수하다는 점이다. 축류압축기는 회전수가 증가할수록 많은 질량유량의 공기를 흡입할 수 있으며, 성능이 향상되는 특징을 가진다. 축류압축기의 회전수는 가장 큰 접선방향 속도가 나타나는 로터 블레이드 팁 반경에 의해 제한을 받는다. 그런데 축류압축기는 하류로 가면서 로터 블레이드 길이가 작아지기 때문에 로터 블레이드 팁 반경이 작아진다. 따라서 그림 3.17에 나타나 있는 것처럼 압축기를 분리하면 고압압축기의 팁 반경을 저압압축기에 비해 작게 유지시킬 수 있으며, 이로 인해 고압압축기를 저압압축기에 비해 고속으로 회전시킬 수 있다. 즉 압축기를 다축식으로 구성하면 각각의 압축기와 터빈 모두 가장 이상적인 운전조건을 유지시켜줄 수 있으며, 이로 인해 압축기 효율이 향상된다. 따라서 다축식 엔진은 효율이 우수할뿐만 아니라 보다 가볍고, 짧으며, 튼튼한 엔진이 된다.

다축식 엔진은 설계가 간단하다. 그림 3.17에 나타나 있는 고압압축기와 저압압축기는 형태가 거의 비슷하기 때문에 동일한 기술을 이용하여 설계할 수 있다. 아울러 저압압축기나 고압압축기 가운데 하나가 완성되었다면 스케일 축소나 확대 기법을 이용하여 나머지 하나를 쉽게 설계할 수 있다.

그림 3.17에 나타나 있는 큰 바이패스비를 가지는 터보팬엔진의 경우 대부분의 추력은 팬에서 생산된다. 따라서 팬을 구동하기 위해서 큰 동력이 필요하며, 이를 위해 다수의 터빈 단에서 생산된 동력이 팬에 공급된다. 그림 3.17의 경우 터빈 다섯 개의 단에서 생산된 동력이 팬에 공급되는 것을 확인할 수 있다.

다축식 엔진의 운전특징을 살펴보기 위하여 그림 3.18에 듀얼스풀 엔진(dual spool engine)을 나타냈다. 저압압축기 또는 팬을 N_1압축기, 고압압축기를 N_2압축기라고도 한다. 파워레버가 한 지점에 고정된 상태에서 고압압축기는 연료조절 가버너에 의해 최고의 효율을 나타내는 일정한 속도로 회전한다. 만약 터빈에서 생산되는 동력의 크기가 일정하다고 가정하면 대기조건 변화나 비행조작 등에 의한 엔진 입구조건 변화에 따라 저압압축기의 속도가 증가하거나 줄어들게 된다. 그리고 엔진의 추력은 그림 3.19에 나타나 있는 것처럼 저압압축기 회전수에 비례한다. 따라서 조종석에 있는 저압압축기 회전계는 가끔 추력 지시계로도 사용된다.

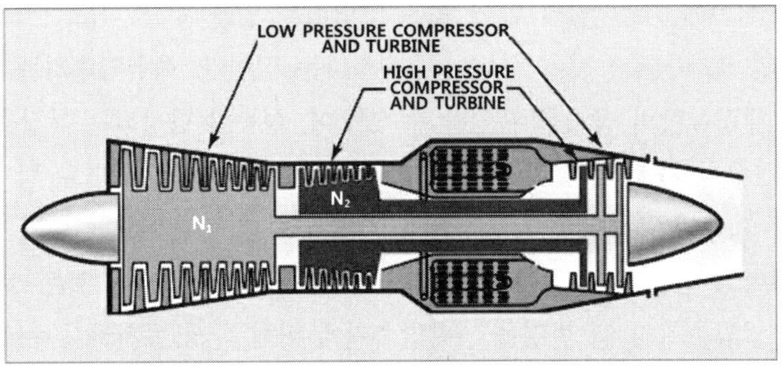

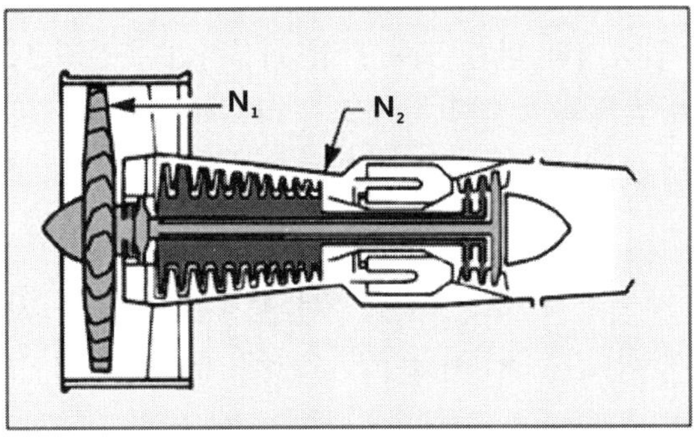

그림 3.18 듀얼스풀 엔진

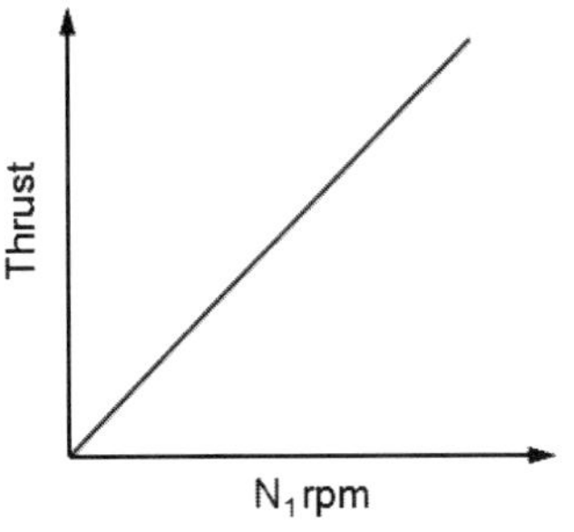

그림 3.19 듀얼스풀 엔진에서 N_1 rpm과 추력과의 관계

3.4 원심압축기

최초의 제트엔진에 사용된 원심압축기는 현재도 소형 터보제트엔진과 터보샤프트엔진에 사용되고 있으며, 로켓엔진에 펌프로도 사용되고 있다. 원심압축기는 그림 3.20에 나

타나 있는 것처럼 임펠러, 디퓨저, 압축기 매니폴드로 구성되어 있다. 원심압축기의 가장 중요한 구성품인 임펠러는 압축기에 축방향으로 유입되는 공기를 90° 방향전환시켜 반경방향으로 가속한다. 즉 원심압축기에서 원심이란 용어는 원심력에 의해서 공기가 압축된다는 것을 의미한다. 디퓨저는 그림 3.20과 3.21에서 확인할 수 있는 것처럼 확산덕트로 되어 있다. 따라서 임펠러를 통과하면서 압축된 공기는 디퓨저를 통과하면서 그림 3.22에 나타나 있는 것처럼 속도는 줄어들고 정압은 상승한다. 압축기 매니폴드는 압축공기의 난류성분을 제거하여 연소기로 보내준다.

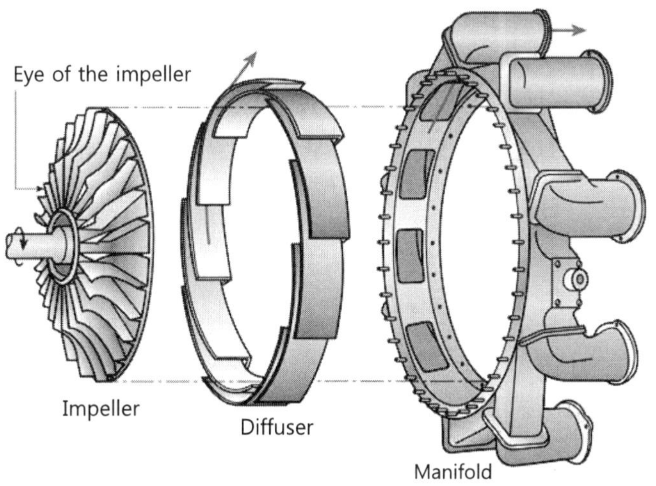

그림 3.20 원심압축기 구성

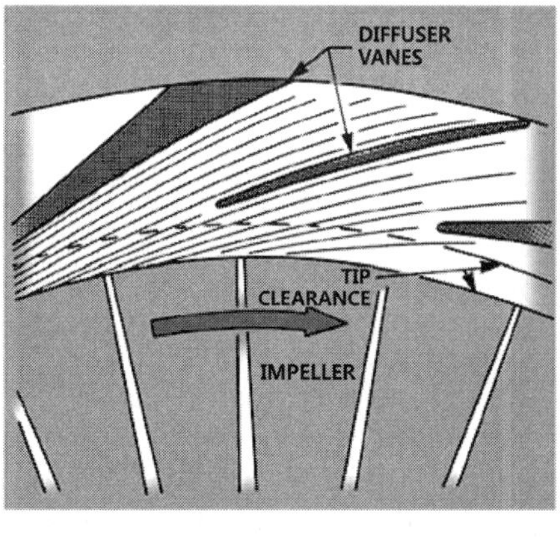

그림 3.21 원심압축기 디퓨저

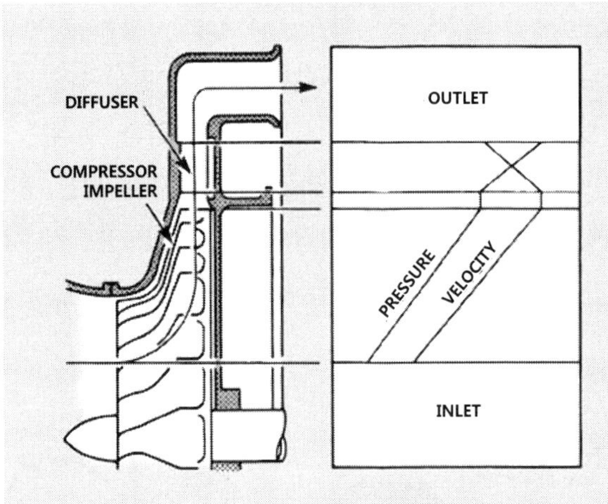

그림 3.22 원심압축기 내부 압력 및 속도분포

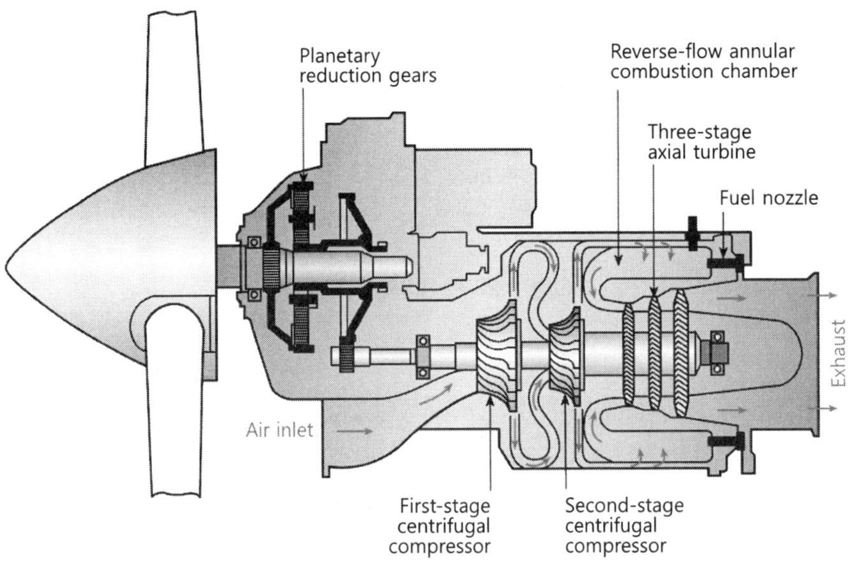

그림 3.23 다단 원심압축기 공기 흐름도

원심압축기는 단당 압력비가 큰 것이 특징인데, 최근에는 한 단의 압력비가 10 : 1인 원심압축기가 개발되었다. 축류압축기와 마찬가지로 원심압축기도 다단으로 구성하면 높은 압력비를 얻을 수 있다. 참고로, 그림 3.23에 나타나 있는 것처럼 원심압축기를 2단으로 배치하면 15 : 1의 압력비를 얻을 수 있다. 그러나 효율적인 다단 원심압축기를 구성하는 것은 매우 어려운데, 이는 그림 3.23에 나타나 있는 것처럼 원심압축기의 경우 다음 단에서 다시 압축시키기 위하여 반경방향으로 빠져나간 공기를 180°회전시켜 회전축 주위로 가져온 후에 축방향으로 유입시키기 위하여 또 다시 90°회전시켜야 하기 때문이다. 공기는 방향을 전환할 때마다 에너지 손실이 발생한다. 따라서 다단으로 원심압축기를 구성하는 경우 압축기 효율이 급격히 낮아지는 문제가 발생한다. 이런 이유 때문에 높은 압력비가 요구되는 제트엔진에는 다단 축류압축기가 사용되고 있다.

비록 원심압축기가 높은 압력비와 효율을 나타내지는 못하지만 다음과 같은 여러 가지 장점을 가지고 있다.

1) 축류압축기보다 튼튼하다.
2) 단당 압력비가 높다.
3) 소형이라 개발하기 쉽다.
4) 제작하기 쉽다.
5) 넓은 운전범위에서 효율이 우수하다.
6) 가격이 저렴하다.
7) 가볍다.
8) 축류압축기에 비해 길이가 짧다.
9) 작은 시동파워가 요구된다.
10) FOD 저항성이 우수하다.

그림 3.24 원심압축기를 적용한 가스터빈엔진을 탑재한 항공기 (SAAB J29)

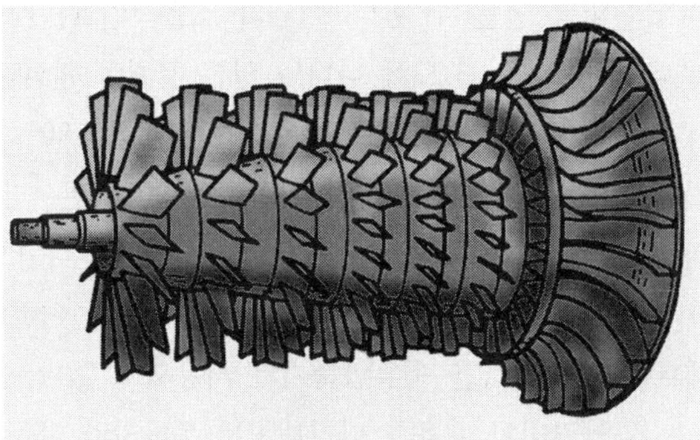

그림 3.25 조합압축기

한편, 원심압축기는 다음과 같은 단점을 가지고 있다.

1) 유동방향전환 때문에 축류압축기에 비해 효율이 낮다.
2) 유동방향전환 때문에 전면면적이 넓으며, 이로 인해 그림 3.24를 통해 유추할 수 있듯이 원심압축기를 적용한 가스터빈엔진을 탑재한 항공기의 항력이 증가한다.
3) 다단으로 구성하기 어렵기 때문에 높은 압력비를 얻기 어렵다.
4) 원심압축기로 유입되는 공기의 질량유량에 제한이 있기 때문에 대형 가스터빈엔진에는 적합하지 못하다.

축류압축기와 원심압축기를 결합시켜 조합압축기(combination compressor)를 구성하면 길이가 짧으면서 높은 압력비를 가지는 압축기를 얻을 수 있다. 조합압축기는 그림 3.25에 나타나 있는 것처럼 압축기 앞부분에 축류압축기, 뒷부분에 원심압축기를 배치시킨다. 조합압축기는 헬리콥터용 엔진으로 많이 사용하는 터보샤프트엔진에 주로 적용되고 있다.

3.5 압축기 실속 및 서지

그림 3.26에 나타나 있는 것처럼 압축기 블레이드로 유입되는 공기의 입사각이 증가할수록 블레이드 흡입부 전면에서 유동박리가 시작되어 압축기 블레이드에서 실속(stall)이 발생한다. 실속은 기본적으로 압축기 블레이드 흡입면으로부터 유동이 이탈하는 현상이다. 압축기 블레이드에서 실속이 일어나는 압력계수 값은 압축기 변수인 종횡비, 엇갈림

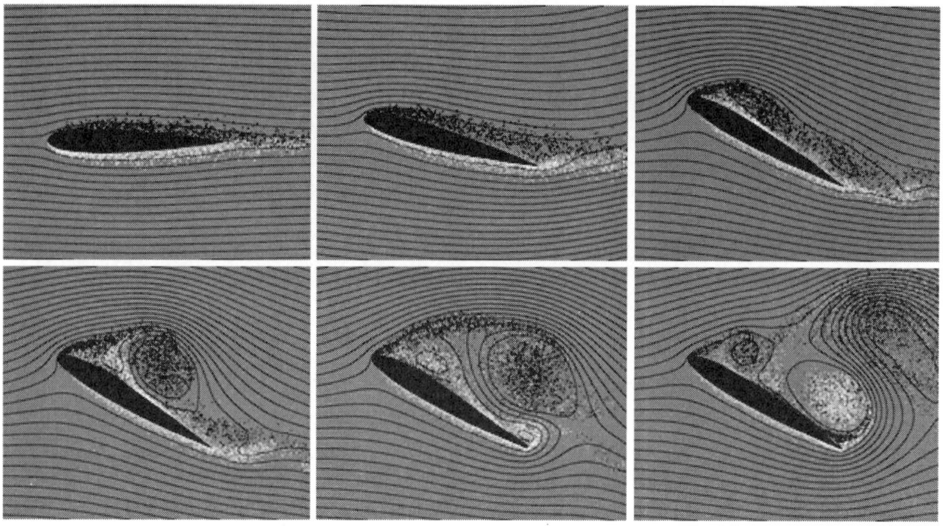

그림 3.26 입사각 증가에 따른 실속

각(stagger angle), 블레이드 시위길이뿐만 아니라 경계층 조건, 충격파 존재, 그리고 레이놀즈 수에 좌우된다. 압축기 블레이드에서 나타나는 경계층은 매우 복잡하기 때문에 실속의 시작에 대한 예측과 그 밖의 다양한 현상들은 대개 실험적인 방법으로 관찰한다.

압축기 블레이드에서 실속이 발생하는 원인은 매우 다양한 편이다. 압축기 실속은 특별히 압축기 회전속도가 클 때와 압축기로 유입되는 공기속도가 작을 때, 공기의 질량유량이 적을 때 언제든지 발생한다. 그림 3.27(b)에 나타나 있는 것처럼 압축기로 유입되는 공기속도가 작아지면 블레이드로 유입되는 공기의 입사각이 커져서 그림 3.27(d)에 나타나 있는 것과 같이 실속이 발생한다. 아울러 그림 3.27(c)에 나타나 있는 것처럼 압축기 회전속도가 급격히 증가하면 입사각이 증가하여 실속이 발생한다. 연소기로 과도한 연료량이 주입되면 연소기 배압(back pressure)이 증가하여 압축기로 유입되는 공기속도가 작아지며, 이로 인해 실속이 발생한다. 한편 과도하게 희박한 연료공기 혼합기가 연소기에 공급되면 연소기 배압이 감소하여 압축기로 유입되는 공기속도가 증가하며, 이 경우에도 실속이 발생한다. 오염되거나 손상이 발생한 압축기의 경우 압축이 줄어들어 압축기로 유입되는 공기속도가 증가한다. 아울러 터빈이 손상되면 압축기 구동동력이 줄어들고 압축이 줄어들어 압축기로 유입되는 공기속도가 증가하며, 이런 경우에도 압축기 실속이 발생한다. 이 밖에도 압축기가 설계 회전속도보다 낮거나 높으면 실속이 발생한다. 최근에는 압축기 성능을 향상시키기 위하여 서지마진을 줄이기 때문에 실속 가능성이 증가하는 편이다.

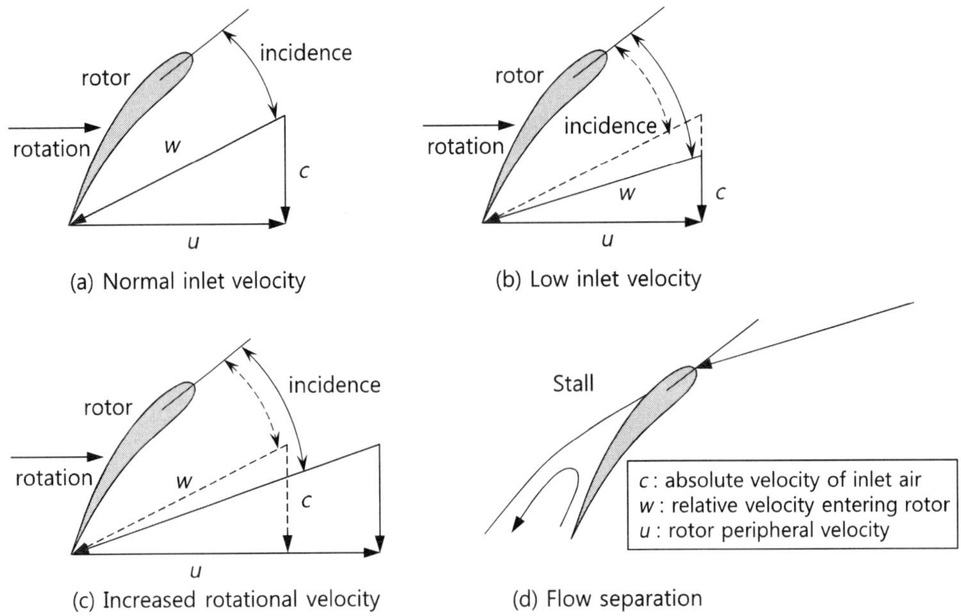

그림 3.27 압축기 실속

연료계통 고장이나 FOD에 의해 발생하는 심각한 압축기 실속이나 서지가 발생하면 공기흐름에 역류가 발생하며, 이로 인해 압축기 블레이드 뒷부분에 굽힘응력이 작용하여 로터 블레이드가 스테이터 블레이드에 접촉하게 된다. 이런 경우 로터 시스템의 완전한 파괴가 일어나며, 가스터빈이 완전히 파손되는 결과가 나타난다.

3.5.1 압축기 실속 종류

압축기 실속에는 개별실속(individual stall), 회전실속(rotating stall), 스톨플러터(stall flutter)의 세 가지 형태가 있으며, 이들 사이에는 뚜렷한 차이가 있다. 이 가운데 개별실속과 회전실속은 공기역학적 현상이며, 스톨플러터는 공탄성(aeroelastic) 현상이다. 개별실속은 실속의 전파가 일어나지 않는 상태에서 압축기 환형에 있는 모든 블레이드에 동시에 실속이 일어나는 것을 말한다. 현재 개별실속이 일어나는 정확한 원인은 알려져 있지 않다. 일반적으로 블레이드 한 열에서 일어나는 실속은 어떤 형태의 전파실속(propagating stall)이며, 개별실속은 예외적인 특이한 현상이다.

회전실속은 압축기를 통과하는 공기의 질량유량이 적을 때 주어진 블레이드 형상이 이에 적응하기 위하여 발생하는 현상이다. 압축기 통로에 유량이 부족하면 유동은 압축기 환형 면적에 고르게 분포되지 않으며, 이는 회전실속 발생의 원인이 된다. 회전실속에는 그림 3.28에 나타나 있는 것과 같이 부분스팬실속(part-span stall)과 전스팬실속(full-span stall)의 두 가지가 있다. 이 두 가지 가운데 더 가벼운 실속인 부분스팬실속은 흔히 서브아이들 속도(sub-idle speed)에서 압축기 앞부분 단들에서 발생한다. 그러나 부분스팬실속은 정상적인 운전범위로 압축기가 가속되면 대개 없어진다. 저속에서 회전실속이 발생하는 이유는 탈설계조건에서 단의 미스매칭 때문이다. 압축기 속도가 낮으면 압축기를 가로지르는 밀도비가 급격히 줄어든다. 밀도비 값이 작아지면 압축기 뒷부분의 환형면적 유량이 압축기를 통과하는 유량을 제한한다. 이렇게 되면 압축기 앞부분에 있는 단들에 높은 부하가 작용하여 마침내 실속이 발생하게 된다.

압축기 앞부분 단들에 높은 부하가 작용하면 팁와류가 흡입면에 형성되는 경계층을 방해하여 규모가 더욱 큰 팁실속을 형성하는 원인이 된다. 이 실속은 서로 인접해 있는 여러 개의 블레이드 통로에 걸쳐서 발생하여 하나의 실속셀(stall cell)을 형성한다. 이 실속셀의 수는 블레이드 하중이 증가함에 따라 동반하여 증가한다. 압축기 앞부분 단들의 부하가 더욱 증가하면 정지상태의 실속 셀이 떨어져 나와 압축기 환형 주위를 회전하게 되는데, 이를 회전실속이라 한다. 이 실속셀은 그림 3.29에 나타나 있는 것처럼 압축기 회

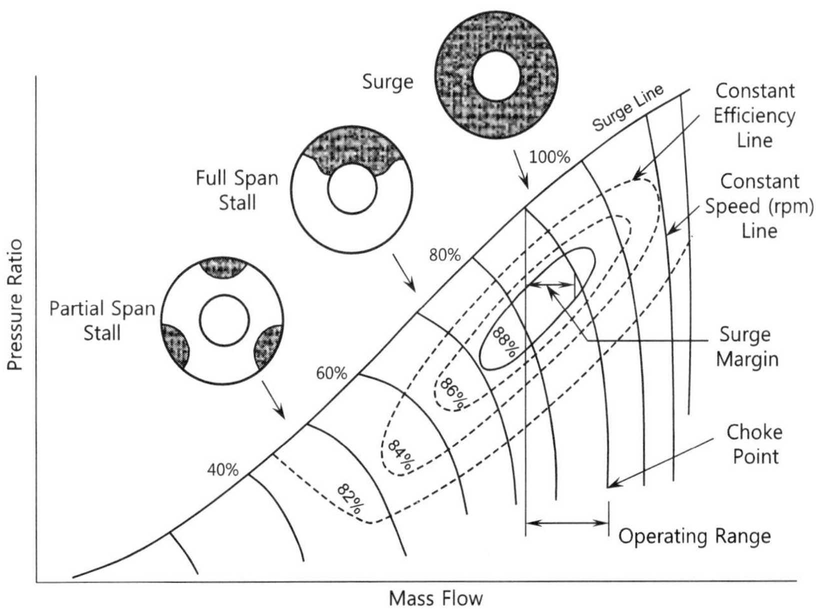

그림 3.28 대표적인 압축기 맵 (from Lakshminarayana, 1996)

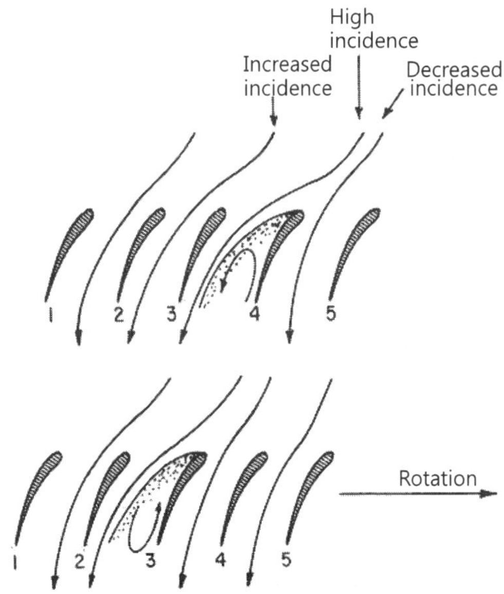

그림 3.29 회전실속 (from Lakshminarayana, 1996)

전 반대방향인 오른쪽에서 왼쪽으로 블레이드 회전속도의 약 50~70% 정도의 속도로 이동한다.

부분스팬실속은 블레이드 전체 길이 가운데 작은 부분을 차지하고 있기 때문에 압축기 전체적인 성능에 제한적인 영향을 미친다. 그러나 부분스팬실속은 압축기 성능에 훨씬 더 큰 영향을 미치는 전스팬실속으로 발전할 수 있다. 전스팬실속은 그림 3.28에서 확인할 수 있는 것처럼 블레이드 길이 전체에 걸쳐 큰 실속셀이 형성되는 것이 특징이다. 따라서 전스팬실속은 작은 종횡비를 가지는 압축기 뒷부분 단에서 발생하기 쉽다. 전스팬실속은 심각한 진동을 수반하기 때문에 급격한 고주기피로파괴를 동반할 수 있다. 전스팬실속이 일어나면 효율, 압력비, 압축기 공기유량이 정상운전과 비교해서 50%까지 줄어들 수 있다. 따라서 전스팬실속이 일어나면 가스터빈에 해로운 영향이 나타나는데, 여기에는 소음, rpm 변동, 그리고 냉각에 이용할 수 있는 공기가 줄어들기 때문에 TIT와 EGT 증가가 포함된다. 전스팬실속은 그림 3.28에 나타나 있는 것처럼 중간속도 범위에서 일어나며, 부분스팬실속에 비해 압축기 성능에 더 큰 영향을 미칠 뿐만 아니라 더 큰 손상을 초래한다. 이는 부분스팬실속이 쉽게 정상상태로 회복되는 데 반해 전스팬실속은 정상상태로 쉽게 회복되지 않기 때문이다.

스톨플러터는 블레이드 주위에서 발생하는 실속 때문에 발생한다. 블레이드 실속은 에

어포일 후류에 카르만와류(Karman vortices)를 생성시킨다. 이 와류의 주파수가 블레이드의 고유주파수와 일치하면 플러터가 발생한다. 스톨플러터는 압축기 블레이드 파손의 주요 원인이다.

3.5.2 서지

압축기는 저회전속도와 전회전속도 모두에서 안정된 조건으로 운전되도록 설계해야 한다. 이는 압축기가 넓은 운전영역, 즉 압축기를 통과하는 공기의 질량유량이 크게 달라지더라도 압축기가 안정된 상태로 운전되어야 한다는 것을 의미한다. 그런데 압축기에는 압축기의 안정한 운전을 위해서 반드시 피해야 하는 서지(surge)라고 불리는 운전의 불안정한 한계가 존재한다. 서지는 그림 3.28에 나타나 있는 압축기 맵에 서지선으로 주어진다. 서지는 압축기 배압이 높을 때 일어나는데, 이는 압축기 배압이 높아지면 압축기가 공기를 펌핑하기 어려워지기 때문이다. 서지가 일어나면 유동이 분리되어 유동 방향이 바뀌며, 전체 압축기를 통과하는 연속적인 정상상태 유동이 완전히 차단되어 압축기 유동통로가 막히게 된다. 그러므로 서지가 발생하면 유동이 크게 요동치며, 이로 인해 로터에 작용하는 추력 방향이 달라져서 기계적 손상, 즉 블레이드와 추력베어링에 손상이 발생한다.

비록 서지에 대해서 많은 연구가 이루어졌지만 서지는 아직 완전하게 이해되지 못하고 있다. 이는 빈약한 양적 보편성 또는 다른 로터와 스테이터에 대한 공기역학적 부하 능력, 그리고 부정확한 경계층 거동이 탈설계 단에서 압축기를 흐르는 유동의 정확한 예측을 어렵게 만들기 때문이다. 만약 주변 구성품들이 압축기 운전점을 속도선의 윗부분으로 올라가게 해서 압력비가 서지선 값까지 증가하면 모든 속도 영역에서 서지가 발생한다. 서지가 발생하면 블레이드 실속이 너무 심하게 일어나서 더 이상 역압력구배를 지탱하지 못하며, 압축기 통로에서 낮은 압력상승이 발생하여 순간적으로 유동이 막히게 된다. 그 결과 높은 압력에서 낮은 압력으로 유량의 일부가 압축기를 역류하여 쾅하고 치는 소리가 난다. 서지가 일어날 때는 추가적으로 질량유량의 급격한 변화로 인해 실속이 생겼다 없어졌다를 반복하기 때문에 격렬한 압력진동, 압력파의 전파, 그리고 압축계통 전체에 파손이 일어난다. 그리고 연소기로부터 연소가스가 앞쪽과 뒤쪽으로 동시에 배출되기 때문에 자주 가스터빈 입구와 출구 모두에서 화염이 관찰되기도 한다. 만약 블리드 밸브를 열거나 연료유량을 줄여서 작동선을 낮추기 위한 조치가 즉각 취해지지 않으면 압축기 공기유량은 스스로 회복했다 다시 서지가 발생하는 것을 반복한다. 이때 서지 사이

큘은 초당 5~10회 간격으로 지속되며, 결국 엔진에 손상이 발생한다. 대개의 경우 서지가 나타나거나 서지 근처에 도달하면 맥동상태의 쾅하는 소음, 과도한 진동, 축의 축방향 위치 변화, 높은 EGT, 압축기 차압 요동, 측면 진폭 증가 등과 같은 여러 가지 징후가 나타난다. 고압압축기의 경우 흔히 초기의 서지범위 운전에서는 저주파 출현, 블레이드 통과 주파수의 다양한 고조파에 의한 여기뿐만 아니라 현저한 진폭에 도달할 수 있는 비동기 진동신호 등을 수반한다. 서지상태에서 오랫동안 운전하면 스러스트베어링과 저널베어링에 손상이 발생한다. 아울러 축의 축방향 이동에 따른 로터와 스테이터의 접촉에 의해 블레이드가 파손된다. 서지가 발생하면 유동이 크게 불안정해지기 때문에 블레이드 고유진동수 가운데 하나와 조화되는 극심한 공기역학적 자극에 의해 로터 블레이드가 파손된다.

3.6 실속 제어

압축기에서 발생하는 실속을 제어하기 위한 방법으로 가변입구안내깃, 가변정익, 브리드밸브, 다축식기관이 있다.

3.6.1 VIGVs

가변입구안내깃(VIGVs; Variable Inlet Guide Vanes)은 압축기 입구에 설치하며, 압축기로 유입되는 공기의 질량유량 조절을 통해 압축기 실속을 제어하고, 1단 로터로 유입되는 공기의 유동각을 안내한다. 압축기로 유입되는 공기는 최초로 VIGVs를 통과한다. 한 열에 설치되어 있는 VIGVs는 피니언기어에 의해서 모두 동시에 작동된다. 그리고 VIGVs의 블레이드 각 변화는 그림 3.30에 나타나 있는 것처럼 미리 설정되어 있는 일정한 범위에서 이루어진다. VIGVs를 설치하는 목적은 세 가지다. 첫째, 압축기 블레이드는 일정한 크기의 반동도를 가지도록 설계되기 때문에 로터 블레이드로 진입하는 공기는 일정한 크기의 접선방향 속도성분을 가져야 한다. 이를 위해 VIGVs는 압축기 1단 로터 블레이드로 진입하는 공기에 예선회(pre-swirl)를 만들어준다. 둘째, VIGVs는 압축기로 유입되는 공기의 질량유량을 조절하여 압축기에서 실속이 발생하는 것을 방지한다. 셋째, VIGVs는 가스터빈 내부로 외부물질이 유입되는 것을 막아준다.

VIGVs와 유사하게 압축기 출구에는 출구안내깃(EGVs; Exit Guide Vanes)을 설치하

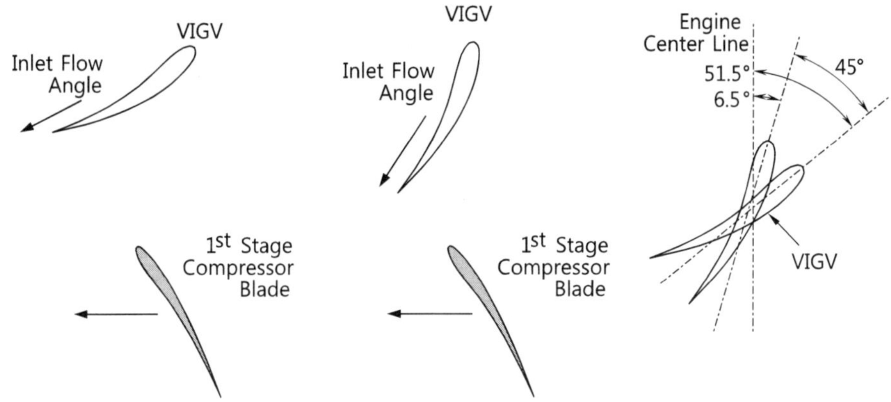

그림 3.30 VIGVs 각 변화

기도 한다. EGVs를 설치하는 가장 큰 목적은 압축기를 빠져나가는 압축공기의 선회속도 성분을 제거하기 위함이다. 압축기를 빠져나가는 압축공기에 선회속도 성분이 존재하면 큰 운동에너지를 가지고 압축기를 빠져나가기 때문에 압축기의 배기손실이 증가한다.

3.6.2 가변정익

가변정익(variable stator vane)은 1950년대 초반 GE사가 J79 가스터빈을 설계하면서 개발하였다. 압축기 시동 시 부분속도에서 앞부분 단들은 높은 부하에서 운전된다. 이런 경우 앞부분 단들에서 실속이 일어나는 경향이 있기 때문에 부하를 줄여주기 위하여 가변정익을 사용하게 되었다. 가변정익은 축류압축기 입구부에 하나 내지는 여러 단에 설치한다. 가변정익은 저속에서 앞부분 단들을 통과하는 공기의 질량유량을 줄이기 위해 부분적으로 닫힌다. 가변정익이 부분적으로 닫히면 저속에서 더 좋은 성능을 발휘하기 위해서 압축기 단들은 다시 조화를 이룬다. 그러나 가변정익이 부분적으로 닫히면 유동면적이 줄어들기 때문에 압축기는 급격히 유동질식 한계에 도달한다. 그렇기 때문에 가변정익은 더 큰 속도로 압축기가 가속됨에 따라 열려지도록 설계한다. 일반적으로 단일축의 압력비가 7을 초과하는 경우 가변정익을 설치할 필요가 있다.

가변정익의 원리가 그림 3.31에 고정정익을 사용했을 때 나타나는 현상과 비교하여 나타나 있다. 고정정익을 사용하는 경우 공기유량 변화에 따라 로터로 유입되는 유동각이 설계 값과 달라지기 때문에 실속이 발생한다. 그러나 가변정익을 적용하는 경우 공기유량이 변하는 경우에 유동방향에 변화를 주어서 로터로 유입되는 유동각이 항상 설계 값

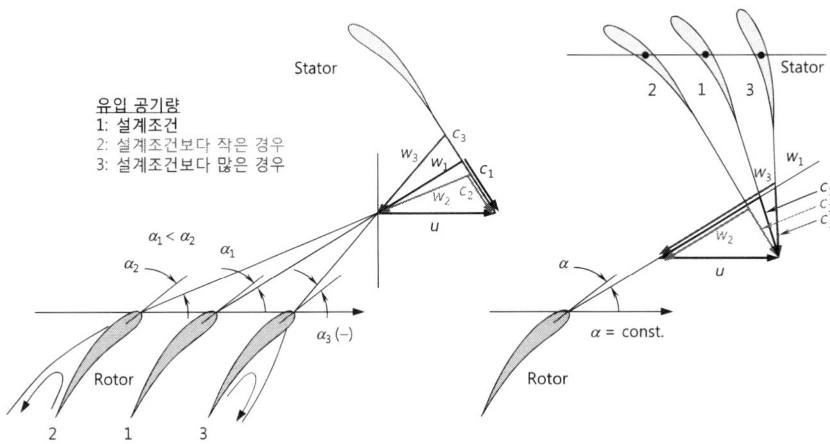

(a) 고정정익에서의 속도분포 (b) 가변정익에서의 속도분포

그림 3.31 가변정익을 통한 실속 제어 원리

과 일치하도록 해주면 유량이 달라지더라도 로터에는 실속이 발생하지 않는다. 따라서 가변정익은 엔진 회전속도에 따라서 자동적으로 각이 조절된다. 가변정익을 적용하면 작동기구로 인하여 압축기가 복잡해지지만 가스터빈 전체적으로는 다축식보다 간단해지는 장점을 가진다.

3.6.3 브리드밸브

압축기 시동 시에 압축기 앞부분 단들에 큰 부하가 걸리기 때문에 그림 3.32에 나타나 있는 것처럼 압축기 중간 단 또는 후방에 브리드밸브를 설치하여 가스터빈 시동 시 및 저출력 작동 시 브리드밸브가 자동적으로 열리도록 하여 압축공기를 대기 중으로 방출하면 실속을 방지할 수 있다. 압축기 시동 시 브리드밸브를 열면 일정량의 공기가 압축기 외부로 방출되며, 방출된 공기량만큼 공기의 축방향 속도가 작아짐에 따라 로터로 유입되는 각이 설계각이 되면서 실속이 방지된다. 브리드밸브는 가변정익에 비해 가격이 저렴하고 더욱 신뢰성이 있다. 압축기 시동 시 블리드밸브를 통해서 5~25%의 압축공기를 빼내는데, 이 경우 이용 가능한 냉각공기량이 줄어들기 때문에 TIT가 크게 상승한다. 블리드밸브는 압축기의 탈설계 성능을 조절하기 위한 수단으로 독립적으로 사용되지 않고 대개 장점을 최적화시키기 위하여 가변형상을 가진 부품들과 연계하여 사용된다.

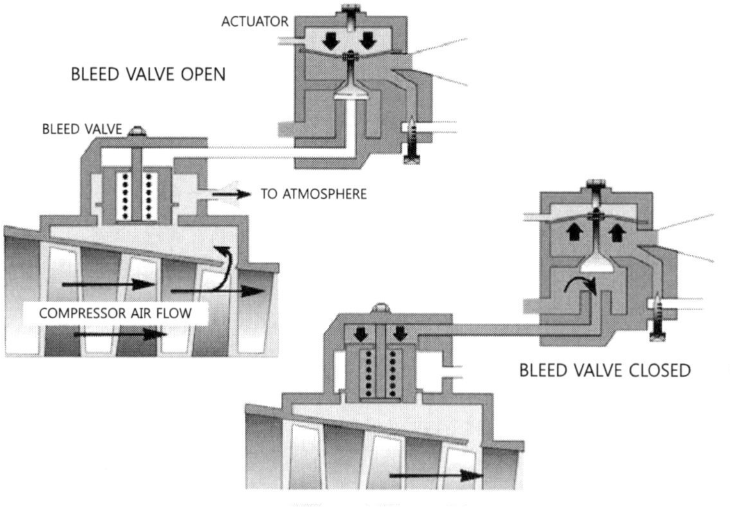

그림 3.32 브리드밸브 운전

3.6.4 다축식 엔진

축류압축기의 경우 단일축인 경우 안정운전 범위는 대개 압력비 5 이하이다. 따라서 압력비가 5를 초과하는 경우 다축식으로 압축기를 구성하면 실속에 대한 염려 없이 높은 압력비를 얻을 수 있다. 아울러 압축기마다 최적의 회전수로 회전시킬 수 있기 때문에 높은 효율을 얻을 수 있다. 그러나 다축식 구조는 베어링 증가에 따라 구조가 복잡해지고 중량도 증가하는 단점이 있다.

제4장

연소기

가스터빈을 포함한 모든 열기관은 공통적으로 연료가 가지고 있는 화학적 에너지를 연소를 통해 열에너지로 변환시킨 후 최종적으로 기계적인 에너지로 변환시켜 동력을 얻는다. 그런데 열에너지는 힘의 요소가 없기 때문에 열에너지를 직접 기계적인 에너지로 변환시킬 수 없다. 따라서 열기관은 공기와 같은 작동유체에 열에너지를 공급하여 작동유체의 에너지 수준을 충분히 높인 후 작동유체의 상태변화를 이용하여 기계적인 에너지로 변환시켜 동력을 얻는다. 따라서 모든 열기관은 작동유체의 에너지 수준을 높이기 위한 연소기를 구비하고 있다. 그런데 각종 열기관에서 연소를 조절하는 것은 매우 어렵다. 이는 대부분의 열기관에 사용하는 화석연료는 약 1800~2000°C의 연소온도에서 화염이 안정적으로 형성되는데, 이렇게 높은 온도는 연소기 구성품 소재의 용융온도를 훨씬 초과하기 때문이다. 따라서 연소기 주요 구성품은 내열소재로 제작해야 하며, 필수적으로 냉각을 고려해야 한다. 그리고 가스터빈 연소기의 경우 대량의 공기가 고속으로 흘러가기 때문에 안정적인 연소를 유지시키기 매우 어렵다. 아울러 연소과정에서 다양한 환경오염 원인물질이 발생하기 때문에 연소과정에서 발생을 최소화시켜야 한다.

왕복엔진과 같은 밀폐계 열기관에서 연소가 일어나면 온도상승과 더불어 압력도 상승한다. 그러나 가스터빈과 같은 개방계 열기관은 연소가 일어나면서 압력상승이 일어나지 않도록 설계해야 한다. 만약에 연소과정에서 압력이 상승하면 화염이 역류하여 개방계 열기관의 우수성인 연속운전이 이루어지지 않는다. 그런데 다행스럽게도 가스터빈 연소기는 개방되어 있는 공간에 위치하고 있으며, 개방된 공간에서 연소가 일어나면 압력상승이 일어나지 않는다. 이론적으로 가스터빈 연소기에서는 압력이 일정한 상태에서 연소가 일어난다고 가정하지만 실제적으로는 유체마찰과 연소에 의한 급격한 온도 상승으로 인해 압력이 약간 낮아진다. 연소기에서 압력이 낮아지면 가스터빈 출력과 열효율이 모두 낮아진다. 따라서 연소기는 연소과정에서 발생하는 작동유체의 압력손실이 최소가 되도록 설계해야 한다.

연소기는 압축기 및 터빈과 같은 주변 구성품과 크기 면에서도 조화를 이루어야 하기 때문에 매우 작은 편이다. 따라서 연소기는 제한된 내부 공간에서 최대한 많은 열량을 발생시킬 수 있도록 설계한다. 압력이 일정한 상태에서 연소가 일어나면 연소가스 온도가 상승함에 따라 연소가스 비체적이 증가하는데, 연소기 출구는 유동단면적이 항상 일정하기 때문에 작동유체의 가속이 일어난다. 따라서 연소기는 높은 압력에너지, 열에너지, 운동에너지를 가진 작동유체를 터빈으로 공급해주는 역할을 수행한다. 그리고 이렇게 높은 수준의 에너지를 포함하고 있는 작동유체는 터빈을 구동시켜 동력을 발생시키며, 고속으로 배기노즐을 빠져나가면서 추력을 발생시킨다.

연소기에 공급하는 연료량은 연소기에서 올려야 하는 작동유체의 온도상승 크기에 의해서 결정된다. 예를 들면, 터빈 블레이드 소재에 의해서 결정되는 사이클 최고온도가 1500°C이며, 압축기에서의 공기 압축에 의하여 압축공기 온도가 이미 500°C가 되었다면 연소를 통해서 압축공기 온도를 1000°C 상승시키면 된다. 따라서 연료량은 압축공기 온도를 1000°C 상승시킬 수 있는 양을 공급하면 된다. 가스터빈 출력은 작동유체 온도에 의해서 결정되기 때문에 연소기 내부에서는 넓은 운전영역에 걸쳐서 안정적이면서 효율적인 연소가 일어나야 한다.

4.1 연소기 구성품

4.1.1 디퓨저

디퓨저는 가스터빈 연소기 구성품이 아니라 그림 4.1에서 확인할 수 있는 것처럼 압축기와 연소기 사이에 있는 별도의 구성품이다. 디퓨저는 압축기를 빠져나온 고속의 압축공기 속도를 줄여서 연소기로 보내준다. 일반적으로 압축기를 빠져나오는 압축공기는 마하수 0.5 정도의 속도를 가진다. 그런데 압축공기가 이렇게 빠른 속도로 연소기에 공급되면 화염이 안정적으로 형성되기 어렵다. 따라서 압축기를 빠져나온 압축공기를 디퓨저를 통과시켜 마하수 0.35 정도로 감속시킨다.

연소기에서 화염이 안정적으로 유지되기 위해서는 연소기 입구에서 공기속도가 낮게 유지되어야 한다. 디퓨저 출구에서 일반적으로 나타나는 마하수 0.35의 속도는 매우 빠른 편이다. 그러나 디퓨저에서 마하수 0.35 이하의 속도로 낮추기 어렵다. 이는 디퓨저에서 공기속도를 더 낮추기 위해서는 디퓨저의 확산각도를 증가시켜야 하는데, 이 경우 디퓨저에서 유동박리가 일어나기 쉬우며, 유동박리가 일어나면 디퓨저 기능을 상실할 뿐만 아니라 난류강도가 증가하여 압력손실이 증가하는 문제가 발생하기 때문이다. 따라서 디퓨저에서 감속시킬 수 있는 한계는 마하수 0.35 정도이며, 압축공기 속도는 연소기 입구에서 추가적으로 낮추어 준다. 참고로, 디퓨저 길이를 증가시키면 디퓨저를 빠져나오는 압축공기 속도를 더 낮출 수 있다. 그러나 디퓨저 길이가 증가하면 가스터빈 전체적인 길이 및 무게가 증가하는 부정적인 효과가 나타난다.

디퓨저에서는 압축공기 속도가 줄어들기 때문에 압축공기의 정압(static pressure)이 상승한다. 따라서 디퓨저 출구에 가스터빈에서 가장 높은 정압이 나타난다. 그러나 디퓨저를 통과하는 동안 압축공기의 정체압력은 일정하게 유지된다. 그러나 실제적으로 디퓨저

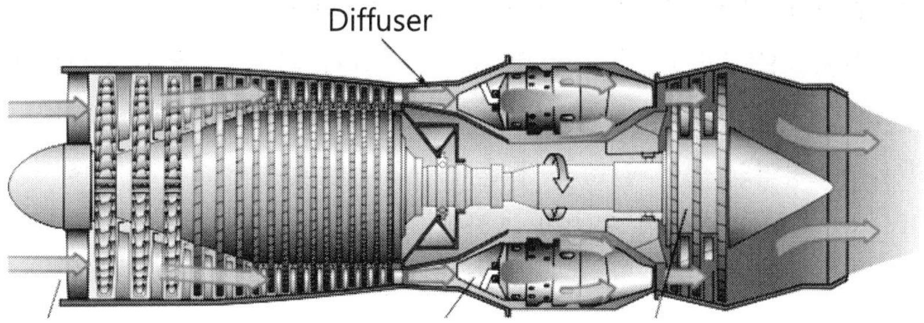

그림 4.1 디퓨저

벽면에서 마찰손실이 발생하기 때문에 디퓨저를 통과하는 동안 압축공기의 정체압력은 약간 낮아진다.

4.1.2 연료분사기

가스터빈 연료는 최종적으로 연료분사기(fuel injector)를 통해 연소영역으로 분사된다. 가스터빈에 사용하는 액체연료는 연소시키기 위해 먼저 기화시켜야 한다. 연료분사기는 액체연료가 쉽게 기화될 수 있도록 액체연료를 무화시켜 작은 액적으로 만들어 표면적을 증가시킨다. 한편, 액적 상태의 연료는 가스터빈 연소기에서와 같이 높은 압력의 공기 속에서 기화가 촉진되어 쉽게 연소된다. 연료분사기에는 네 가지 종류, 즉 압력무화식, 공기충돌식, 증발식, 예혼합식이 있다.

압력무화식(pressure-atomizing) 연료분사기는 연료에 500 psi의 높은 압력을 가하여 연료를 무화시킨다. 압력무화식 연료분사기는 매우 간단하다는 장점을 가지고 있지만 몇 가지 단점도 가지고 있다. 첫째, 연료계통이 고압에 견딜 수 있도록 견고하게 제작해야 하는데, 이는 연료계통 무게 증가의 원인이 된다. 둘째, 연료 무화가 고르게 일어나지 않는 경향을 가지는데, 이는 더 많은 공해물질과 연기(smoke)를 발생시키는 불완전연소 또는 고르지 못한 연소의 원인이 된다.

공기충돌식(air blast) 연료분사기는 얇은 막 형태로 분사되는 연료에 고속으로 공기를 충돌(blast)시켜 균일한 액적으로 연료를 무화시킨다. 연료를 무화시키기 위하여 단지 1차공기(연료와 혼합하여 산화제로 사용하는 공기를 1차공기라 하며, 라이너 냉각 및 배기가스 희석에 사용하는 공기를 2차공기라 함)의 일부분이 사용된다. 공기충돌식 연료분사기를 적용하여 최초로 연소기에서 연기가 발생하는 문제를 해결하였다. 공기충돌식 연료분사기는 압력무화식에 비해 낮은 연료압력을 사용한다.

증발식 연료분사기는 공기충돌식과 유사하며, 연료가 연소영역으로 분사되면서 1차공기와 혼합된다. 그러나 연료-공기 혼합기는 연소영역 내부에 있는 튜브를 따라 흘러간다. 이 과정에서 연소영역의 열이 연료-공기 혼합기로 전달되어 연소되기 전에 연료의 일부가 증발하며, 이로 인해 연료와 공기의 혼합이 촉진된다. 증발식 연료분사기를 이용하면 복사열이 줄어든 상태에서 연소가 일어나기 때문에 연소기 라이너를 보호할 수 있다. 그러나 증발튜브는 그 내부를 흘러가는 연료에 의해 냉각되기 때문에 연료유량이 적은 경우에 수명이 짧아지는 심각한 문제를 가지고 있다.

예혼합(premixing) 연료분사기는 연료가 연소영역에 도달하기 전에 공기와 미리 혼합하여 연소영역에 공급한다. 연소가 일어나기 전에 연료와 공기를 미리 혼합시키면 연료와 공기를 매우 균일하게 혼합시킬 수 있으며, 이를 통해 공해물질 발생을 줄일 수 있다. 연료와 공기를 미리 혼합하면 연료-공기 혼합기를 더 낮은 온도에서 연소시킬 수 있기 때문에 NOx 발생을 크게 줄일 수 있다. 예혼합 연료분사기의 단점은 미리 혼합된 연료-공기 혼합기가 연소영역에 도달하기 전에 자동점화(auto-ignition)될 수 있다는 점이다. 아울러 미리 혼합된 연료-공기 혼합기의 속도가 화염 전파속도보다 작은 경우 연료-공기 혼합기가 연소영역에 도달하기 전에 화염이 역방향으로 전파되어 연소한다. 이를 플래시백(flashback)이라 한다. 자동점화와 플래시백이 일어나면 연소기는 심각한 손상을 입게 된다.

4.1.3 선회기

가스터빈 연소기는 그림 4.2에 나타나 있는 것처럼 연료노즐 주위에 선회기(swirler)가 설치되어 있다. 1차공기의 일부는 선회기를 통과하여 연소영역으로 공급된다. 선회기의 역할은 다음과 같다.

1) 연료와 공기의 혼합을 촉진시킨다.
2) 화염 길이를 짧게 유지시켜 연소실 길이를 줄여준다. 이를 통해 가스터빈 무게가 줄어든다.
3) 연료노즐 하류에 재순환영역을 만들어 화염정착을 도모함으로써 연소기 내부에 화염이 안정적으로 유지되게 해준다.

가스터빈 연소기에서 화염이 안정적으로 유지되도록 해주고 공해물질 생성을 최소화시키기 위해 연료와 공기는 최대한 균일하게 혼합되어야 한다. 선회기를 통과한 공기는 그

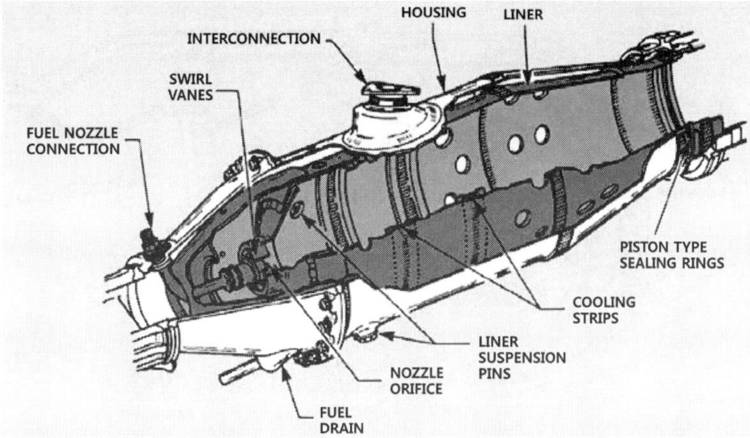

그림 4.2 대표적인 캔형 연소기 형상

그림 4.3 대표적인 선회기 형상

림 4.3을 통해 유추할 수 있는 것처럼 큰 접선방향 속도성분을 가지기 때문에 연료노즐로부터 원뿔 형태로 분사되는 액적상태의 연료를 공기와 비교적 균일하게 혼합시켜준다. 그러나 선회기를 통과하면서 공기의 난류강도가 강해지기 때문에 압력손실이 증가한다. 따라서 선회기는 연료와 공기를 충분히 혼합시켜줄 수 있을 정도의 선회유동을 형성하도록 주의해서 설계해야 한다.

선회기는 축방향으로 유입되는 압축공기에 접선방향 속도성분을 부여하기 때문에 연료-공기 혼합기의 축방향 속도가 크게 줄어든다. 따라서 연료-공기 혼합기의 연소기 내부 체류시간이 증가하여 화염 길이가 짧아진다. 결과적으로 선회기를 사용하면 연소실 길이를 줄일 수 있으며, 이를 통해 가스터빈 무게를 줄일 수 있다.

선회기 바로 하류에서의 압축공기 속도분포는 선회기 중심부에서 가장 크고, 반경방향을 따라 작아진다. 따라서 선회기 중심부 하류에 가장 낮은 압력이 형성되며, 이로 인해 그림 4.4에 나타나 있는 것처럼 선회기 중심부 하류에 재순환영역이 형성된다. 이렇게 형

그림 4.4 캔형 연소기 공기 흐름도

성된 재순환영역에는 화염이 갇히게 되며, 이렇게 갇혀있는 화염이 새로이 공급되는 연료-공기 혼합기의 점화원 역할을 하기 때문에 연소실 내부에 화염이 안정적으로 형성된다.

4.1.4 점화기

대부분의 가스터빈은 자동차에 사용하는 점화기와 유사한 전기불꽃점화기(electrical spark igniter)를 사용한다. 점화기는 연료와 공기가 혼합되어 있는 연소영역에 위치해야 하지만 그림 4.5에 나타나 있는 것처럼 연소에 의해 손상 받지 않도록 연소기 상류에 위치해야 한다. 점화기에 의해 일단 연소가 일어나면 연소기 내부에 형성되는 재순환영역에 의해 화염이 유지되기 때문에 점화기는 더 이상 필요하지 않게 된다. 따라서 점화기는 점화가 완료된 후에 집어넣을 수 있는 형태(retractable type)로 되어 있는 것도 있다.

일부 연소기는 점화보조기술(ignition-assist techniques)을 적용하고 있다. 이 가운데 하나는 산소분사방법인데, 점화지역에 산소를 분사하여 연료가 쉽게 연소하도록 도와주는 방법이다. 특히 이 방법은 높은 고도에서 엔진을 재시동하는 경우에 효과적이다.

4.1.5 케이싱

케이싱은 그림 4.2에 나타나 있는 것처럼 연소기 외부를 구성하는 얇은 판으로서 매우 단순한 구성품이다. 케이싱은 내부를 흐르는 공기에 의해 연소기에서 발생하는 열로부터

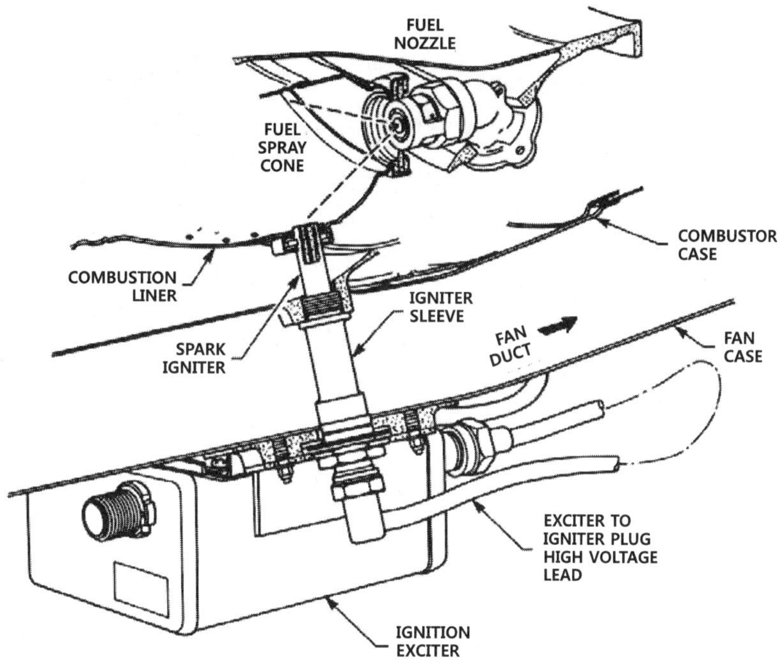

그림 4.5 터보팬엔진에 설치된 점화기

보호되기 때문에 열적 성능은 전혀 문제되지 않는다. 그러나 케이싱 내부는 높은 압력이 작용하는 데 반해 외부는 낮은 압력이 작용하기 때문에 연소기 케이싱은 일종의 압력용기이다. 따라서 연소기는 구조적으로 안정돼야 한다. 아울러 연소기 케이싱은 가스터빈 외관을 결정하는 요소이기 때문에 압축기 및 터빈 케이싱과 조화를 이루어야 한다.

4.1.6 라이너

라이너는 연소기에 형성되는 화염을 둘러싸고 있는 일종의 튜브이다. 따라서 라이너는 화염관(flame tube)이라고도 불린다. 라이너에는 그림 4.4와 그림 4.6에 나타나 있는 것처럼 연소기 내부로 1차공기(primary air)와 2차공기(secondary air)를 안정적으로 공급하기 위하여 다공판 형태로 많은 구멍이 뚫려 있다. 라이너를 이해하기 위해 우선 연소기 내부에 형성되는 공기흐름과 라이너 내부에 형성되는 연소영역을 살펴볼 필요가 있다. 이를 위해 그림 4.7에 환형 연소기 단면을 나타냈다.

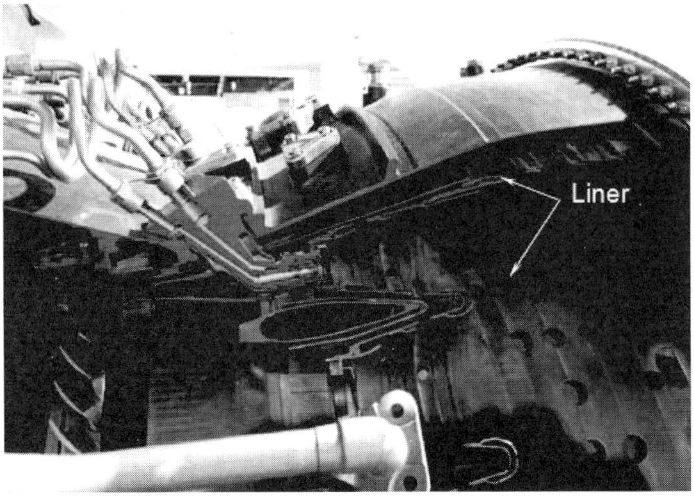

그림 4.6 환형 연소기 라이너

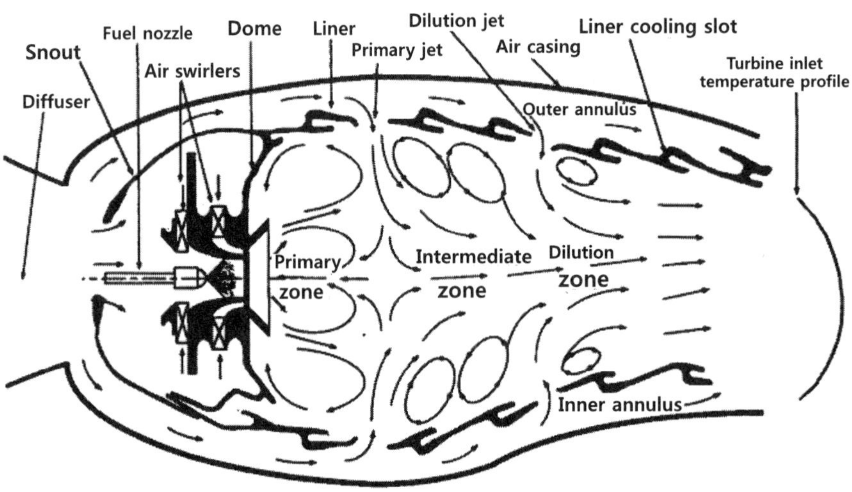

그림 4.7 연소기 내부 공기흐름 및 연소영역

연료가 분사되는 연료노즐 바로 하류에 1차영역(primary zone)이 형성된다. 1차영역에서는 연료와 공기의 혼합이 일어나면서 연소가 일어난다. 연료와 혼합되어 연소에 사용되는 공기를 1차공기라 한다. 1차공기의 일부는 선회기를 통해 연소기 중앙부로 공급되며, 일부는 라이너 상류에 있는 큰 구멍을 통해 반경방향으로 공급된다. 1차공기 양은 압축기를 빠져나온 전체 공기의 약 1/3 이하이다.

2차영역(secondary zone, or intermediate zone)에서는 계속해서 연소가 진행된다. 가스터빈 연료는 탄소와 수소가 결합되어 있는 탄화수소이다. 탄소는 연소과정에서 일차적으로 산화되어 일산화탄소를 형성한다. 이렇게 생성된 일산화탄소는 2차영역에서 다시 산소와 결합하여 이산화탄소가 되면서 탄소의 연소가 완료된다. 따라서 탄소는 폭발적으로 연소하는 수소에 비해 연소가 느리게 진행된다. 그러므로 연료의 연소는 2차영역에서 종료되며, 1차영역과 2차영역을 합친 길이는 연소기 전체 길이의 약 75%를 차지한다.

연소기에서 생성된 배기가스 온도는 터빈으로 직접 보내기에는 너무 높다. 따라서 2차영역 하류에 있는 희석영역(dilution zone, or tertiary zone)에 추가적으로 압축공기를 공급하여 배기가스와 혼합시켜 배기가스 온도를 터빈에 적합한 온도로 낮추어 준다. 따라서 희석공기는 그림 4.7에 나타나 있는 것처럼 라이너 하류에 있는 구멍을 통해 연소기로 유입된다. 최근에 개발된 가스터빈은 성능을 향상시키기 위하여 증가된 TIT를 적용함에 따라 더 적은 양의 희석공기를 사용한다. 이렇게 줄어든 희석공기는 다시 연료의 연소에 사용할 수 있기 때문에 가스터빈 성능은 더욱 향상되며, 추력도 증가한다.

라이너는 연소기에서 생성된 화염을 감싸고 있기 때문에 냉각이 필요한데, 라이너는 공기를 이용하여 냉각시키며, 여기에 사용하는 공기를 냉각공기라 한다. 연소기에서 희석공기와 냉각공기를 합쳐서 2차공기라 한다.

라이너는 장기간 높은 화염온도에 노출되기 때문에 초합금(superalloy)으로 제작한다. 그러나 초합금을 이용하여 제작하더라도 라이너는 냉각이 필요하며, 이를 위해 압축기를 빠져나온 압축공기를 이용하여 충돌냉각과 막냉각 또는 침출냉각을 실시하며, 라이너 내부에 열차폐코팅을 실시하기도 한다.

공기를 이용한 라이너 냉각에 그림 4.8에 나타나 있는 것처럼 막냉각 또는 침출냉각 방법이 사용된다. 막냉각은 라이너 외부에 있는 냉각공기를 라이너에 있는 작은 구멍을 통해 라이너 바로 안쪽으로 주입하는 방법이다. 이렇게 주입된 냉각공기는 라이너를 높은 열로부터 보호하기 위하여 라이너 안쪽 표면에 얇은 냉각공기 막을 형성한다.

침출냉각은 라이너를 다공성 물질로 제작하여 라이너를 냉각시키는 방법이다. 침출냉각을 이용하면 적은 양의 냉각공기를 이용하여 막냉각과 비슷한 냉각효과를 얻을 수 있다. 침출냉각과 막냉각의 큰 차이점 두 가지는 냉각 결과 나타나는 라이너의 온도분포와 냉각에 사용되는 냉각공기 양이다. 침출냉각은 다공성 물질로부터 무수히 많은 작은 구멍을 통해 냉각공기가 균일하게 주입되기 때문에 막냉각에 비해 훨씬 균일한 라이너 온도분포를 얻을 수 있다. 막냉각의 경우 냉각공기는 그림 4.8에 나타나 있는 것처럼 구멍이나 루버를 통해 라이너 내부로 유입되기 때문에 구멍과 구멍 사이는 상대적으로 온도가 높고, 구멍 주위는 온도가 낮아서 라이너 온도분포가 균일하지 못하다. 더욱 중요한

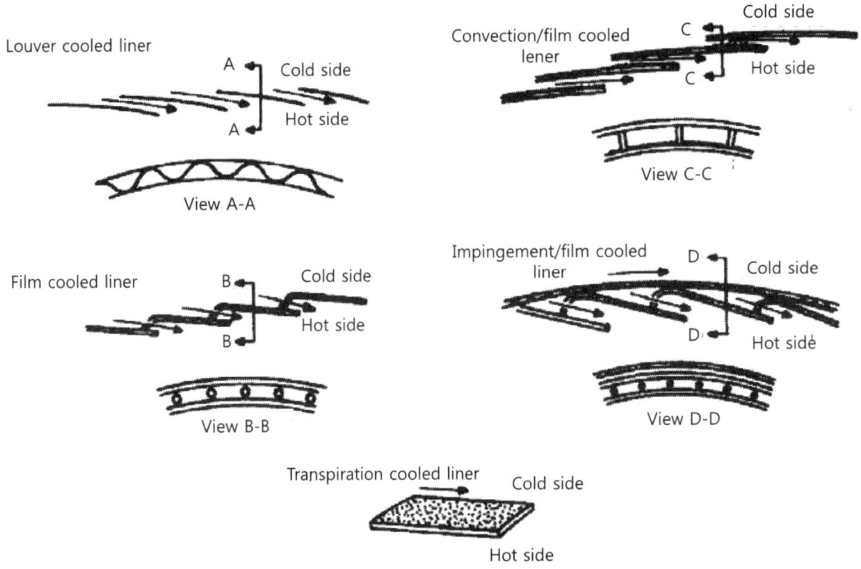

그림 4.8 라이너 단면 형상 및 냉각방법

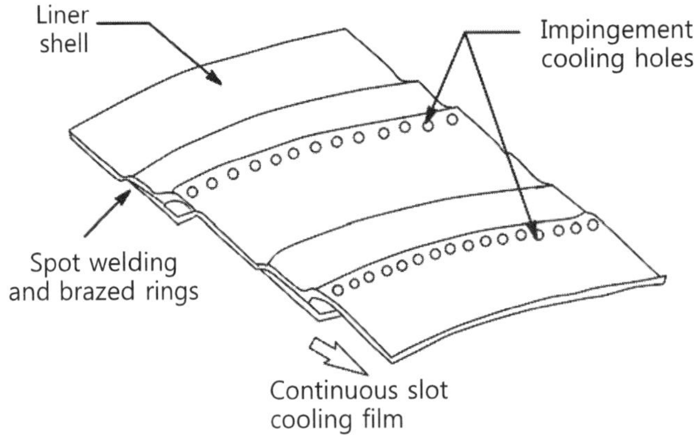

그림 4.9 라이너 충돌냉각 및 막냉각

것은 침출냉각은 막냉각에 비해 훨씬 적은 양의 냉각공기를 사용한다는 점이다. 막냉각이 전체 공기의 20~50%를 냉각에 사용하는 데 반해 침출냉각은 10% 정도만을 사용한다. 이렇게 냉각공기 양을 줄이면 더 많은 공기를 연소에 사용할 수 있기 때문에 가스터빈 성능이 향상되고 엔진 추력도 증가한다.

충돌냉각은 그림 4.8과 그림 4.9에 나타나 있는 것처럼 냉각공기를 라이너에 고속으로 충돌시켜 냉각시키는 방법이다. 공기를 고속으로 물체 표면에 충돌시키면 대류열전달계수가 증가하여 물체를 더욱 효과적으로 냉각시킬 수 있다. 한편, 충돌냉각에 사용된 냉각공기는 라이너에 연속적으로 형성되어 있는 슬롯을 따라 흐르면서 냉각공기 막을 형성하여 이차적으로 막냉각이 일어나게 한다.

열차폐코팅이란 그림 4.10에 나타나 있는 것처럼 고온가스로부터 라이너 모재로 전달되는 열을 줄여주기 위해 열전도도가 매우 낮은 세라믹을 이용하여 라이너 내부 표면에 얇은 두께로 코팅함으로써 절연층을 만들어 주는 것이다. 이렇게 라이너 내부 표면에 절연층이 형성되어 있으면 라이너 표면을 고온의 배기가스로부터 절연시켜 라이너 표면온도를 낮게 유지시켜줄 수 있다. 이 경우 라이너 온도를 낮추기 위한 냉각공기 양을 줄일 수 있으며, 이로 인해 가스터빈 성능이 향상되고 엔진 추력도 증가한다.

열차폐코팅은 그림 4.11에 나타나 있는 것처럼 두 개의 코팅층, 즉 본드코팅과 탑코팅으로 이루어진다. 본드코팅은 라이너의 산화저항성과 부식저항성을 향상시키기 위해 실시한다. 고온의 배기가스 열이 라이너로 전달되는 것을 차단하기 위해 실시하는 탑코팅 재료는 세라믹이다.

그림 4.10 라이너 열차폐코팅

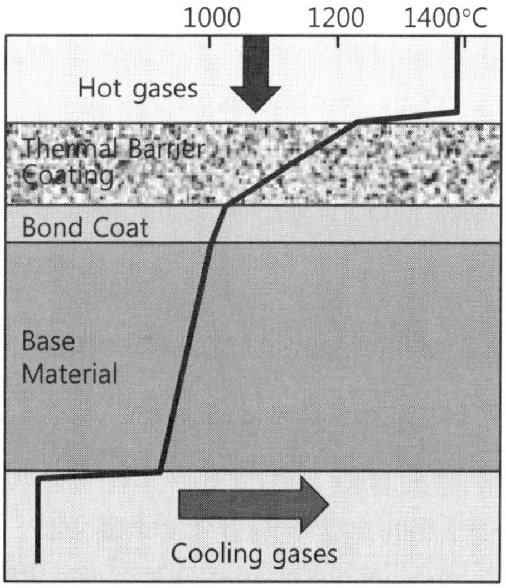

그림 4.11 라이너 열차폐코팅 및 단면 온도분포

4.2 연소 이론

연소는 연료를 구성하고 있는 수소와 탄소가 공기 중에 포함되어 있는 산소와 결합하는 화학반응을 의미하며, 화학반응이 일어나면서 열량이 방출되는 발열반응이다. 일반적으로 연료는 탄화수소로 분류할 수 있는데, 이는 연료가 대부분 탄소와 수소로 구성되어 있기 때문이다. 산소는 산화제라 불리는데, 산화제는 고체, 액체, 또는 기체상태일 수 있으나 가스터빈에는 기체인 공기가 사용된다. 연소가 일어나면 연료와 산화제가 반응하여 새로운 화학물질이 생성되는데, 이 연소생성물질을 배기가스(exhaust)라 한다. 배기가스의 대부분은 연료와 산소의 화학적 결합을 통해서 생성된다. 가스터빈 연료인 등유(kerosene)와 같은 탄화수소 연료가 연소하면 배기가스는 물과 이산화탄소로 구성된다. 그러나 산화제 단독으로 화학적으로 결합된 물질을 포함하기도 한다. 연소는 열을 발생시키는 발열반응이기 때문에 배기가스 온도가 상승하여 배기가스는 대개 기체 상태로 존재한다.

연소가 시작되기 위해서는 열원이 필요하다. 즉 연료탱크에 가솔린과 공기가 모두 존재하더라도 열원이 없으면 연소가 일어나지 않는다. 열은 연소가 시작되기 위해서 필요한 동시에 연소에 의해 생성되기 때문에 연소반응은 급격히 진행된다. 아울러 일단 연소가 시작되면 연소에 의해 발생하는 열에 의해 계속해서 연소가 진행되기 때문에 열원은 더 이상 필요하지 않게 된다. 따라서 연소가 일어나기 위해서는 연료, 산화제, 열원이 필요하며, 이들을 연소반응 3대 요소라 한다. 그리고 완전연소가 이루어지기 위해서는 충분한 온도, 충분한 체류시간, 산화제와 연료의 완전한 혼합이 요구된다. 완전연소가 일어나면 다음과 같은 화학반응이 일어난다.

$$C + O_2 = CO_2 + 33.9\ \text{MJ/kg}$$
$$H_2 + 1/2O_2 = H_2O(\text{water}) + 143.0\ \text{MJ/kg}$$
$$H_2 + 1/2O_2 = H_2O(\text{vapor}) + 120.6\ \text{MJ/kg}$$
$$S + O_2 = SO_2 + 9.28\ \text{MJ/kg}$$

수소는 완전연소 후에 H_2O를 생성한다. 그런데 이 H_2O 상태는 물이 될 수도, 증기가 될 수도 있다. 물이 증기로 변환되기 위해서는 일정한 크기의 열량이 필요한데, 이 열량을 잠열이라 한다. 따라서 연소생성물이 증기가 되면 물이 될 때에 비해 발열량이 줄어든다. 이는 연소생성물인 물이 증기로 변하는 과정에서 연소반응에서 발생한 열량의 일부를 사용하기 때문이다. 따라서 H_2O가 물이 될 때의 발열량을 고위발열량, 증기가 될 때의 발열량을 저위발열량이라 한다.

탄소는 산소와 결합하여 일차적으로 일산화탄소를 생성하며, 이차적으로 일산화탄소가 다시 산소와 반응하여 이산화탄소가 된다. 따라서 탄소는 수소보다 연소하는 데 많은 시간이 소요되며, 이로 인해 가스터빈 연소기 길이는 탄소의 연소시간에 영향을 받는다.

불완전연소는 산소가 충분한 상태에서 가연분이 불완전하게 산화되는 반응이다. 불완전연소는 연소온도가 낮은 경우에 주로 발생한다. 불완전연소가 일어나면 아래와 같이 탄소는 산소와 반응하여 일산화탄소를 생성한다. 일산화탄소는 유독성가스로서 그 배출이 엄격히 규제되고 있다.

$$C + O = CO + 10.3 \text{ MJ/kg}$$

연소 시 발생한 일산화탄소는 다시 산소와 반응하여 완전연소될 수 있다.

$$CO + 1/2O_2 = CO_2 + 10.1 \text{ MJ/kg}$$

공기와 연료의 중량기준 혼합비를 공연비(공기-연료 비율)라 하며, 연료가 완전하게 연소되기 위해 이론상 과부족이 없는 공기와 연료의 비율을 이론공연비(fuel-air ratio for complete combustion, or stoichiometric condition)라 한다. 연료가 연소되기 위해서는 일정한 양의 산소가 필요하며, 산소는 공기로부터 얻어진다. 따라서 일정한 양의 연료가 완전하게 연소되기 위해서는 그에 적합한 양의 공기가 필요하다. 이런 공기-연료 비율을 이론공연비라 한다. 이론공연비를 이해하기 위해서는 우선 공기조성을 살펴볼 필요가 있다. 표 4.1에 공기조성을 나타냈다. 일반적으로 산화제로 공기가 사용된다. 그러나 공기는 산소 이외의 성분들을 포함하고 있으며, 질소의 경우 산소에 비해 중량 대비 3.312배가 포함되어 있다. 따라서 산소 1이 필요한 경우 대략 공기 4.312(=산소 1 + 질소 3.312)가 필요하다.

연소에 있어서 공연비는 매우 중요하다. 만약 연소영역에 연료가 공기에 비해 상대적으로 많으면 연료농후(fuel rich) 상태가 되어 연소온도가 낮아지며, 연소반응을 일으키는 산화제가 부족하여 일부 연료는 연소되지 못하고 배기가스와 함께 대기 중으로 배출된다. 이와 반대로 공기에 비해 연료가 너무 적으면 연료희박(fuel lean) 상태가 되어 연소온도가 낮아져서 일산화탄소 생성이 급격하게 증가하며, 연소온도가 심각하게 낮은 경우에는 화염이 형성되지 못한다. 따라서 공연비는 연소에 있어서 매우 중요한 요소이다.

탄화수소계 연료에 대한 연소기초식은 아래와 같다.

$$C_nH_m + (n+m/4)O_2 = nCO_2 + (m/2)H_2O$$

표 4.1 공기조성

Gas	Chemical symbol	Ratio compared to dry air (%)			Molecular mass (kg/kmol)	Boiling point (°C)
		by volume	by weight	weight ratio		
Oxygen	O_2	20.95	23.20	1	32.00	−182.95
Nitrogen	N_2	78.09	75.47	3.312	28.02	−195.79
Carbon dioxide	CO_2	0.03	0.046		44.01	−78.5
Hydrogen	H_2	0.00005	~0		2.02	−252.87
Argon	Ar	0.933	1.28		39.94	−186
Neon	Ne	0.0018	0.0012		20.18	−246
Helium	He	0.0005	0.00007		4.00	−269
Krypton	Kr	0.0001	0.0003		83.8	−153.4
Xenon	Xe	0.000009	0.00004		131.29	−108.1

이 식은 연료 1분자와 산소 (n+m/4)분자가 반응하면 연료 및 산소 모두 연소에 과부족이 생기지 않고 완전연소가 일어난다는 것을 나타낸다. 공연비는 질량비로 나타낸다. 탄소의 원자량은 12, 수소는 1, 산소는 16이기 때문에 연료와 산소의 질량은 다음과 같다.

연료의 질량 = 12n+1m

산소의 질량 = 32(n+4/m)

따라서 탄화수소계 연료에 대한 공연비를 구하면 다음과 같이 된다.

$$\text{Fuel-air ratio} = \frac{weight\ of\ air}{weight\ of\ fuel} = \frac{4.312 \times 32 \times (n + m/4)}{12n + m} \quad (4.1)$$

식 (4.1)에서 4.312는 앞서 설명한 것처럼 산소 1을 얻기 위하여 공기 4.312가 필요하다는 것을 반영하기 위한 숫자이다. 식 (4.1)에 가스터빈 연료인 등유($C_{10}H_{22}$)를 대입하면, n=10, m=22이므로 이론공연비는 15 : 1이다.

4.3 연소기 설계에 영향을 미치는 요소

가스터빈 연소기는 작은 공간에서 대량의 압축공기와 연료의 혼합이 일어나며, 매우 짧은 시간에 안정적으로 연소가 완료되어야 하기 때문에 연소기를 설계하는 것이 매우 어렵다. 가스터빈 연소기 설계에 영향을 미치는 요소들을 살펴보기 위해 우선적으로 가스터빈 연소기가 갖추어야 할 조건을 정리하면 다음과 같다.

1) 모든 운전조건에서 연소효율이 높아야 한다.
2) 공해물질 배출이 최소가 되어야 한다.
3) 연소기에서 발생하는 압력손실이 작아야 한다.
4) 모든 운전조건에서 연소가 안정적으로 이루어져야 한다.
5) 거친 연소나 맥동 없이 연소가 부드럽게 일어나야 한다.
6) 터빈 수명을 보장하기 위해 온도변화가 작아야 한다. 급격한 온도구배는 연소기 라이너 비틀림과 크랙의 원인이 되기 때문에 반드시 피해야 한다.
7) 연소기 길이와 직경이 가스터빈 외관 형상에 적합해야 한다.
8) 제작비가 저렴해야 하며, 유지보수가 쉬워야 한다.
9) 어떤 운전환경에서도 카본 디포짓(carbon deposits)이 형성되지 말아야 한다. 카본 디포짓이 형성되면 연소기 라이너가 비틀어질 수 있으며, 연소기 내부 유동 패턴을 달라지기 때문에 압력손실이 증가한다.

4.3.1 연소강도

연소강도는 연소기 크기를 결정하는 요소로서 요구되는 열 방출률, 연소실 체적, 연소압력 등에 의해 영향을 받으며, 다음과 같이 정의한다.

$$\text{combustion intensity} = \frac{\text{heat release rate}}{\text{combustor volume} \times \text{pressure}} \tag{4.2}$$

열 방출률은 연소기를 통과하는 공기의 질량유량, 연료/공기 비, 연료의 발열량을 모두 곱해서 구해진다. 연소강도가 낮아지면 앞서 살펴본 모든 설계 요구조건을 만족시킬 수 있는 연소기 설계가 더욱 쉬워진다. 이는 연소기 체적이 증가할수록 연소기에서 발생하는 압력손실이 줄어들고, 연소효율이 상승하며, 연소기 출구 온도분포가 향상되며, 연소가 더욱 안정적으로 일어나기 때문이다. 액체연료를 사용하는 경우 연소압력이 증가할수록 연료 액적의 증발이 가속된다. 아울러 연소압력은 연소가 진행되는 화학반응에 큰 영향을 미친다. 따라서 연소압력이 증가할수록 연소강도가 낮아진다. 항공용 가스터빈 연소기의 연소강도는 $2\sim5\times10^4$ $kW/m^3\cdot atm$ 정도인 데 반해 산업용은 항공용의 약 1/10 정도이다. 이는 항공용 가스터빈은 관통유동 형태의 환형 연소기를 사용하는 데 반해서 산업용은 역류형의 캔형 연소기를 사용하기 때문에 훨씬 더 큰 연소기 체적을 확보할 수 있기 때문이다.

4.3.2 연소효율

가스터빈 연소기가 갖추어야 할 가장 중요한 요소 가운데 하나는 높은 연소효율로서 연소효율은 연소기에서 발생한 열량을 연소기에 공급한 열량으로 나눈 값이다. 연소효율이 낮다는 것은 일부 연료가 연소되지 않은 상태로 연소기를 빠져나간다는 것을 의미하기 때문에 경제적으로 큰 손실이며, 연소되지 않고 대기 중으로 배출되는 연료는 공해물질이기 때문에 연소기는 반드시 높은 연소효율을 갖추어야 한다.

연소기 성능을 측정하는 세 가지 중요한 요소는 연소효율, 연소실에서의 압력손실, 연소기 출구 온도분포 균일도이다. 연소효율은 다음과 같이 정의한다.

$$\text{combustion efficiency}=\frac{\text{actually released energy}}{\text{theoretically available energy}} \tag{4.3}$$

또는 다음과 같이 정의하기도 한다.

$$\text{combustion efficiency}=\frac{\text{fuel burnt in the combustor}}{\text{total fuel input}} \tag{4.4}$$

따라서 연소효율은 연소기에서 미연소연료량을 측정하는 요소이기 때문에 연료소모율에 영향을 주는 중요한 설계요소이다. 과거에는 연소기를 설계하는 데 있어서 가장 중요한 목표가 높은 연소효율을 얻는 것과 연기(visible smoke) 발생을 줄이는 것이었는데, 이 두 가지 모두 1970년대 초반에 해결되었다. 현재 대부분의 가스터빈 연소효율은 99%이다. 한편, 일산화탄소와 미연탄화수소 배출규제를 만족시키기 위해서 탈설계조건에서 연소효율은 반드시 98.5%를 초과해야 한다.

4.3.3 연소기 압력손실

연소기에서 발생하는 압력손실은 가스터빈 효율과 출력에 큰 영향을 미치기 때문에 연소기 설계에 있어 가장 중요한 요소 가운데 하나이다. 연소기에서는 정압을 기준으로 대개 2~4% 압력손실이 발생하는데, 가스터빈 효율은 연소기에서 발생하는 압력손실과 동일한 퍼센트만큼 낮아진다.

연소기에서는 유체마찰, 난류유동, 그리고 연소에 의한 온도상승으로 인해서 압력손실이 발생한다. 유체마찰에 의해 발생하는 압력손실을 마찰손실 또는 냉손실(cold loss), 그리고 연소에 의한 온도상승으로 인해 발생하는 압력손실을 기본손실(fundamental loss) 또는 온손실(hot loss)이라 한다. 이 가운데 그림 4.12에 나타나 있는 것처럼 마찰손실이 기본손실에 비해 훨씬 큰 비중을 차지한다.

압력손실계수는 마찰손실과 기본손실을 합친 값이며, 다음과 같이 표시한다.

$$PLF = K_1 + K_2\left(\frac{T_{o,2}}{T_{o,1}} - 1\right) \tag{4.5}$$

여기서 K_1은 마찰손실, K_2는 기본손실, T_o는 정체온도, 하첨자 1, 2는 각각 연소기 입구와 출구를 나타낸다. 기본손실을 좀더 자세하게 살펴보기 위해 그림 4.13에 나타나 있는 1차원 통로유동에 대해 살펴보자. 이 통로 입구와 출구에서 힘의 평형을 살펴보면 다음과 같다.

$$p_1 A + \dot{m} V_1 = p_2 A + \dot{m} V_2$$

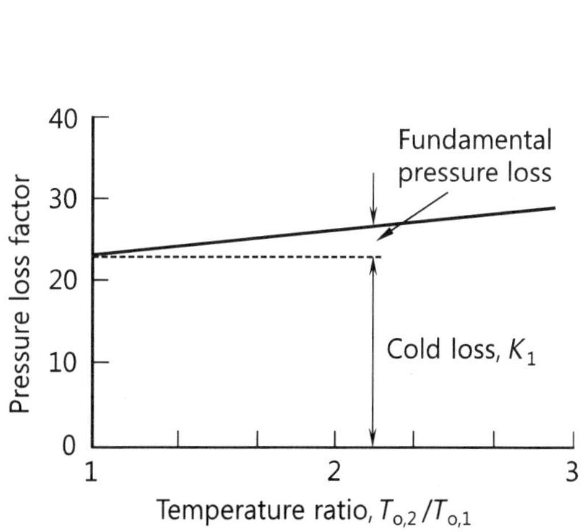

그림 4.12 연소기에서 압력손실계수 변화

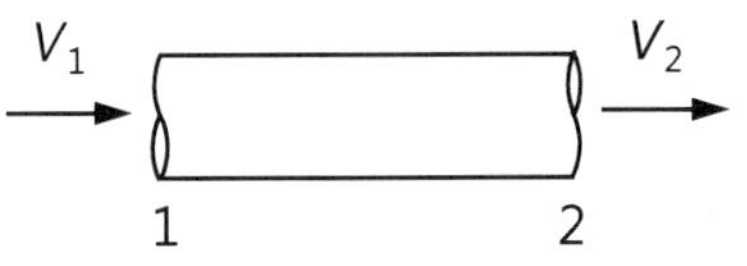

그림 4.13 1차원 통로유동

앞의 식으로부터 다음관계를 유도할 수 있다.

$$p_2 - p_1 = \dot{m}(V_1 - V_2)/A = -\left(\rho_2 V_2^2 - \rho_1 V_1^2\right) \tag{4.6}$$

정체압력은 다음과 같다.

$$p_o = p + \frac{1}{2}\rho V^2$$

따라서 다음 관계식이 만들어진다.

$$p_{o,2} - p_{o,1} = (p_2 - p_1) + \frac{1}{2}\left(\rho_2 V_2^2 - \rho_1 V_1^2\right) \tag{4.7}$$

식 (4.7)을 식 (4.6)에 대입하면 다음 관계식이 만들어진다.

$$p_{o,2} - p_{o,1} = -\frac{1}{2}\left(\rho_2 V_2^2 - \rho_1 V_1^2\right)$$

압력손실 크기는 $(p_{o,1} - p_{o,2})$이며, 이를 입구 동압으로 나누면 다음 관계식이 만들어진다.

$$\frac{p_{o,1} - p_{o,2}}{\rho_1 V_1^2/2} = \left(\frac{\rho_2 V_2^2}{\rho_1 V_1^2} - 1\right) = \left(\frac{\rho_1}{\rho_2} - 1\right) \tag{4.8}$$

이상기체 상태방정식을 이용하면 식 (4.8)은 다음과 같이 된다.

$$\frac{p_{o,1} - p_{o,2}}{\rho_1 V_1^2/2} = \left(\frac{T_{o,2}}{T_{o,1}} - 1\right) \tag{4.9}$$

식 (4.9)로부터 연소실에서 온도상승이 크게 일어날수록 압력손실이 증가한다는 것을 알 수 있다.

4.3.4 연소기 출구 온도 균일도

연소기 설계에 영향을 미치는 요소 가운데 하나인 연소기 출구 온도분포는 원주방향과 반경방향으로 구분하여 살펴볼 필요가 있다. 가스터빈 연소기 출구에서의 원주방향 온도분포 균일도는 버켓 수명에 큰 영향을 미친다. 이는 연소기를 빠져나오는 연소가스의 원주방향 온도분포가 균일하지 못하면 원주방향으로 회전하는 버켓의 수명이 열피로에 의해 크게 단축될 수 있기 때문이다. 한편, 온도분포 균일도가 나빠지면 터빈 블레이드 크립 손상에 영향을 미치는 첨두온도(peak temperature)가 TIT에 비해 커진다. 따라서 연소기 출구 평균온도는 첨두온도에 의해 제한되며, 이로 인해 가스터빈 성능을 지배하는 요소인 TIT는 연소기 출구 온도분포에 의해 영향을 받는다.

연소기 하류에 있는 터빈 버켓은 매우 높은 온도 환경에서 운전되며, 고속회전에 따른 원심력 때문에 높은 응력이 발생하기 때문에 뛰어난 크립 특성을 지닌 소재로 제작해야 한다. 그런데 원심력에 의해 발생하는 응력은 버켓 팁에서 허브 쪽으로 가면서 증가하여 허브 부분에서 가장 커지기 때문에 버켓의 크립 손상을 최소화하기 위해 연소기 출구 온도분포는 반경방향을 따라 제어되어야 한다. 일반적으로 연소기 출구 첨두온도는 그림 4.14에 나타나 있는 것처럼 반경방향을 따라서 허브로부터 버켓 길이의 2/3 지점에 나타나도록 한다.

연소기 출구에서의 반경방향 온도분포는 횡단지수(traverse factor)라고도 불리는 온도지수(temperature factor)를 이용하여 나타낸다. 온도지수는 두 가지가 사용되는데, 하나는 연소기를 빠져나가는 배기가스의 첨두온도에서 평균온도를 뺀 값을 평균온도로 나눈

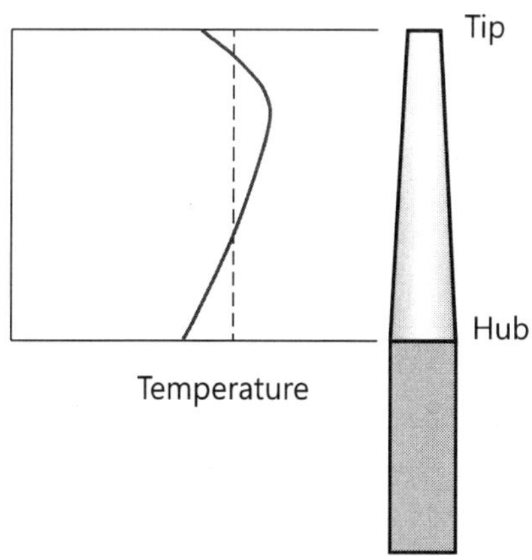

그림 4.14 연소기 출구 반경방향 온도분포 예

값이다. 이 값은 0.05~0.15 정도의 낮은 값이라야 한다. 다른 하나는 첨두온도와 반경방향 평균온도 차이로 나타낸다.

4.3.5 공해물질 생성

가스터빈 연소실에서 연소가 진행되는 과정에서 원치 않는 공해물질이 발생한다. 현재 법적으로 배출이 규제되고 있는 네 가지 공해물질은 미연탄화수소(미연소 연료), 연기(smoke, 탄소입자), 일산화탄소, NOx이다. 이런 공해물질 생성에 영향을 미치는 요소는 연소기 내부에 형성되는 압력 및 온도와 연소시간이다. 연소기 1차영역의 연료농후 영역에서는 연료가 연소하면서 일산화탄소와 연기가 생성되며, 이들은 2차영역에서 계속해서 연소되어 독성이 없는 이산화탄소가 된다. 미연탄화수소 역시 2차영역에서 완전연소시켜 발생을 줄일 수 있다. NOx는 연소에 의한 고온환경에서 생성되며, 고온에서의 체류시간이 길어질수록 발생이 증가한다. 따라서 NOx 발생을 줄이기 위해서는 가능한 한 빨리 화염을 냉각시키는 것이 바람직하며, 연소시간을 짧게 유지해야 한다. 현재는 연소기 설계기술의 지속적인 향상으로 과거에 비해 공해물질 배출이 훨씬 줄어들었다.

4.4 연소기 종류

4.4.1 캔형 연소기

현재는 사용하지 않지만 초기에 개발된 가스터빈은 그림 4.2와 그림 4.15에 나타나 있는 캔형 연소기(can-type combustor)를 사용하였다. 다중연소기라고도 불리는 캔형 연소기는 하나의 가스터빈에 여러 개의 연소기가 터빈과 압축기를 연결하는 축 주위에 반경방향으로 배치되며, 각각의 연소실로 압축기를 빠져나온 공기가 덕트를 통해 유입된다. 비록 하나의 가스터빈에 여러 개의 연소기가 설치되지만 서로 마주보는 두 개의 연소기에만 점화 플러그가 설치되며, 나머지 연소기에는 각각의 연소실을 서로 연결해주는 인터콘넥터 튜브(interconnector tube, or interconnector)를 통해 화염이 전파되어 연소가 일어난다. 또한 인터콘넥터 튜브는 각각의 연소실이 동일한 압력에서 운전되도록 해주기 때문에 가스터빈 진동을 줄여주는 역할을 한다. 인터콘넥터 튜브는 크로스파이어 튜브(crossfire tube)라고도 불린다.

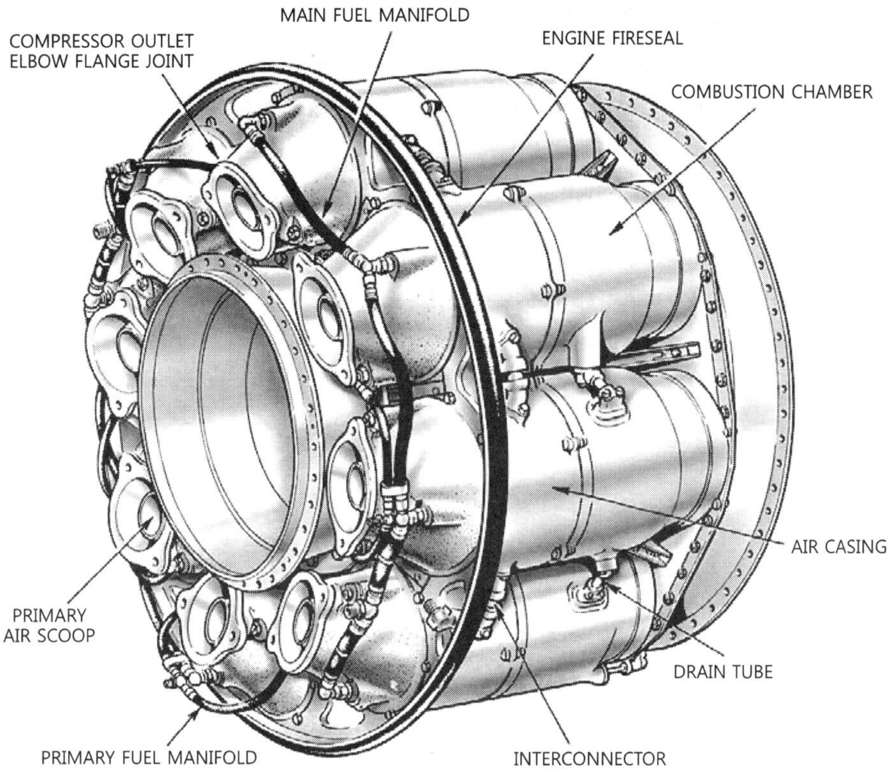

그림 4.15 캔형 연소기

캔형 연소기의 가장 큰 장점은 가스터빈 전체 공기유량과 연료유량 가운데 일부분만을 이용하여 연소기를 개발할 수 있다는 것이다. 가스터빈 개발은 주로 실험적 연구를 통해 장기간 수행되기 때문에 새로운 연소기 개발에 적은 공기유량과 연료유량을 이용하는 것은 개발비용 측면에서 큰 장점이다. 아울러 캔형 연소기는 가스터빈으로부터 독립적으로 분해가 가능하기 때문에 유지보수가 상대적으로 쉽다. 그러나 캔형 연소기는 연소기 출구에 이웃한 연소기와 연결되는 부위에 배기가스가 나오지 않는 비활동영역(inactive area)이 만들어지기 때문에 연소기 출구에서 원주방향을 따라 배기가스 유동분포가 고르지 못하며, 이로 인해 가스터빈 진동이 증가하는 단점을 가지고 있다.

4.4.2 환형 연소기

환형 연소기(annular combustor)는 그림 4.16에 나타나 있는 것처럼 연소실 형상이 원주방향을 따라 막힘없는 환형으로 되어 있다. 따라서 환형 연소기는 캔형 연소기와 달리 하나의 라이너와 하나의 케이싱으로 구성되어 있다. 환형 연소기의 가장 큰 장점은 동일한 출력과 직경을 가지는 캔형 연소기에 비해 75% 정도의 길이를 가지기 때문에 가스터빈 무게와 가격이 크게 줄어든다는 점이다. 또한 환형 연소기는 캔형 연소기에 비해 라이너 표면적이 작기 때문에 더 적은 냉각공기를 필요로 하며, 이로 인해 가스터빈 열효율과 출력이 향상된다. 이는 라이너 표면적이 작아지면 연소기에서 발생하는 압력손실 크기가 줄어들 뿐만 아니라 연소에 더 많은 압축공기를 사용할 수 있기 때문이다. 환형 연소기의 또 다른 장점으로는 화염전파에 따른 문제가 없으며, 연소기 출구에서 원주방향 온도분포 및 속도분포가 캔형 연소기에 비해 균일하기 때문에 가스터빈 진동이 줄어들고 터빈 블레이드 수명이 길어진다는 점이다.

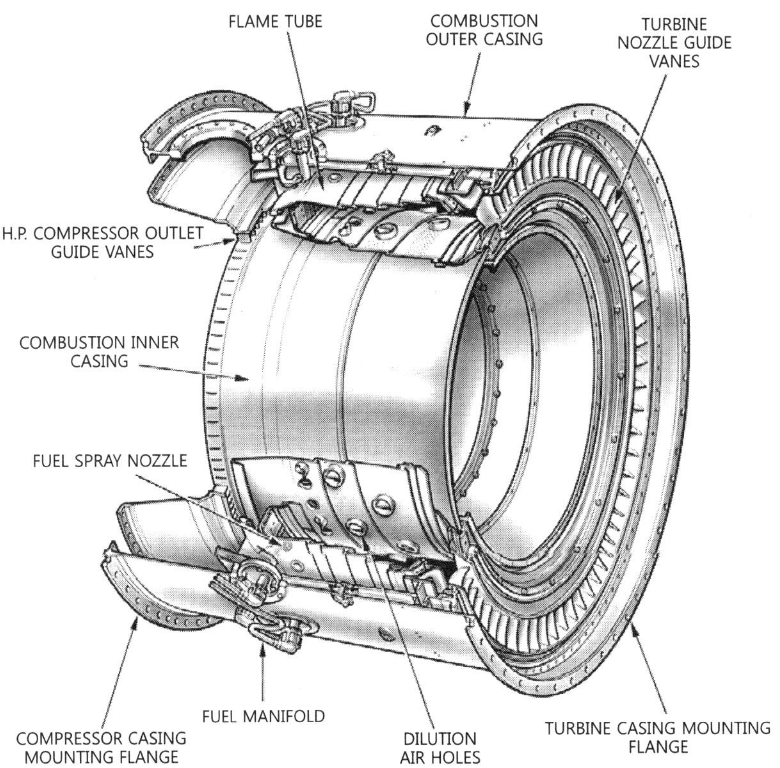

그림 4.16 환형 연소기

그러나 환형 연소기도 다수의 연료노즐을 사용하더라도 연소기 출구에서 균일한 온도 분포를 얻기 힘들다. 그리고 환형 연소기는 캔형 연소기에 비해 구조적으로 취약하기 때문에 고온상태에서 라이너에 좌굴이 발생할 가능성이 높아진다. 아울러 환형 연소기를 개발하기 위해서는 가스터빈 전출력에 해당하는 질량유량의 압축공기를 공급하기 위한 방대한 실험설비 구축이 요구되며, 많은 연료가 필요하기 때문에 과도한 개발비용이 소요된다. 이 밖에도 환형 연소기는 분해하기 어렵기 때문에 유지보수가 어려운 문제를 가지고 있다.

4.4.3 환형 역류형 연소기

환형 역류형 연소기(annular reverse flow combustor)는 그림 4.17에 나타나 있는 것처럼 길이가 짧으면서 높은 압력비를 가지는 조합압축기를 이용한 가스터빈에 적합한 연소기이다. 연소기가 터빈 상부에 설치되기 때문에 가스터빈 길이가 줄어들어 엔진 전체적인 무게가 크게 줄어드는 장점이 있다. 아울러 압축기로부터 연소기로 전달되는 공기가 연소기에 도달하기 전에 예열되기 때문에 압축공기 및 배기가스의 방향전환에 따른 효율감소를 보상받을 수 있다.

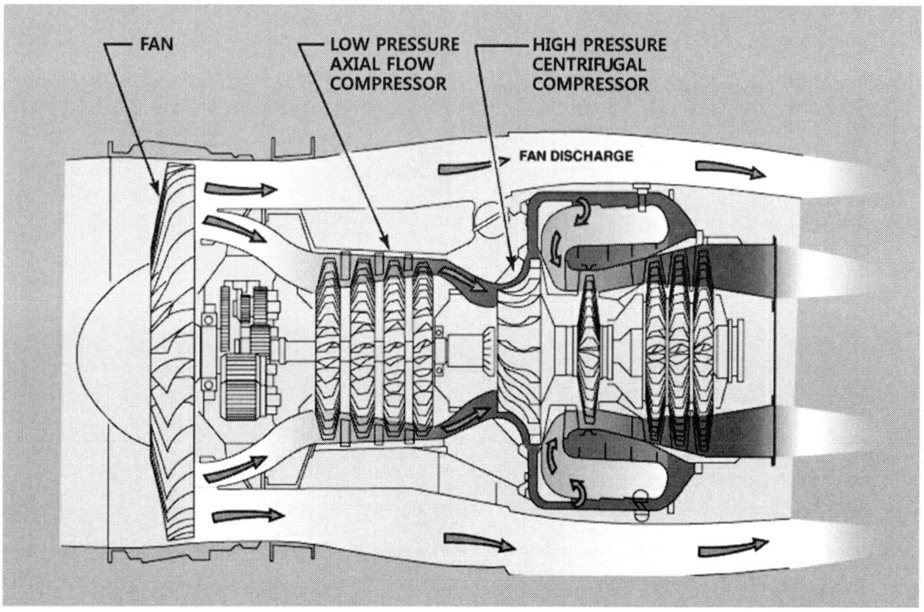

그림 4.17 환형 역류형 연소기

제5장

터빈

터빈은 고온의 배기가스에 포함된 압력에너지와 열에너지 일부를 기계적인 일로 변환시켜 압축기와 보기류(accessories)를 구동하기 위한 동력을 생산한다. 압축기가 터빈에서 생산되어 로터에 공급되는 동력을 이용하여 공기에 에너지를 공급함으로써 공기의 압력을 증가시키는 반면에 터빈은 연소실에서 생성된 배기가스의 압력을 낮추어 배기가스에 포함되어 있는 에너지를 뽑아낸다. 이는 터빈을 구성하고 있는 노즐과 버켓에서 배기가스가 가속되면서 배기가스의 압력에너지가 운동에너지로 바뀌면서 일어난다. 이렇게 증가된 배기가스의 운동에너지는 버켓에 흡수되어 기계적인 일로 변환된다. 따라서 고속의 배기가스는 버켓을 통과하는 동안 운동에너지를 잃기 때문에 절대속도가 크게 줄어든 상태로 버켓을 빠져나간다. 즉 터빈을 통과하면서 배기가스는 팽창되어 점차 압력과 온도가 낮아진다. 노즐과 버켓은 가장 효율적으로 에너지를 뽑아내기 위해 공기역학 기술을 바탕으로 설계한다.

터빈은 연소기 바로 하류에 위치하고 있기 때문에 터빈 블레이드(노즐과 버켓)는 압축기 블레이드(로터와 스테이터)보다 훨씬 열악한 환경에서 운전된다. 이는 가스터빈엔진이 높은 열효율을 얻기 위해 높은 TIT가 요구되기 때문이다. 따라서 터빈 블레이드는 오랜 운전기간 동안 블레이드 소재의 용융점을 초과하는 온도를 견디어야 한다. 이를 위해 터빈 블레이드는 효율적인 냉각이 필요하다. 아울러 터빈 입구부에 설치되는 버켓은 시뻘겋게 달아오른 상태에서 고속 회전에 따른 원심 부하를 견딜 수 있을 만큼 튼튼해야 한다. 이런 이유 때문에 노즐과 버켓은 내열성을 갖춘 니켈합금을 이용하여 제작한다. 니켈합금은 니켈초합금(nickel-base superalloys), 또는 단순하게 초합금이라고도 불린다. 니켈합금은 고온에서 우수한 크립(creep) 특성을 보유하고 있다.

5.1 터빈 동력생산 원리

버켓은 작동유체인 배기가스에 포함되어 있는 열에너지와 운동에너지를 기계적인 일로 변환시켜 회전동력을 생산하는 가스터빈 핵심부품이다. 따라서 버켓에서 동력이 생산되는 원리를 이해하는 것은 매우 중요하며, 이를 위해서는 우선적으로 버켓에 작용하는 힘의 크기를 계산할 수 있어야 한다. 버켓에 작용하는 힘의 크기는 두 가지 방법으로 계산할 수 있는데, 하나는 유체유동에 의해 발생하는 힘을 계산하는 방법이며, 다른 하나는 날개이론(wing theory)으로서 버켓에 발생하는 양력을 계산하는 방법이다.

유체역학적으로 발생하는 힘의 크기를 계산하기 위해서는 검사체적 설정에 주의해야

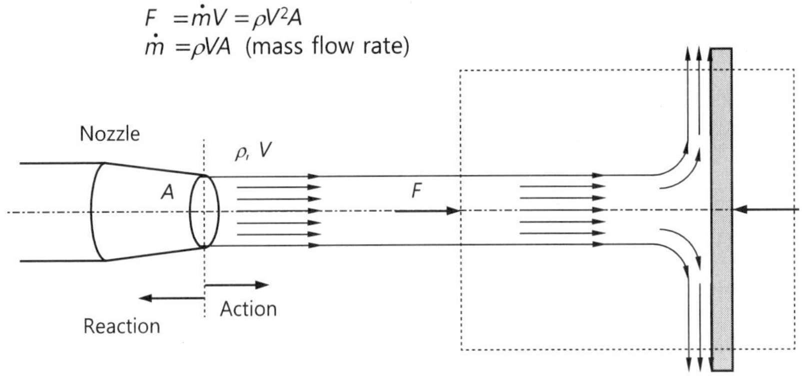

그림 5.1 제트유동에 의한 유체역학적 힘

한다. 일반적으로 유체유동에 의해 발생하는 힘의 크기를 이용하여 버켓에 작용하는 힘을 살펴보는 경우 검사체적은 작동유체의 출입을 고려하여 설정한다. 그러나 유체유동에 의해 버켓 날개 주위에 형성되는 압력분포에 의해 발생하는 양력을 이용하여 버켓에 작용하는 힘의 크기를 계산할 때는 버켓 형상을 기준으로 검사체적을 설정하면 된다.

먼저 유체유동에 의해 발생하는 힘의 크기는 1.4.1절에서 이미 살펴보았지만 여기서 다시 살펴보기로 한다. 힘은 운동량의 시간에 대한 변화율로 정의된다. 따라서 다음과 같은 관계식이 성립한다.

$$F = \frac{d(mV)}{dt} \tag{5.1}$$

여기서 m은 물체의 질량, V는 속도를 나타낸다. 그런데 만약 관심의 대상이 강체이면 질량이 일정하기 때문에 식 (5.1)은 다음과 같이 된다.

$$F = m\frac{dV}{dt} = ma \tag{5.2}$$

여기서 a는 가속도를 나타낸다. 식 (5.2)는 뉴턴의 제2법칙이다. 그러나 터빈에서 작동유체는 배기가스로서 고속으로 이동하는 유체이기 때문에 버켓에 작용하는 힘을 계산하기 위하여 식 (5.2)를 사용할 수 없다. 유체유동에 의한 힘을 살펴보기 위하여 그림 5.1에서와 같이 노즐로부터 분사되는 제트유동을 살펴보자. 제트유동에 의한 힘을 구하기 위하여 검사면으로 유입되는 유동을 살펴보기로 하자. 이 면을 통과하는 유체는 속도가 일정하게 유지되는 정상유동(steady flow)이라고 가정하면, 식 (5.1)은 다음과 같이 나타낼 수 있다.

$$F = \frac{d(mV)}{dt} = V\frac{dm}{dt} = \dot{m}V$$

여기서 $\dot{m}$은 질량유량이며, 다음과 같이 정의한다.

$$\dot{m} = \rho VA \tag{5.3}$$

여기서 ρ는 밀도, A는 유체가 흘러가는 단면적을 나타낸다. 정상유동인 경우에 질량유량은 항상 일정하며, 이를 연속방정식이라 한다. 결과적으로 유체유동에 의해 발생하는 힘의 크기는 다음과 같다.

$$F = \dot{m}V = \rho V^2 A \tag{5.4}$$

따라서 그림 5.1에서와 같이 노즐로부터 분사되는 제트유동이 물체에 부딪힐 때 유체가 물체에 가하는 힘의 크기는 $\dot{m}V(=\rho V^2 A)$이다. 한편, 노즐에는 뉴턴의 제3법칙인 작용-반작용 법칙에 의하여 반력(reaction force)이 생기며, 그 힘의 크기 또한 작용 힘과 동일한 $\dot{m}V$이다.

그림 5.2에 하나의 버켓통로를 통과하는 배기가스 유동에 의한 힘의 크기와 버켓에 최종적으로 작용하는 힘의 크기를 나타냈다. 버켓통로로 유입되는 배기가스는 버켓에 $\dot{m}V_1$ 크기의 힘을 가한다. 그리고 버켓을 빠져나가는 배기가스는 $\dot{m}V_2$ 크기를 가지는 반력을 버켓에 가한다. 따라서 버켓이 회전하는 접선방향으로 $\dot{m}(V_1\sin\alpha_1 + V_2\sin\alpha_2)$의 크기를 가진 힘이 버켓에 작용한다. 여기서 $\dot{m}$은 하나의 버켓통로로 유입되는 배기가스의 질량

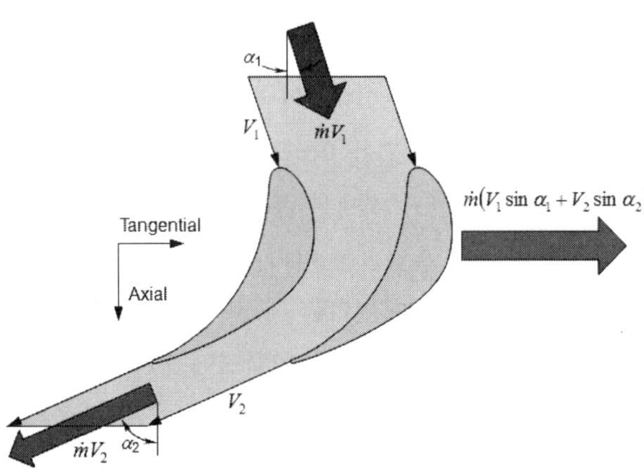

그림 5.2 배기가스 유동에 의해 발생하는 힘과 버켓에 작용하는 힘

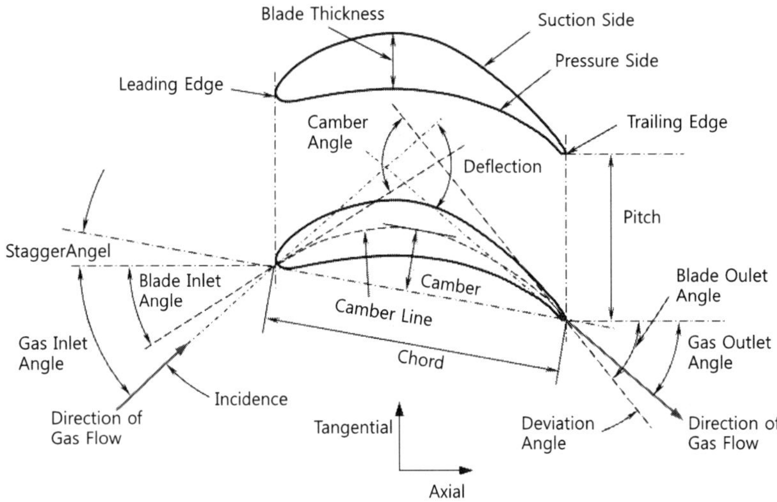

그림 5.3 터빈 블레이드 명칭

유량이다.

버켓에 작용하는 힘과 버켓이 회전한 거리를 곱하면 버켓이 한 일의 크기가 되며, 이 일의 크기가 버켓에서 생산된 기계적인 일의 크기가 된다. 그리고 일의 크기를 시간으로 나누면 터빈에서 발생한 동력의 크기가 된다.

버켓에 작용하는 힘을 계산하기 위한 또 다른 방법으로 날개이론이 있다. 이 방법은 버켓 표면에 작용하는 압력분포를 이용하여 양력을 계산하는 방법으로서 가장 정확하면서 실제적으로 가장 많이 이용하는 방법이다. 날개이론에 의해 버켓에 발생하는 힘의 크기를 살펴보기 위해 서로 인접해 있는 두 개의 버켓 단면에 대한 명칭을 그림 5.3에 나타냈다. 그림 5.4(a)는 날개 주위 유동특징을 분석하기 위하여 CFD해석을 통해 얻어진 NACA 4412 익형에 대한 속도분포이다. 이 날개의 앞전에서 뒷전까지의 거리를 살펴보면, 압력면을 따라간 거리가 흡입면을 따라간 거리에 비해 짧다는 것을 알 수 있다. 그런데 날개로 유입된 유동은 앞전 근처에서 분리되어 압력면과 흡입면을 따라 흐르다가 뒷전에서 서로 만난다. 따라서 흡입면을 따라가는 유동은 더 먼 거리를 이동해야 되기 때문에 압력면을 따라가는 유동에 비해 더 빠른 속도로 이동한다. 따라서 그림 5.4(b)에 나타나 있는 것처럼 흡입면 압력이 압력면에 비해 낮으며, 이로 인해 버켓에 양력이 발생한다.

날개 주위의 압력분포가 구해지면 날개에 작용하는 양력은 다음과 같은 식을 이용하여 구할 수 있다.

$$Lift = \oint p dA \tag{5.5}$$

여기서 $\oint$는 날개 주위를 한 바퀴 따라 돌면서 적분한다는 개념이며, 열역학에서 사용하는 사이클적분 개념과 비슷하다. 그림 5.5에 받음각이 5°일 때 NACA 4412 익형에 나타나는 압력분포를 나타냈다.

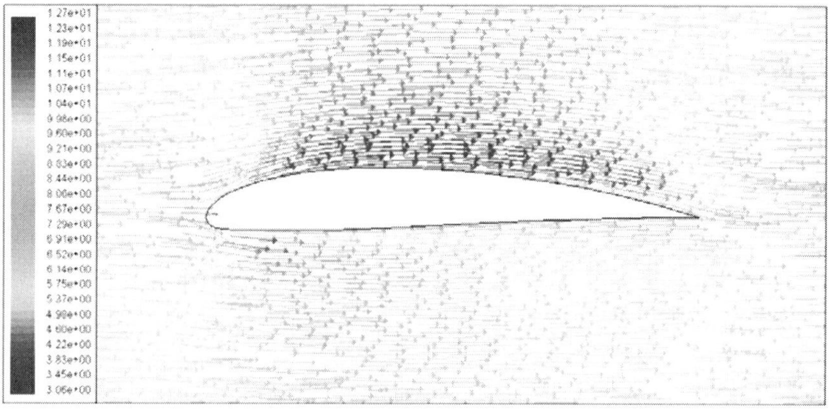

(a) 날개 주위 속도분포

(b) 날개 주위 압력분포

그림 5.4 날개 주위 유동분포 (NACA 4412)

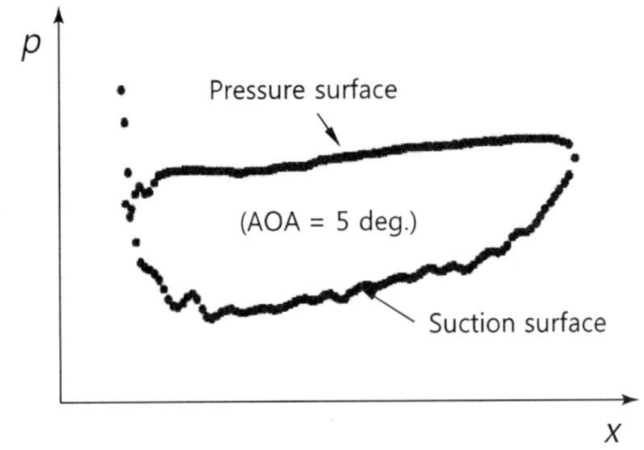

그림 5.5 날개 주위 압력분포에 대한 XY-Plot (NACA 4412)

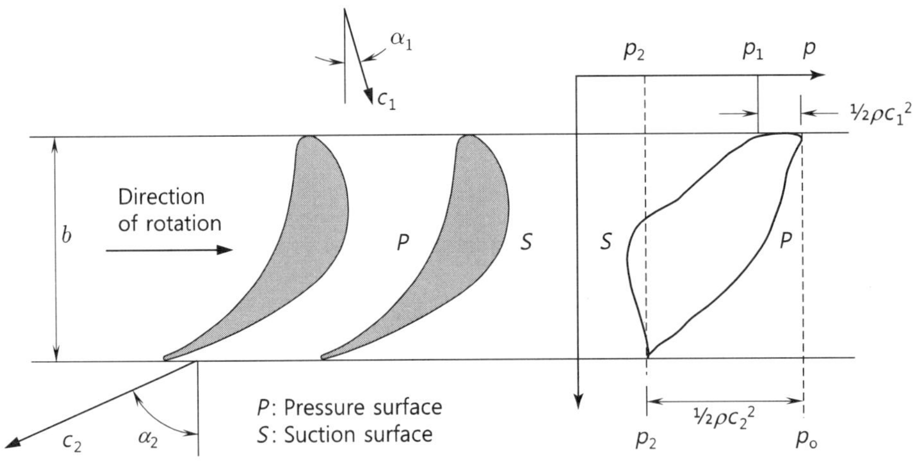

그림 5.6 터빈 블레이드 유동 및 블레이드 주위 압력분포

터빈 버켓 표면에 작용하는 대표적인 압력분포를 그림 5.6에 나타냈다. 식 (5.5)를 이용하면 버켓에 작용하는 양력을 계산할 수 있다. 이렇게 계산한 양력의 접선방향 성분은 버켓에 터빈 축을 회전시키는 토크를 발생시키며, 양력의 축방향 성분은 터빈 축을 축방향으로 미는 힘인 추력을 발생시킨다. 터빈 축에 발생하는 추력은 가스터빈 축을 추력이 발생하는 방향으로 밀기 때문에 추력을 흡수하는 장치가 없으면 가스터빈 고정체와 회전체 사이에 간섭이 발생할 수 있다. 이를 방지하기 위해 가스터빈에 스러스트베어링을 설치하여 추력을 상쇄시킨다.

5.2 터빈 구조

터빈은 그림 5.7에 나타나 있는 것처럼 기본적으로 노즐과 버켓, 디스크 조립체인 터빈 축, 그리고 케이싱으로 구성된다.

5.2.1 노즐

노즐은 고정 블레이드(stationary blade)로서 흔히 고정 베인(stator vane)이라고도 불리며, 그림 5.7에서 확인할 수 있는 것처럼 버켓 앞 열에 위치한다. 그리고 노즐이 조립되어 있는 것을 노즐 다이어프램(nozzle diaphragm)이라 한다. 그림 5.8에 노즐 다이어프램을 나타냈다. 노즐의 일차적인 역할은 연소기에서 배출된 고온가스에 포함되어 있는 압력에너지의 일부를 운동에너지로 변환시키는 것이다. 노즐 단면은 그림 5.9에서 확인할 수 있는 것처럼 일반적인 비행기 날개 형상을 가지고 있으며, 이웃한 노즐과의 사이에 형성되는 노즐통로는 수축형상을 가진다. 따라서 고온가스가 노즐을 통과하는 동안 유동가속이 일어나면서 고온가스에 포함되어 있는 압력에너지의 일부가 운동에너지로 변환된다. 노즐 출구에서 나타나는 배기가스 속도는 가스터빈엔진 전체에서 나타나는 속도 가

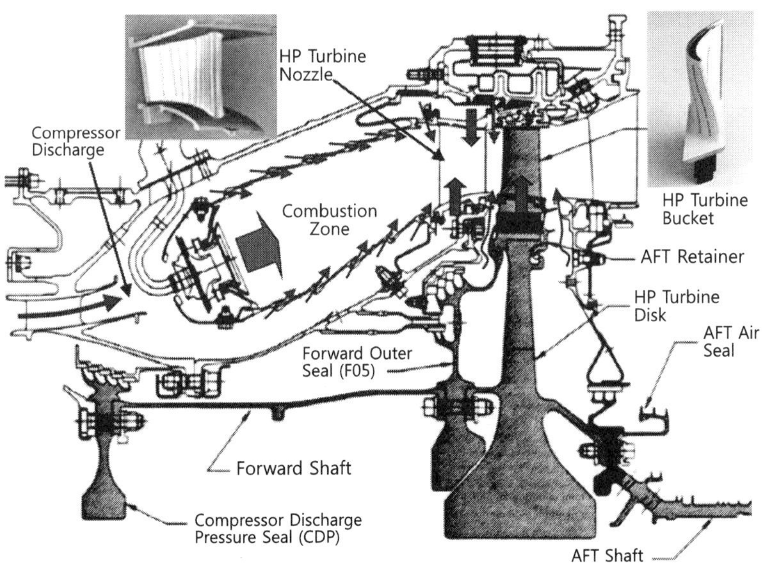

그림 5.7 항공용 가스터빈 연소기와 고압터빈

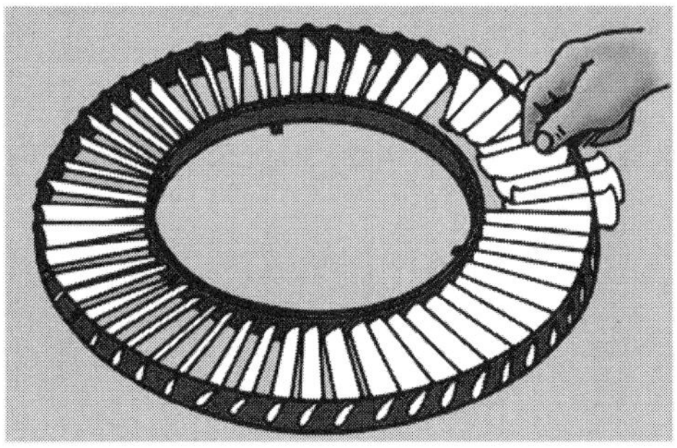

그림 5.8 노즐 다이어프램

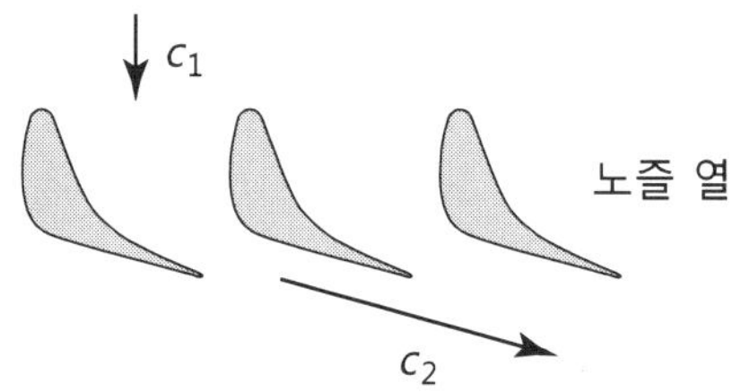

그림 5.9 노즐통로

운데 가장 빠른 속도이다. 참고로, 충동터빈의 경우 배기가스는 노즐 입구로 마하수 0.2 정도의 속도로 유입되며, 마하수 0.8 정도의 속도로 노즐을 빠져나간다.

노즐의 이차적인 역할은 노즐에서 가속된 배기가스를 터빈 버켓에 최적의 각도로 유입되도록 안내해서 버켓이 최대의 효율을 발휘하도록 해주는 것이다. 버켓의 성능과 진동 특성은 버켓으로 유입되는 배기가스의 입사각 변화에 따라 큰 영향을 받는다. 대부분의 노즐은 가볍게 하기 위해 가운데가 비어 있는 형태이며, 터빈 앞 단에 설치되는 노즐은 이 빈 공간으로 압축기로부터 전달된 냉각공기를 통과시켜 냉각시킨다.

5.2.2 버켓

버켓은 흔히 블레이드, 또는 회전 블레이드(rotor blade, or rotating blade)라고도 불린다. 버켓은 노즐에서 가속된 고속의 배기가스가 가지고 있는 운동에너지를 압축기와 보기류를 구동하기 위한 기계적인 일로 변환시키는 역할을 수행한다. 따라서 배기가스의 절대속도는 버켓을 통과하면서 크게 작아진다. 노즐 한 열(row)과 버켓 한 열을 합쳐서 한 단(stage)이라 한다.

버켓은 고온 환경에서 고속으로 회전하기 때문에 원심부하가 작용하여 버켓 단면에는 높은 인장응력이 발생한다. 따라서 버켓은 크립 특성이 우수한 니켈합금으로 제작한다.

5.2.3 슈라우드

버켓 팁에 달려있는 일체형 커버를 슈라우드라 한다. 슈라우드가 설치되어 있는 블레

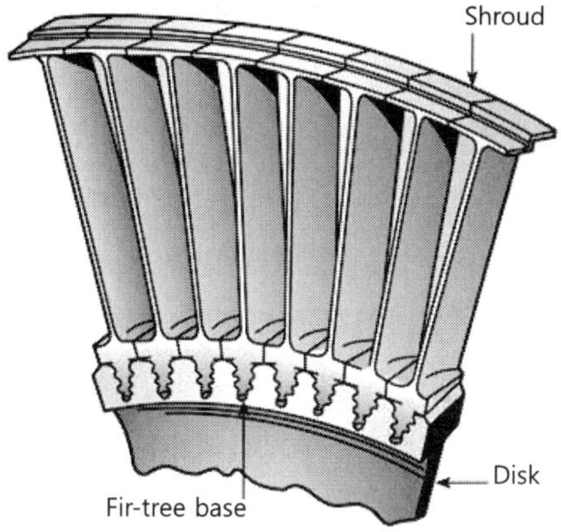

(a) 슈라우드 블레이드

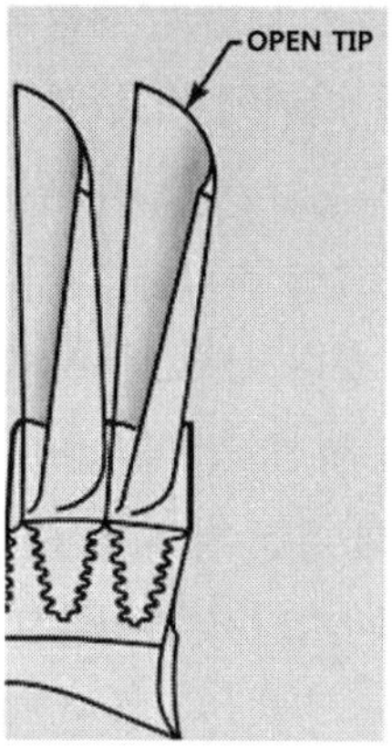

(b) 자유팁 블레이드

그림 5.10 대표적인 버켓 형상

이드를 슈라우드 블레이드(shrouded blade)라 하며, 슈라우드가 없는 블레이드를 자유팁 블레이드(free tip blade), 또는 오픈팁 블레이드(open tip blade)라 한다. 그림 5.10에 두 가지 형태의 블레이드를 비교하여 나타냈다. 슈라우드를 설치하는 목적을 살펴보면, 첫째는 버켓 팁을 넘어 누설되는 배기가스 양을 최소화시켜 가스터빈 효율을 향상시키기 위함이며, 둘째는 버켓의 진동특성을 향상시키기 위함이며, 셋째는 버켓 팁 부위의 공력특성을 향상시켜 가스터빈 효율을 향상시키기 위함이다.

슈라우드는 버켓 팁과 케이싱 사이로 누설되는 배기가스 양을 최소화시켜 가스터빈 효율을 향상시키기 위해 설치한다. 버켓 팁과 케이싱 사이로 과도한 배기가스 누설이 발생하면 버켓 팁 부위의 효율을 떨어뜨리는 난류가 발생하며, 이로 인해 터빈 효율이 감소한다. 그리고 버켓 팁을 넘어가는 배기가스는 터빈의 동력생산에 기여하지 못하기 때문에 손실이 되며, 이런 누설손실이 증가하면 가스터빈 효율이 저하된다. 슈라우드는 인접한 버켓의 슈라우드와 연결되어 버켓 팁에 연속적인 링을 형성하며, 그 평평한 바탕에 나이프 에지 실(knife-edge seal)을 설치하여 배기가스 누설을 줄여 가스터빈 효율 향상에 기여한다.

슈라우드를 설치하면 버켓의 진동특성이 향상된다. 슈라우드는 이웃한 버켓의 슈라우드와 맞물려 댐퍼 역할을 함으로써 버켓에 발생하는 진동을 감쇄시킨다. 아울러 슈라우드 블레이드는 자유팁 블레이드에 비해 진동특성이 우수한 진동모드를 가진다. 이밖에도 슈라우드는 이웃한 버켓의 슈라우드에 맞물려 버켓의 뒤틀림(distortion)을 방지해주기 때문에 버켓을 얇고 긴 형상으로 설계할 수 있도록 해준다. 이로 인해 슈라우드 블레이드를 적용하면 가스터빈 무게를 줄일 수 있다. 그러나 슈라우드 버켓을 사용하면 슈라우드로 인해 버켓 단면에 작용하는 응력이 증가하는 경향을 가진다.

슈라우드는 버켓 팁 부위의 공력특성을 향상시켜 터빈 효율을 향상시킨다. 자유팁 블레이드는 그림 5.11에 나타나 있는 것처럼 버켓 팁에서 팁와류(tip vortex)가 발생한다. 팁와류는 상대적으로 높은 압력이 형성되는 버켓 팁 근처 압력면에 있는 배기가스가 낮은 압력이 형성되는 흡입면 쪽으로 버켓 팁을 넘어가면서 발생한다. 이때 버켓 팁 근처에 반경방향의 유동이 발생하기 때문에 버켓 팁 근처에서 버켓의 공기역학적인 효율이 낮아지게 된다. 따라서 슈라우드를 장착하면 팁와류 발생을 방지하여 가스터빈 효율이 향상된다.

일반적으로 슈라우드 블레이드와 자유팁 블레이드는 하나의 엔진에서 동시에 볼 수 있다. 대부분의 엔진에서 그림 5.12에서 확인할 수 있는 것처럼 고속으로 회전하는 버켓은 자유팁으로 하며, 저속으로 회전하는 버켓은 슈라우드를 장착한다. 고속으로 회전하는 버켓에 슈라우드를 설치하면 슈라우드에서 발생하는 원심력으로 인해 버켓 단면에 매우 높은 인장응력이 발생한다. 따라서 고속으로 회전하는 고압터빈에는 대개의 경우 자유팁 블레이드를 사용한다. 아울러 고압터빈에 설치하는 버켓은 냉각이 요구된다. 일반적으로 공기냉각을 실시하는 버켓의 경우 자유팁 블레이드를 사용한다.

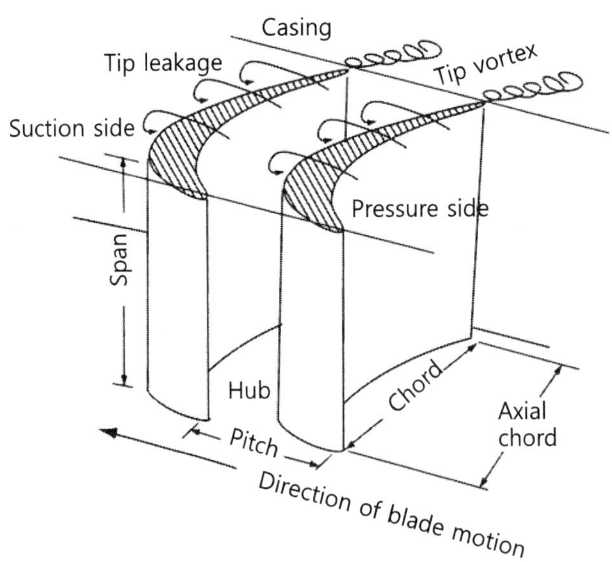

그림 5.11 버켓 팁와류 (from Korpela, 2011)

그림 5.12 자유팁 버켓과 슈라우드 버켓이 함께 설치된 대형 터보팬엔진

도브테일(dovetail)은 버켓을 터빈로터 디스크에 고정시키는 역할을 수행한다. 도브테일은 버켓에서 발생하는 원심응력을 감당하기 때문에 매우 높은 가공정밀도가 요구된다. 가스터빈에는 그림 5.13에 나타나 있는 전나무형 도브테일을 많이 사용하고 있다.

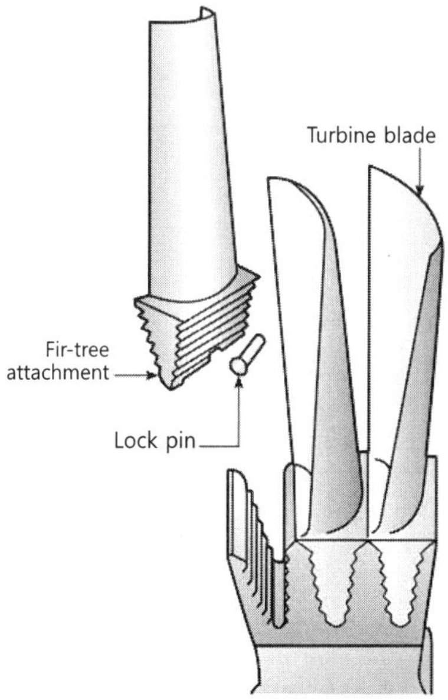

그림 5.13 전나무형 도브테일

5.3 터빈 열역학적 고찰

터빈에서 생산되는 일의 크기를 열역학적으로 살펴보기 위하여 그림 5.14에 가스터빈의 $T-s$ 선도를 나타냈다. 터보제트엔진의 경우 그림 5.14(a)에 나타나 있는 것처럼 터빈에서는 압축기를 구동하기 위한 동력만 생산하면 된다. 그리고 터빈을 통과한 배기가스에 남아 있는 에너지는 터빈 하류에 있는 노즐(테일 파이프)에서 배기가스를 가속시켜 큰 추력을 얻는 데 사용된다. 이에 반해 터보팬엔진과 터보프롭엔진은 그림 5.14(b)를 통해 확인할 수 있는 것처럼 터빈에서 생산된 동력은 압축기뿐만 아니라 팬 또는 프로펠러를 함께 구동하는 데 사용된다. 따라서 터보팬엔진과 터보프롭엔진의 터빈에서는 터보제트엔진보다 훨씬 큰 동력이 생산된다. 한편, 터보팬엔진과 터보프롭엔진에서도 터빈을 빠져나간 배기가스에 의해 생산되는 추력도 일부 있지만 여기서는 편의상 생략하였다.

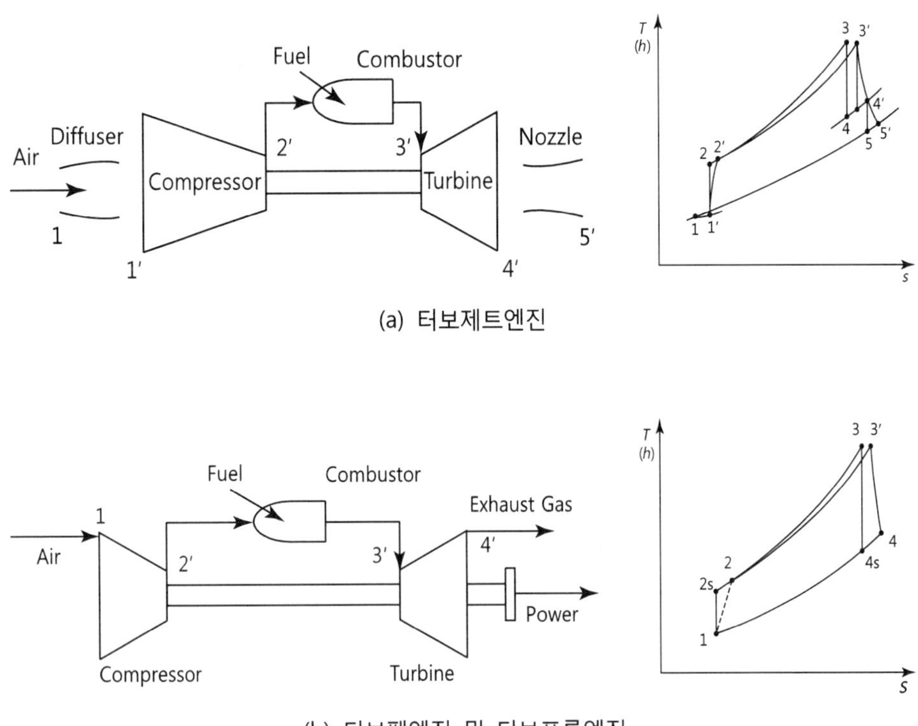

그림 5.14 가스터빈 개념도 및 $T-s(h-s)$선도

작동유체가 터빈을 통과하는 동안 외부로부터 터빈 내부로 열이 공급되거나 터빈 내부로부터 외부로 열이 빠져나가지 않기 때문에 터빈에서 일어나는 열역학적 과정은 단열과정이다. 즉 터빈에서 과정이 진행되는 동안 터빈 내부로 열이 공급되지도 않으며, 터빈 내부로부터 외부로 열이 빠져나가지도 않는다. 그러나 엄밀하게 살펴보면, 터빈 케이싱이 가열되면서 일부 열이 터빈 케이싱을 통해 터빈 외부로 빠져나가기 때문에 단열과정이 아니다. 그러나 터빈을 통과하는 배기가스 속도가 너무 빨라서 미처 열교환이 일어날 시간이 없다고 가정하면 터빈에서 단열과정이 일어난다고 할 수 있다. 따라서 터빈에서 단위질량유량당 생산되는 이상적인 일의 크기는 열역학 제1법칙으로부터 터빈에서 일어나는 작동유체의 엔탈피 변화량과 같다는 것을 알 수 있다. 그런데 터빈에서 발생하는 다양한 손실, 즉 형상손실, 이차유동손실, 누설손실 등으로 인해 실질적으로 터빈에서 생산되는 일의 크기는 이상적인 일의 크기보다 작아진다. 그러므로 이런 손실들을 반영하여 터빈에서 생산되는 일의 크기를 열역학적으로 나타내기 위하여 다음과 같이 터빈효율을 반영하여 나타낸다.

$$TW = \eta_T \left(h_{o,3} - h_{o,4}\right) \tag{5.6}$$

여기서 TW는 단위질량유량당 터빈에서 생산되는 일의 크기, η_T는 터빈효율, h_o는 정체엔탈피이며, 하첨자 3, 4는 각각 터빈 입구와 출구를 나타낸다.

엔탈피는 정압비열과 온도의 곱으로 나타낼 수 있다. 따라서 식 (5.6)은 다음과 같이 나타낼 수 있다.

$$\begin{aligned} TW &= \eta_T c_p \left(T_{o,3} - T_{o,4}\right) \\ &= \eta_T c_p T_{o,3}\left(1 - \frac{T_{o,4}}{T_{o,3}}\right) = \eta_T c_p T_{o,3}\left\{1 - \left(\frac{p_{o,4}}{p_{o,3}}\right)^{\frac{\gamma-1}{\gamma}}\right\} \\ &= \eta_T c_p T_{o,3}\left(1 - TPR^{(\gamma-1)/\gamma}\right) \end{aligned} \tag{5.7}$$

여기서 TPR은 터빈압력비이다. 터빈에서 일어나는 압력강하는 터빈을 빠져나가는 작동유체의 압력을 터빈으로 유입되는 작동유체의 압력으로 나눈 터빈압력비(TPR; Turbine Pressure Ratio)로 나타낸다. 따라서 TPR은 1보다 작은 값을 가지며, 다음과 같이 정의한다.

$$TPR = \frac{p_{o,4}}{p_{o,3}} = \left(\frac{T_{o,4}}{T_{o,3}}\right)^{\frac{\gamma}{\gamma-1}} \tag{5.8}$$

결과적으로 터빈에서 생산되는 일의 크기에 관한 관계식을 살펴보면, 터빈에서 생산되는 일의 크기는 터빈압력비, TIT, 정압비열 및 비열비와 같은 공기의 상태량, 그리고 터빈효율에 영향을 받는다는 것을 알 수 있다. 터보제트엔진의 경우 연료의 연소를 통해 얻어진 열에너지의 약 3/4이 터빈에서 기계적인 일로 바뀌어 압축기 구동에 사용된다. 이에 반해 터보프롭엔진의 경우 배기가스에 포함된 에너지의 90%까지 터빈에서 기계적인 일로 변환되어 프로펠러 구동에 사용된다. 이런 이유 때문에 터보팬엔진과 터보프롭엔진은 터보제트엔진에 비해 더 많은 터빈 단을 가진다.

5.4 터빈 유체역학적 고찰

터빈을 이해하는 데 있어서 가장 중요한 것 가운데 하나는 터빈 단에 나타나는 작동유체의 유동특징을 파악하는 것이다. 속도삼각형은 터빈 단에서 작동유체의 유동특징을 파악할 수 있는 가장 강력한 해석도구이며, 블레이드 형상을 결정하는 데 사용되는 필수적인 설계도구이다. 하나의 터빈 단에서 일어나는 개략적인 유동형태를 그림 5.15에 나타냈다. 일반적으로 축류형 터빈 노즐입구 단면에서 축방향 속도는 터빈 축과 평행하며, 압력과 속도는 반경방향을 따라 일정하게 유지되도록 설계한다. 노즐의 역할은 유동을 가속시켜 작동유체가 가지고 있는 압력에너지의 일부를 운동에너지로 변환시키는 것이다. 따라서 노즐을 빠져나가는 작동유체의 속도는 노즐로 유입되는 속도에 비해 매우 빠르다. 참고로, 충동터빈의 경우 작동유체는 노즐통로에서 약 4배 정도 가속된다. 즉 연소기를 빠져나온 고온고압의 작동유체는 축방향을 따라서 마하수 0.2 정도의 속도로 1단 노즐로 유입된다. 노즐통로는 하류로 가면서 유동 단면적이 작아지는 형태이기 때문에 유동가속이 일어나며, 이로 인해 작동유체는 마하수 약 0.8 정도의 속도로 노즐을 빠져나간다. 이때 작동유체의 각도는 축방향과 65~73°를 이룬다. 즉 노즐 출구에서 작동유체의 축방향 속도는 노즐 입구에서의 축방향 속도와 동일하기 때문에 노즐 출구에 터빈 축을 중심으로 강하게 회전하는 선회유동이 형성된다. 이 선회유동은 버켓으로 유입되어 버켓에 운동에너지를 전달하고 그림 5.15에 나타나 있는 것처럼 축방향과 평행한 방향으로 버켓을 빠져나간다. 즉 버켓을 통과하는 동안 작동유체의 운동에너지는 버켓에 흡수되어 기계적인 일로 변환되기 때문에 버켓을 빠져나가는 작동유체의 속도는 크게 작아진다. 버켓 출구단면에서의 유동형태는 노즐 입구에서의 유동형태와 동일하게 유지되도록 설계한다. 즉 버켓 출구단면에서 작동유체의 축방향 속도는 터빈 축과 평행하며, 압력과 속도는 반지름방향을 따라 일정하게 유지된다. 따라서 어떤 단으로 유입되는 유동형태와

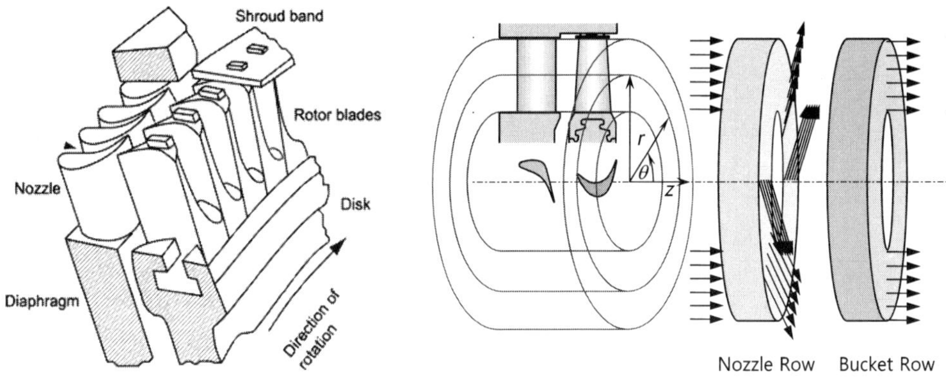

그림 5.15 터빈 단에서의 유동특징

그 단을 빠져나가는 유동형태는 동일하게 설계한다. 그러므로 동일한 방법으로 다음 단을 설계할 수 있으며, 쉽게 축류형 다단터빈 설계가 가능해진다.

그림 5.15에 나타나 있는 것과 같이 버켓 입구와 출구에서의 팁반경이 일정해서 가장 간단한 형태를 가지는 터빈 단에서의 유동일지라도 노즐 출구에서 발생하는 강력한 선회유동 때문에 복잡한 3차원 유동이 형성된다. 그런데 터빈 단에서 일어나는 유동을 3차원으로 나타내더라도 유동특성을 정확하게 파악하기 어려울 뿐만 아니라 유동을 표기하기 매우 어렵다. 그러나 터빈 축 중심에서 일정한 반경을 가지는 원기둥 표면에서의 유동을 평면으로 펼쳐놓으면 복잡한 3차원 유동을 2차원 유동으로 쉽게 나타낼 수 있다. 아울러 노즐통로와 버켓통로 유동은 원주방향을 따라서 피치 간격을 주기로 반복되기 때문에 각각 하나의 유동통로에 대해서만 살펴보면 된다. 그리고 블레이드 반경방향으로 길이를 달리하면서 유동특성을 살펴보면 하나의 터빈 단 유동통로 전체에 대한 유동형태를 정확하게 파악할 수 있다.

하나의 원기둥 표면에 나타나는 유동을 펼쳐놓은 것이 그림 5.16에 나타나 있다. 이 그림은 터빈 축 중심에서 버켓 루트에 이르는 반지름을 가지는 원기둥 표면에서의 유동을 나타낸 것이다. 이 그림에서 두 개의 속도삼각형, 즉 노즐 출구(버켓 입구)와 버켓 출구에 각각 하나의 속도삼각형이 존재하는 것을 확인할 수 있다. 속도삼각형은 세 개의 속도성분, 즉 작동유체의 절대속도(c), 버켓에 대한 작동유체의 상대속도(w), 버켓 회전속도(u)로 구성된다. 절대속도는 운동하고 있는 물체의 고정 좌표축에 대한 속도이다. 즉 절대속도는 관찰자가 정지한 상태에서 물체의 이동을 관찰했을 때 나타나는 물체의 이동속도이다. 두 물체가 어떤 기준 좌표계에 대하여 각각의 속도로 이동하고 있을 때 물체 A가 관찰한 물체 B의 속도를 물체 A에 대한 물체 B의 상대속도라고 한다. 즉 상대속도

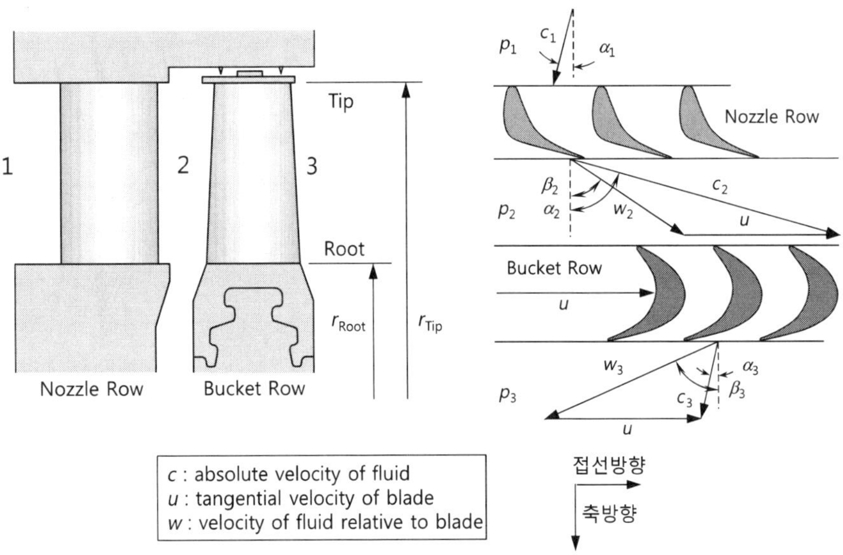

그림 5.16 루트에서의 속도삼각형

는 관찰자 A가 이동하면서 물체 B의 이동을 관찰했을 때 나타나는 물체 B의 이동속도이다. 따라서 관찰 대상인 물체 B의 이동속도에서 관찰자 A의 이동속도를 빼주면 상대속도가 된다. 이를 수식으로 나타내면 다음과 같다.

$$v_{AB} = v_B - v_A$$

여기서 v_{AB}는 관찰자 A가 관찰한 물체 B의 상대속도, v_B는 물체 B의 절대속도, v_A는 관찰자 A의 이동속도이다. 노즐을 빠져나온 작동유체는 회전하고 있는 버켓으로 유입된다. 따라서 버켓 입장에서는 상대속도 개념으로 작동유체가 유입된다. 터빈에서 나타나는 상대속도 개념을 자세하게 이해하기 위하여 버켓 입구에 형성되는 속도삼각형을 살펴보자. 그림 5.16에서 작동유체는 노즐 입구로 터빈 축과 α_1의 각도를 이루면서 절대속도 c_1으로 유입되고 있다. 노즐을 통과하면서 작동유체는 절대속도 c_2로 가속된다. 그런데 노즐을 빠져나온 작동유체는 회전하고 있는 버켓으로 들어가기 때문에 버켓으로 유입되는 작동유체 속도는 상대속도에 의해서 결정된다. 버켓으로 유입되는 작동유체의 상대속도는 노즐을 빠져나온 작동유체의 절대속도 c_2와 버켓 회전속도 u가 벡터 결합한 $w_2(=c_2-u)$가 된다. 그러므로 버켓 앞전에서 캠버선의 접선이 상대속도 w_2의 방향과 최적의 입사각이 되도록 버켓 앞전 형상이 결정된다. 따라서 그림에서 확인할 수 있듯이 상대속도 w_2의 방향과 버켓 앞전 캠버선의 접선이 거의 일치하는 것을 확인할 수 있다.

이제 버켓 출구에 형성되는 속도삼각형을 살펴보자. 관찰자가 회전하고 있는 버켓에 올라타서 관찰했을 때 버켓을 빠져나가는 작동유체의 속도는 w_3이며, 이는 상대속도이다. 그런데 버켓은 u의 속도로 회전하고 있기 때문에 정지관찰자에 의해서 관찰되는 작동유체의 절대속도는 c_3이다. 이 속도는 다음 단 노즐로 유입되는 작동유체 속도이며, 축방향과 α_3의 각도를 이룬다. 다단 축류형 터빈에서 일반적으로 α_1과 α_3는 같은 값을 가지도록 설계한다. 그러므로 하나의 터빈 단을 설계할 때 α_3와 c_3는 w_3보다 먼저 결정된다. 즉 버켓을 빠져나가는 작동유체의 절대속도와 버켓 회전속도에 의해서 작동유체의 상대속도 w_3가 결정된다. 따라서 버켓 뒷전의 캠버선 형상은 w_3가 만들어지도록 결정한다. 결론적으로 속도삼각형은 버켓 입구 및 출구에서 작동유체의 유동각을 나타내며, 버켓 캠버선은 유동각에 의해 결정되기 때문에 전체적인 버켓 형상은 속도삼각형에 의해 결정된다는 것을 알 수 있다. 그림 5.16에 나타나 있는 노즐과 버켓 형상 및 속도삼각형은 실제적인 충동터빈 버켓 루트에서 나타나는 일반적인 형태이다.

이제 추가적으로 버켓 길이방향에 따른 속도삼각형을 살펴보면 하나의 터빈 단 전체에 대한 유동형태와 버켓 날개형상 변화를 쉽게 이해할 수 있다. 이를 위해 버켓 팁에서 형성되는 속도삼각형을 살펴보고 루트에서 형성되는 속도삼각형과 비교하기로 한다. 버켓의 회전속도는 터빈 축 중심으로부터의 반지름에 비례하여 증가하기 때문에 버켓 팁에서의 회전속도는 루트에 비해서 크다. 버켓 팁으로 유입되는 작동유체의 절대속도는 루트에 비해서 작다. 그러나 여기서는 편의상 버켓 반경방향 길이를 따라서 버켓으로 유입되는 작동유체의 절대속도는 일정하다고 가정한다. 이 경우 그림 5.17에 나타나 있는 것처

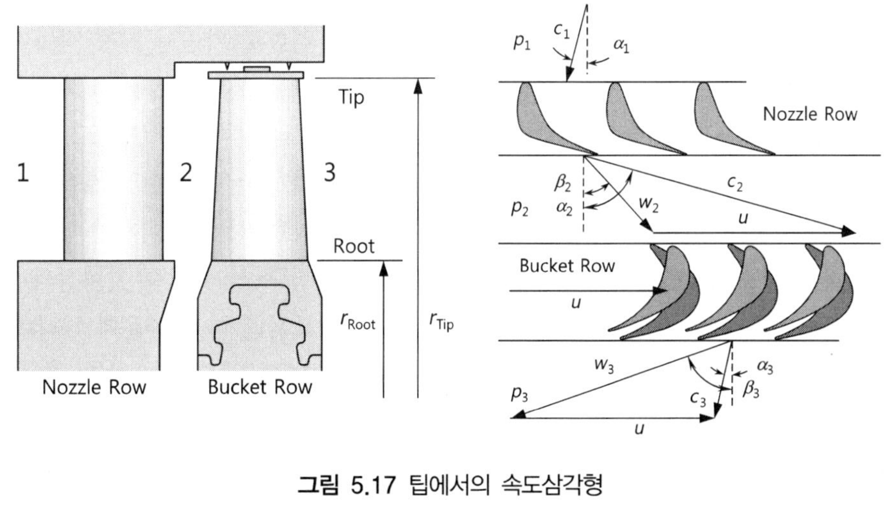

그림 5.17 팁에서의 속도삼각형

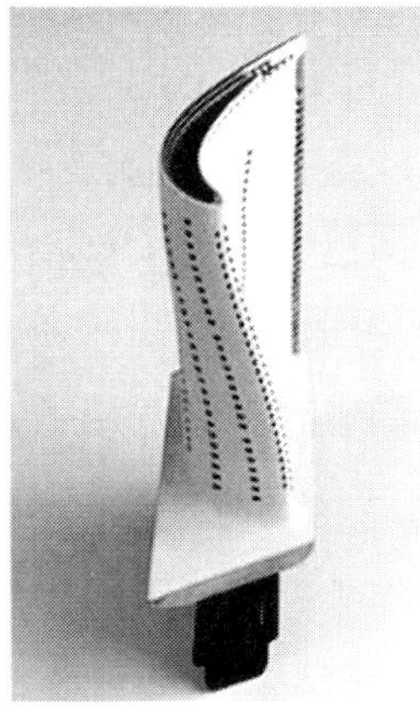

그림 5.18 버켓 비틀림 형상

럼 버켓 팁에서는 증가된 버켓 회전속도로 인해 작동유체의 상대속도 w_2와 유입각도 β_2는 루트에 비해서 작아진다. 이제 버켓 팁을 빠져나가는 작동유체의 속도삼각형을 살펴보자. 버켓 팁을 빠져나가는 작동유체의 절대속도 c_3는 노즐로 유입되는 작동유체의 절대속도 c_1과 크기와 방향이 거의 같다. 따라서 버켓 팁을 빠져나가는 작동유체의 절대속도 c_3와 버켓의 회전속도 u는 정해져 있기 때문에 그림에서 확인할 수 있는 것처럼 버켓 팁을 빠져나가는 작동유체의 상대속도 w_3는 루트에 비해서 크게 가속되며, 로터축과 이루는 각도 β_3 또한 커진다. 즉 버켓통로에서 유동을 더 크게 가속시키기 위해서는 버켓통로 하류로 가면서 유동단면적이 작아져야 하며, 유동단면적을 작아지게 하기 위해서는 버켓출구 유동각인 β_3가 커져야 한다. 결론적으로 작동유체의 유동각은 버켓 입구에서 작아지고 출구에서는 커지며, 버켓통로 유동 단면적은 하류로 가면서 크게 작아지기 때문에 버켓 팁 날개형상은 그림에 나타나 있는 것처럼 루트 형상과 크게 달라진다. 즉 버켓의 앞전과 뒷전을 연결한 시위선과 터빈 축이 이루는 각은 루트에서 팁으로 가면서 더욱 커지며, 이로 인해서 버켓 형상은 그림 5.18에 나타나 있는 것처럼 루트에서 팁으로 가면서 비틀어진다. 한편, 버켓 앞전 형상은 루트에서는 뾰족한 형상이지만 팁으로 가면서 뭉툭한 형상으로 바뀌는 것을 확인할 수 있다. 뾰족한 형상과 뭉툭한 형상의 앞전은 각각 충동터빈과 반동터빈 버켓에서 나타나는 가장 대표적인 특징 가운데 하나이다.

공기역학적 관점에서 살펴보면, 터빈은 압축기보다 설계하기 훨씬 더 쉽다. 이는 디퓨저 형상인 압축기 블레이드 통로에서는 유동확산이 일어나는 반면에 노즐 형상인 터빈 블레이드(노즐과 버켓을 통칭) 통로에서는 유동가속이 일어나기 때문에 유동박리 위험이 훨씬 적기 때문이다. 터빈에서 유동박리 위험이 적다는 사실은 터빈이 압축기에 비해 큰 장점을 가진다는 것을 의미한다. 즉 터빈은 압축기에 비해 효율이 더 높으며, 터빈 각 단에서는 유동박리 위험 없이 큰 압력강하를 얻을 수 있기 때문에 동일한 크기의 압력변화를 가지는 압축기에 비해 훨씬 적은 단 수로 구성된다. 블레이드 통로에서 나타나는 유동 방향전환을 비교하면, 압축기에서는 약 30°인 반면에 터빈에서는 약 100°로서 훨씬 더 큰 값을 가진다. 따라서 터빈 블레이드 형상은 압축기와 다르며, 훨씬 두꺼운 편이다.

5.5 충동터빈과 반동터빈

5.5.1 반동도

축류형 터빈의 노즐 및 버켓 유동통로는 모두 노즐 형상이기 때문에 작동유체가 통과하면서 정압력과 정엔탈피 모두 하강한다. 축류형 터빈에서 반동도(degree of reaction)는 버켓에서의 정엔탈피 변화량을 단에서의 정엔탈피 변화량으로 나눈 값으로 정의한다. 따라서 반동도는 다음과 같다.

$$\xi = \frac{h_2 - h_3}{h_1 - h_3} \times 100 \ \ (\%) \tag{5.9}$$

여기서 하첨자 1, 2, 3은 그림 5.16에서 확인할 수 있는 것처럼 각각 노즐 입구, 노즐 출구(버켓 입구), 버켓 출구를 나타낸다. 그런데 작동유체의 엔탈피를 직접 측정하기 어렵다. 그런데 반동도는 작동유체의 온도를 이용해서 나타낼 수 있다. 즉 터빈 한 단을 통과하는 동안에 작동유체의 정압비열이 일정하게 유지된다고 가정하면, 정압비열 정의식을 이용해서 다음 관계를 유도할 수 있다.

$$dh = c_p dT$$

따라서 반동도는 다음과 같이 작동유체의 온도를 이용해서 나타낼 수 있다.

$$\xi = \frac{T_2 - T_3}{T_1 - T_3} \times 100 \ \ (\%)$$

그러나 작동유체의 온도 또한 측정하기 어렵다. 특히 가스터빈 입구 온도는 너무 높기 때문에 직접적인 측정이 불가능하다. 따라서 일반적으로 반동도는 측정이 상대적으로 용이한 작동유체의 압력을 이용해서 나타낸다. 열역학 제2기초식은 다음과 같다.

$$\delta q = dh - vdp$$

터빈에서는 단열팽창이 일어나기 때문에 $\delta q = 0$이다. 그리고 팽창이 진행되는 동안 단에서 일어나는 작동유체의 밀도 변화를 무시하면, 위 식에서 엔탈피 변화량은 압력 변화량에 비례한다는 것을 알 수 있다. 따라서 반동도는 다음과 같이 상대적으로 측정이 용이한 압력을 이용하여 나타낼 수 있다.

$$\xi = \frac{p_2 - p_3}{p_1 - p_3} \times 100 \ \ (\%) \tag{5.10}$$

5.5.2 충동터빈 유동 특징

충동터빈은 이론적으로 반동도 0%를 가지는 터빈 단으로 구성된 터빈이다. 반동도가 0%라는 것은 터빈 단에서 일어나는 압력강하가 모두 노즐에서만 일어난다는 것을 의미한다. 충동터빈의 가장 큰 특징은 그림 5.19에 나타나 있는 것처럼 버켓에서는 압력강하

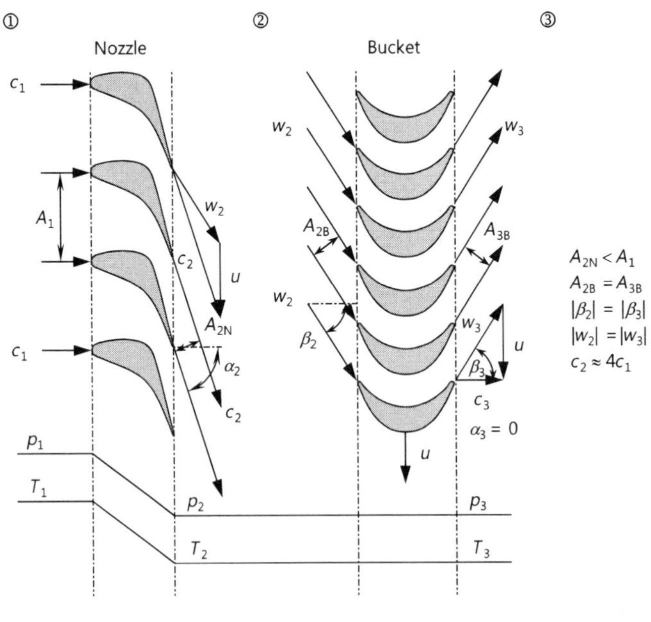

그림 5.19 충동터빈 단에서의 축방향 압력 및 온도분포

가 일어나지 않기 때문에 버켓통로 유동 단면적이 입구에서 출구까지 일정하며, 단지 유동방향만 바뀐다는 것이다. 즉 버켓으로 유입되는 작동유체의 상대속도(w_2)와 버켓을 빠져나가는 작동유체의 상대속도(w_3)는 크기가 서로 같다. 이런 조건을 만족시키기 위해 충동터빈 버켓의 날개 단면은 초승달 형상을 가진다. 그러나 그림 5.16에 나타나 있는 속도삼각형을 통해서 확인할 수 있듯이 버켓을 빠져나가는 작동유체의 절대속도(c_3) 크기는 버켓으로 유입되는 작동유체의 절대속도(c_2)에 비해서 크게 작아지는데, 이는 버켓을 통과하면서 작동유체의 운동에너지가 기계적인 일로 변환되었기 때문이다. 대부분의 단에서 버켓을 빠져나가는 작동유체의 절대속도는 노즐로 유입되는 작동유체의 절대속도와 동일하다. 따라서 충동터빈 버켓에서 큰 회전동력을 얻기 위해서 작동유체는 노즐에서 크게 가속된다.

항공용 가스터빈은 압력비가 높기 때문에 터빈을 다단으로 구성하여 각 단에서 점진적으로 압력을 떨어뜨린다. 다단 충동터빈에서 작동유체의 압력 및 절대속도 분포를 그림 5.20에 나타냈다. 이 그림에 나타나 있는 것처럼 작동유체의 압력은 각 단의 노즐에서만 낮아진다. 그러나 작동유체의 절대속도는 노즐통로에서는 가속되고 버켓통로에서는 감속되는데, 그 형태 및 크기가 각 단에서 일정하게 반복된다.

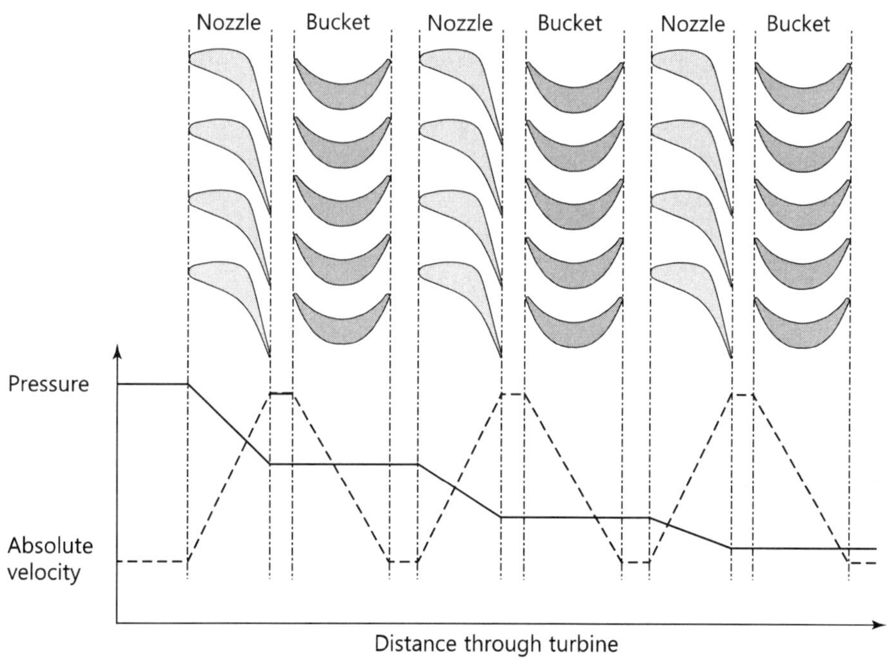

그림 5.20 다단 충동터빈 압력 및 절대속도 분포

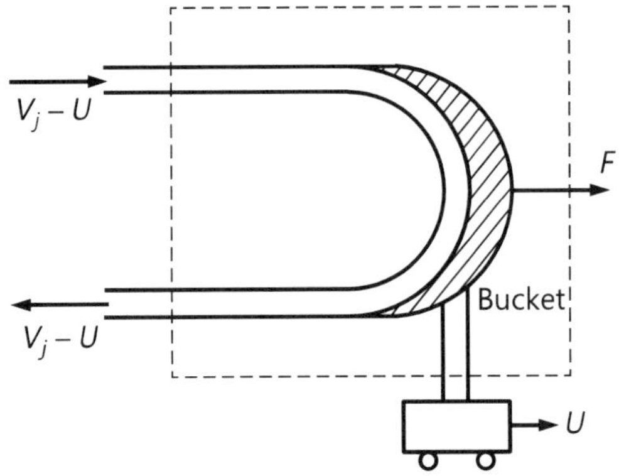

그림 5.21 버켓에 작용하는 힘

충동터빈에서 동력이 발생하는 원리는 그림 5.21에 나타나 있는 버켓에 작용하는 힘을 통해서 간단하게 살펴볼 수 있다. 이 버켓은 유체의 힘에 의해 U의 속도로 이동하고 있기 때문에 V_j 속도로 분사된 제트유동은 $(V_j - U)$의 속도로 버켓에 충돌한다. 이때 유체가 버켓에 가하는 힘의 크기는 식 (5.4)를 이용하여 계산할 수 있으며, 다음과 같다.

$$F = \dot{m}(V_j - U) = \rho(V_j - U)^2 A \tag{5.11}$$

버켓에 충돌한 제트유동은 버켓 표면을 따라 180° 회전하고 버켓을 빠져나간다. 이때 버켓을 빠져나가는 속도는 연속방정식에 의해서 유입속도와 동일하다. 따라서 버켓을 빠져나가는 유체는 버켓에 유입될 때와 동일한 크기의 반력을 버켓에 가한다. 따라서 버켓에 작용하는 힘의 크기는 다음과 같다.

$$F = 2\rho(V_j - U)^2 A \tag{5.12}$$

이와 같이 충동터빈은 유체의 운동방향을 바꾸어 회전동력을 얻는다.

5.5.3 반동터빈 유동 특징

반동터빈은 이론적으로 반동도 50%를 가지는 터빈 단으로 구성된 터빈을 말한다. 즉 반동터빈에서는 그림 5.22에 나타나 있는 것처럼 작동유체의 압력강하가 노즐과 버켓에서 균등하게 발생한다. 따라서 반동터빈의 노즐과 버켓의 날개 단면 형상이 서로 동일하다. 한편, 반동터빈 버켓통로는 노즐통로와 마찬가지로 수축노즐이기 때문에 작동유체는

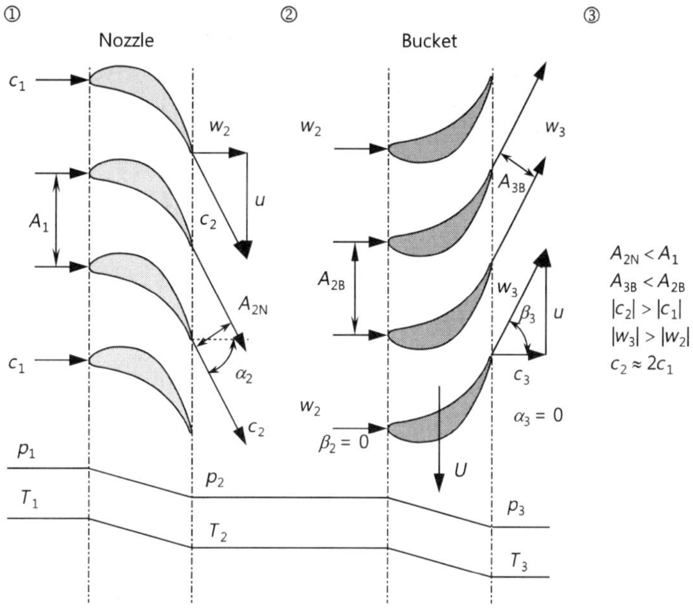

그림 5.22 반동터빈 단에서의 축방향 압력 및 온도분포

버켓통로를 통과하면서 가속되며, 버켓 회전력은 버켓통로를 고속으로 빠져나가는 작동유체의 제트유동 반력에 의해 얻어진다.

반동터빈도 충동터빈과 마찬가지로 압축기에서 얻어지는 높은 압력비 때문에 터빈을 다단으로 구성하여 각 단에서 압력을 점진적으로 떨어뜨린다. 다단 반동터빈에서 작동유체의 압력 및 절대속도 분포를 그림 5.23에 나타냈다. 이 그림에 나타나 있는 것처럼 작동유체의 압력은 각 단의 노즐과 버켓에서 균등하게 낮아진다. 그러나 작동유체의 절대속도는 충동터빈과 마찬가지로 노즐통로에서는 가속되고 버켓통로에서는 감속되는데, 그 형태 및 크기가 각 단에서 일정하게 반복되며, 최대 절대속도 크기는 충동터빈의 절반이다. 이런 사실은 에너지방정식인 열역학 제1법칙을 이용해서 확인할 수 있다. 열역학 제1법칙은 다음과 같다.

$$q_{12} = (u_2 - u_1) + (p_2 v_2 - p_1 v_1) + \frac{1}{2}(c_2^2 - c_1^2) + g(z_2 - z_1) + w_{12}$$

노즐에서는 단열팽창이 일어나기 때문에 $q_{12} = 0$이며, 노즐에서는 일의 생산이나 공급이 없기 때문에 $w_{12} = 0$이다. 그리고 노즐통로에서 내부에너지 변화와 위치에너지 변화는 무시할 수 있을 정도로 작다. 따라서 위 식은 다음과 같이 된다.

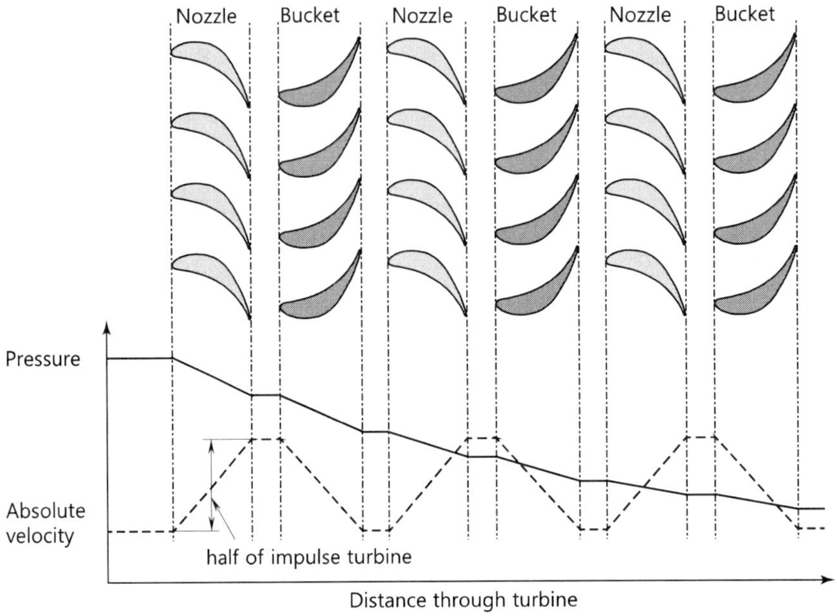

그림 5.23 다단 반동터빈 압력 및 절대속도 분포

$$p_1 - p_2 = \frac{1}{2}\left(\rho_2 c_2^2 - \rho_1 c_1^2\right)$$

여기서 $(p_1 - p_2)$는 노즐통로에서 발생하는 압력강하, c_1과 c_2는 각각 노즐 입구와 출구에서 작동유체의 속도이다. 그런데 노즐 입구에서의 속도가 출구에서의 속도에 비해 매우 작다고 가정하면, 위 식은 다음과 같이 된다.

$$p_1 - p_2 = \frac{1}{2}\rho_2 c_2^2 \tag{5.13}$$

한편, 반동터빈에서 압력강하는 노즐과 버켓에서 균등하게 일어난다. 그런데 반동터빈 단에서 낮아지는 압력의 크기는 충동터빈의 절반이다. 그러므로 반동터빈 노즐에서 발생하는 압력강하 크기는 충동터빈의 1/4에 해당하며, 이로 인해 식 (5.13)을 이용하여 계산하면 반동터빈 노즐 출구에서 작동유체의 절대속도는 충동터빈의 절반이 된다.

충동터빈에서는 버켓 열에서 압력강하가 발생하지 않기 때문에 터빈을 축방향으로 미는 힘인 추력이 발생하지 않는다. 그러나 반동터빈에서는 버켓 열에서 발생하는 압력강하로 인해서 추력이 발생한다. 따라서 충동터빈에서는 스러스트베어링이 필요 없거나 작

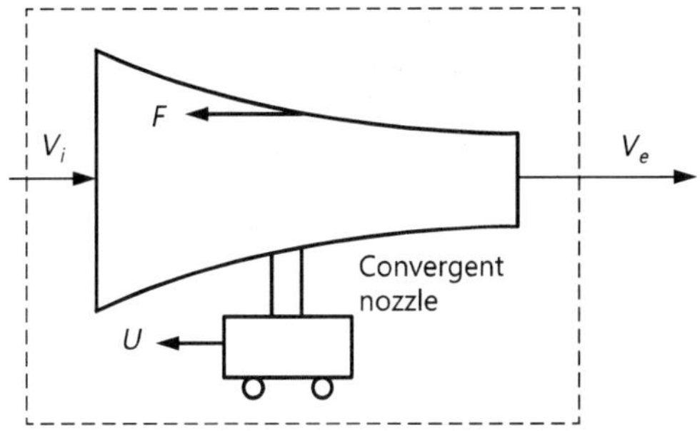

그림 5.24 축소노즐에 작용하는 힘

은 것이 사용되지만 반동터빈에는 반드시 있어야 한다. 한 단에서 발생하는 추력은 다음 식을 이용하여 계산할 수 있다.

$$Thrust = \pi d l (p_1 - p_3) \xi \tag{5.14}$$

여기서 d는 버켓 열 평균지름, l은 버켓 유효길이(active length), p_1은 단 입구압력, p_3는 단 출구압력, ξ는 버켓 열 평균지름에서의 반동도이다. 버켓 유효길이는 버켓의 순수한 날개 길이를 의미한다.

반동터빈 버켓통로는 축소노즐 형태이기 때문에 반동터빈에서 동력이 발생하는 원리는 그림 5.24에 나타나 있는 간단한 축소노즐에서 발생하는 힘을 이용하여 살펴볼 수 있다. 작동유체는 축소노즐로 V_i 속도로 유입되며, 이로 인해 축소노즐에는 유동 진행방향으로 $\dot{m} V_i$ 크기의 힘이 가해진다. 작동유체는 축소노즐에서 V_e 속도로 가속되어 노즐을 빠져나간다. 이때 노즐을 빠져나가는 작동유체의 반력에 의해 축소노즐에 가해지는 힘의 크기는 $\dot{m} V_e$이며, 힘이 작용하는 방향은 작동유체의 흐름 반대방향이다. 따라서 축소노즐에는 유동의 진행 반대방향으로 다음과 같은 크기의 힘이 가해진다.

$$F = \dot{m}(V_e - V_i) \tag{5.15}$$

이와 같이 유체유동에 의한 반력을 이용하여 회전동력을 얻는 것이 반동터빈이다.

기원전 150년경에 Hero는 최초의 증기동력 엔진을 개발하였다. 그의 터빈설계 기법은 제트엔진 개발의 기원이 되었으며, 증기동력이 다른 기계를 구동시키는 데 사용될 수 있다는 것을 입증했다. Hero의 터빈은 그림 5.25에 나타나 있는 것처럼 속이 비어있는 구와 증기분사 노즐 및 보일러로 구성되어 있다. 보일러에서 생성된 증기는 공급관을 통하여 구로 공급되고 노즐을 통해서 빠져나간다. 증기가 노즐을 빠져나면서 발생하는 반력

그림 5.25 Hero's turbine (aeolipile)

에 의하여 구는 증기 분사 반대방향으로 회전한다. 이것이 가장 대표적인 반동터빈 원리 가운데 하나이며, 이와 유사한 반동터빈 원리는 우리 주변에서 흔히 볼 수 있는 자동살수 장치인 스프링클러에서 찾아볼 수 있다.

5.5.4 충동-반동 버켓

터빈 블레이드 길이가 매우 짧으면 가스터빈을 충동터빈이나 반동터빈으로 설계할 수 있다. 그러나 블레이드 길이가 길어지면 그림 5.26에 나타나 있는 것처럼 루트에서 팁으로 가면서 반동도가 증가하며, 버켓 단면 형상이 충동형에서 반동형으로 변해간다. 이런 사실은 앞에서 자세하게 언급하지 않았지만 그림 5.17을 통해서 이미 살펴보았다. 다단 축류터빈의 단 입구와 출구에서 속도와 압력은 반경방향을 따라서 일정한 값을 가지도록 설계한다. 그림 5.27에 GE사의 실제적인 증기터빈 가운데 하나의 중간 단에 대한 유동조건을 나타냈다. 이 그림에서 단 입구와 출구 압력은 반경방향을 따라 일정한 값을 가진다는 것을 확인할 수 있다. 그런데 앞에서 속도삼각형을 통해 살펴보았듯이 노즐 출구와 버켓 입구 사이에는 강한 선회유동이 형성된다. 따라서 노즐 출구와 버켓 입구 사이에서 반경방향으로 작용하는 원심력에 의해 작동유체는 버켓 팁 쪽으로 집중된다. 그런데 버켓 팁 부위는 노즐에서 발생하는 이차유동 때문에 버켓 중간 부위에 비해 근본적으로 낮은 효율을 나타낸다. 따라서 작동유체가 팁 부위에 집중되면 터빈효율이 낮아진다. 아울러

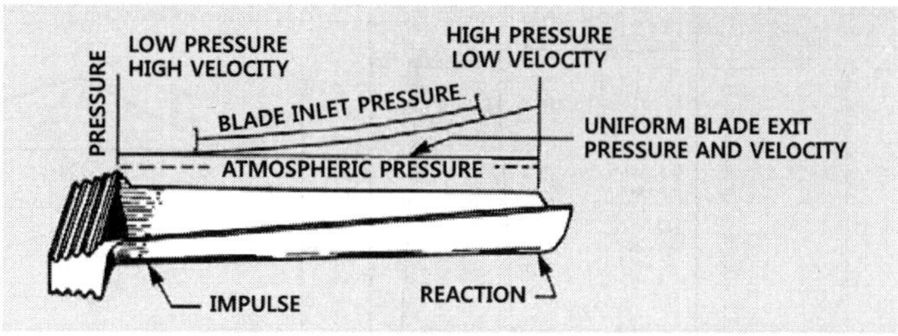

그림 5.26 가스터빈용 충동-반동 버켓 (from Otis and Vosbury, 2001)

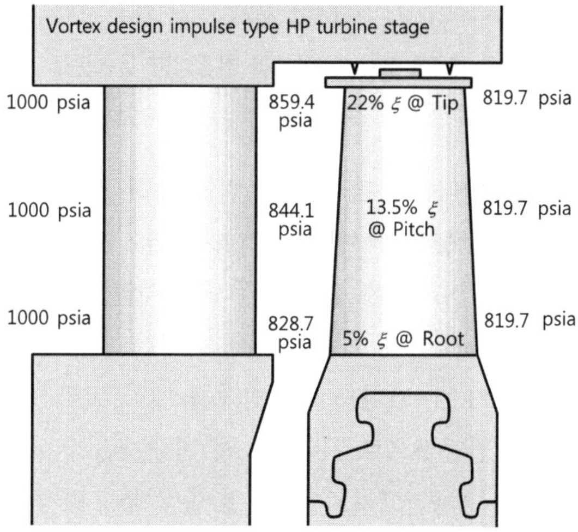

그림 5.27 반지름방향 압력분포 및 반동도 변화 (예)

작동유체가 팁 부위에 집중되면 버켓 팁에서 발생하는 누설손실이 증가하기 때문에 터빈 효율이 더욱 낮아진다. 이런 현상이 나타나는 것을 방지하기 위하여 그림 5.27에 나타나 있는 것처럼 노즐 출구 압력을 반경방향을 따라 증가하도록 설계한다. 즉 그림 5.28에 나타나 있는 것처럼 노즐 출구를 빠져나가는 작동유체의 절대속도가 루트에서 팁으로 가면서 작아지도록 설계한다. 이렇게 설계하면 노즐 출구와 버켓 입구 사이에 형성되는 압력이 팁 부위는 높고 루트 부위는 낮기 때문에 작동유체가 팁 부위에서 루트 부위로 흐르게 된다. 따라서 이런 압력분포에 의해 작동유체가 팁 부위에서 루트 부위로 흘러가는 힘과 선회유동에 의해 발생하는 원심력에 의해 루트 부위에서 팁 부위로 흘러가는 힘을 상쇄시켜 작동유체가 축방향과 평행하게 흘러가도록 설계한다. 이렇게 하면 버켓에 반경방향을 따라 일정한 크기의 힘이 발생하기 때문에 버켓은 전체 길이에 걸쳐 고르게 일을

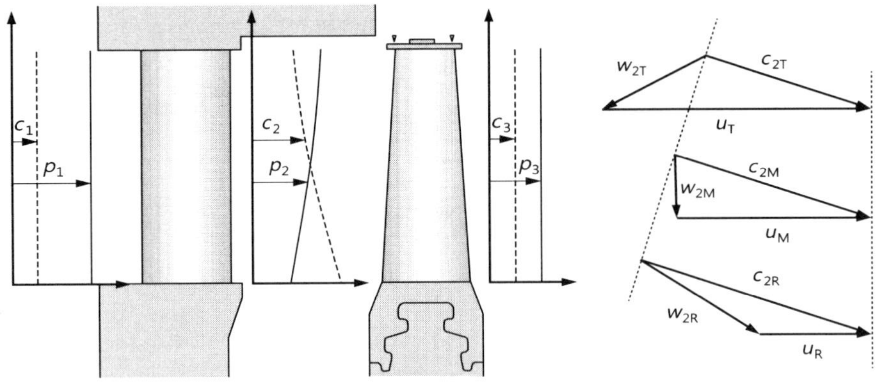

그림 5.28 터빈 단에서의 반경방향 유동분포

생산하며, 높은 효율을 나타낸다. 이 결과 버켓 입구에 형성되는 작동유체 압력이 반경방향을 따라 증가하기 때문에 반동도 역시 반경방향을 따라 증가한다. 즉 버켓 루트는 충동형, 팁은 반동형이 되며, 이런 버켓을 충동-반동 버켓이라 한다. 한편, 반경방향을 따라 버켓의 회전속도가 증가하기 때문에 그림 5.28에 나타나 있는 것처럼 버켓 열로 유입되는 작동유체의 상대속도 크기 및 방향도 반경방향을 따라 달라진다. 그러므로 버켓은 반경방향을 따라 충동형에서 반동형으로 자연스럽게 변해가면서 비틀린 형상을 가진다. 그림 5.28에 노즐 열 입구 및 출구, 그리고 버켓 열 출구에서 반경방향을 따라 일반적으로 나타나는 작동유체의 압력 및 속도 분포를 나타냈다.

5.6 크립

각각의 재료는 모두 고유의 응력변형도곡선을 가진다. 그림 5.29에 상온에서의 연성재료 인장시험에 대한 가장 대표적인 응력변형도곡선을 나타냈다. 연성재료에 대한 응력변형도곡선은 크게 두 개의 영역, 즉 탄성변형 영역과 소성변형 영역으로 구분된다. 탄성변형 영역은 그림에 나타나 있는 구간 o-a로서 재료에 가하는 힘을 제거하면 재료는 원래 상태로 돌아간다. 그러나 재료에 항복응력을 초과하는 힘이 가해지면 힘을 제거하더라도 소성변형이 발생하기 때문에 재료는 원래 상태로 돌아가지 못한다. 즉 재료에 항복점보다 큰 응력이 작용하면 재료가 잡아당기는 힘을 견디지 못하며, 이로 인해 재료를 구성하고 있는 물질의 이동이 일어나면서 소성변형이 발생한다. 따라서 만약 그림에 나타나 있

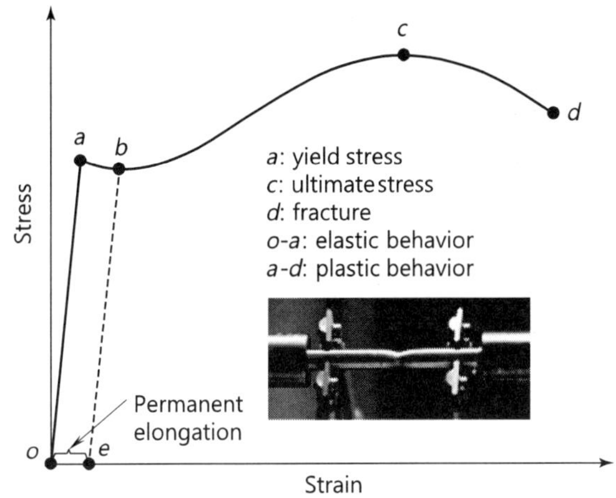

그림 5.29 일반 연성재료의 대표적인 상온 응력변형도곡선

는 상태 b에서 재료에 가해지는 힘을 제거하면 상태 o로 복귀하지 못하고 상태 e로 복귀하기 때문에 재료에 o-e만큼의 영구신장이 발생한다.

가스터빈 운전 중 버켓에는 고속회전에 따른 원심력에 의해 인장응력이 발생하며, 항복점보다 훨씬 작은 응력이 작용하더라도 한 엔진사이클(가열-운전-정지) 경과 후에는 버켓 길이가 약간 늘어난다. 고온 환경에서 대부분의 연성재료는 항복점보다 훨씬 작은 응력이 작용하더라도 응력을 제거하면 재료에 약간의 영구신장이 일어나는데, 이를 크립이라 한다. 그러나 정상적인 운전상태에서 크립에 의한 영구신장 길이는 엔진사이클당 수백만분의 1인치이다. 그렇지만 온도가 비정상적으로 높아지거나 과속 상태에서 운전하는 경우 정상운전에 비해 영구신장 길이가 훨씬 많이 길어진다.

정상운전 상태에서라도 가스터빈을 장기간 운전하면 크립에 의한 영구신장 길이가 누적되어 버켓 길이가 늘어난다. 이런 경우 그림 5.30에 나타나 있는 것처럼 늘어난 버켓과 케이싱 사이에 접촉이 일어나서 마찰(rubbing)이 발생하며, 이로 인해 버켓 팁에서 마모가 진행되면서 심한 소음이 발생한다. 아울러 버켓 중간 부위에 넥킹이 발생하면서 버켓 날개 단면적이 축소되는 동시에 버켓 비틀림이 풀리게 된다. 이런 경우 버켓의 공기역학적 효율이 크게 낮아지며, 심한 경우 넥킹이 일어난 부분이 파단되어 대형사고로 이어질 수 있다. 따라서 가스터빈 버켓은 우수한 크립 특성을 보유한 소재를 이용하여 제작해야 한다.

일반적으로 크립은 그림 5.31에 나타나 있는 것처럼 3단계로 구분한다. 1단계 크립은 가스터빈 최초기동 시 일어나며, 비교적 빠르게 진행된다. 이에 반해 2단계 크립은 매우 느리게 진행된다. 가스터빈 제작자는 가스터빈의 운전수명을 2단계 크립 이내로 설정한

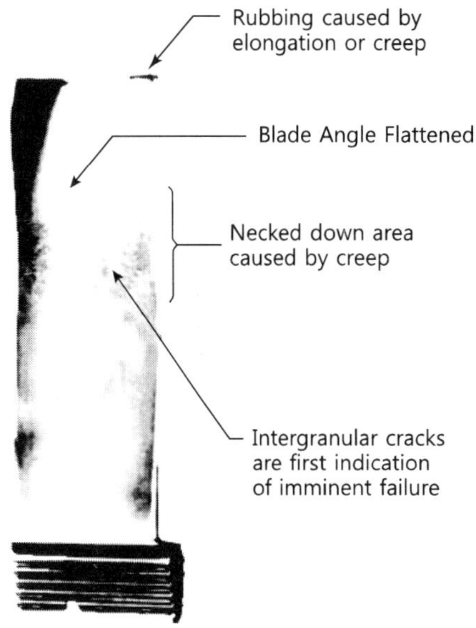

그림 5.30 크립에 의한 버켓 변형 (from Otis and Vosbury, 2001)

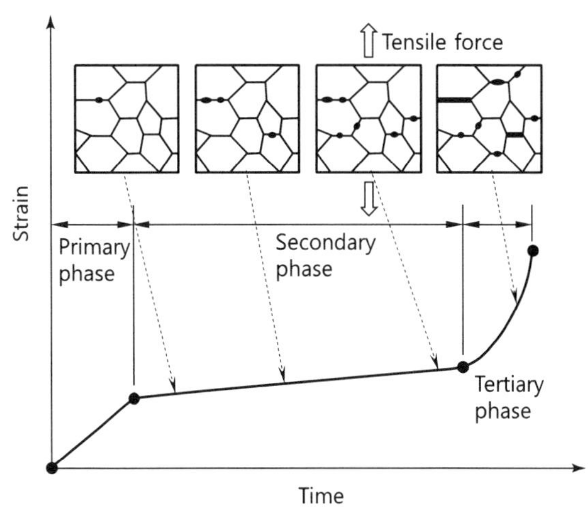

그림 5.31 크립 단계 및 입자 경계 손상

다. 그리고 3단계 크립은 급격히 가속되는 경향을 가진다. 한편, 크립은 터빈을 설계온도보다 높은 온도에서 운전하거나 고출력 상태에서 장기간 운전했을 때, 또는 외부물질 유입에 의해 버켓에 침식이 발생한 경우에 그 진행이 급격히 가속된다.

크립이 진행되면 그림 5.31에 나타나 있듯이 소재를 구성하는 입자 경계(grain

boundary)에 크랙이 발생하기 시작한다. 그리고 그림에서 확인할 수 있듯이 크랙은 하중이 작용하는 방향을 가로지르는 방향의 입자 경계에서 주로 발생한다.

5.7 블레이드 소재

초합금(superalloys)은 다양한 임계금속(critical metals), 즉 니켈, 크롬, 코발트, 티타늄, 텅스텐, 카본, 그리고 다른 금속요소의 혼합체로 구성되어 있다. 그러나 가스터빈 부품 제작자들 사이에 이들 임계금속의 정확한 혼합비는 정해져 있지 않으며, 아직도 큰 논쟁거리로 남아 있다. 이에 대한 한 가지 이유는 가스터빈 부품의 강도성질이 궁극적으로 이들 금속요소의 혼합비에 좌우되기 때문이다. 그리고 가스터빈 부품소재의 강도가 증가할수록 복잡한 형상을 가지는 가스터빈 부품으로 성형하거나 가공하기 어렵기 때문에 가격이 비싸진다.

초합금은 고온환경에서 산화저항성이 요구되면서 높은 열응력, 인장응력, 진동에 의한 응력이 작용하는 부품에 사용하기 위하여 개발되었다. 초합금이 견딜 수 있는 최대 배기가스 온도는 냉각이 수반되지 않는 버켓은 900°C, 냉각이 수반되는 버켓은 1,400~1,600°C이다.

인코넬이라고도 불리는 니켈초합금(nickel-base superalloys)은 철 성분이 포함되어 있지 않거나 포함되어 있더라도 극소량이기 때문에 비부식성이며, 용접 가능한 얇은 판재로 만들 수 있다. 따라서 니켈초합금은 가스터빈 연소기 라이너, 터빈 케이싱, 터빈 블레이드 등의 제작에 사용된다.

가스터빈 블레이드는 새로운 분말야금기술을 이용한 단조, 또는 전통적인 방법, 또는 니켈초합금을 이용한 정밀주조 방법으로 제작한다. 이 가운데 정밀주조 방법을 이용하는 경우 응고속도 및 방법에 따라서 소재를 구성하는 입자의 구조와 소재의 기계적 특성이 달라지기 때문에 등축결정, 일방향 응고, 단결정 세 가지로 분류한다.

앞서 설명했듯이 크립이 진행되면서 입자 경계에 크랙이 발생하며, 크랙은 주로 응력이 작용하는 방향을 가로지르는 방향의 입자 경계에서 발생한다. 등축결정 소재는 그림 5.32에 나타나 있는 것처럼 소재의 입자 구조를 모든 축을 따라서 균일하게 배치해서 크립을 최소화시킨 소재이다. 미국의 P&W사가 1965년 개발한 일방향응고는 입자 경계를 응력이 작용하는 방향과 평행하게 배치하고 응력이 작용하는 방향을 가로지르는 방향의 입자 경계를 없앤 소재이다. 따라서 일방향응고 소재는 그림 5.33에 나타나 있는 것처럼

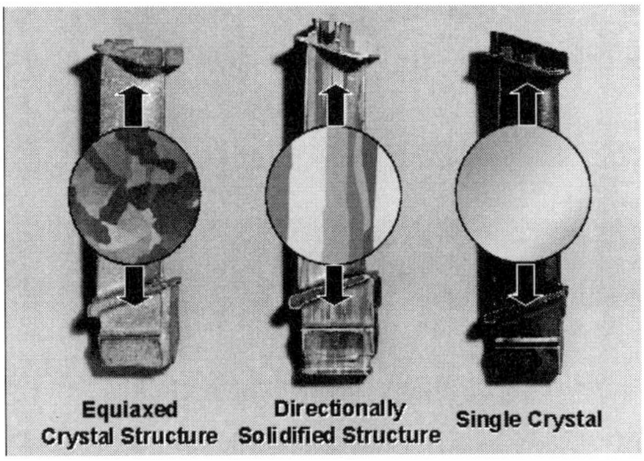

Low ← Creep characteristics → High

Ingot price:	1	2	5
Application in aviation:		1970	1982
Application in power generation:		1987	1990

그림 5.32 가스터빈 블레이드의 조직 구성에 따른 분류

등축결정 소재에 비해 크립강도, 열피로 저항성, 부식 저항성 등이 훨씬 우수하다.

비록 일방향응고 소재의 입자 경계가 하중이 작용하는 방향으로 평행하게 형성되어 있다고 하더라도 입자 경계는 기본적으로 약하게 연결되어 있기 때문에 이들 입자 경계를 강하게 하려는 많은 기술들이 개발되었다. 그러나 입자 경계를 강하게 하는 것보다 좋은 것은 입자 경계를 완전히 없애는 것이다. 단결정 소재는 모든 입자 경계를 없앰으로써 소재의 용융점을 높여서 고온강도를 높인 합금이다. 따라서 단결정 소재는 그림 5.33에 나

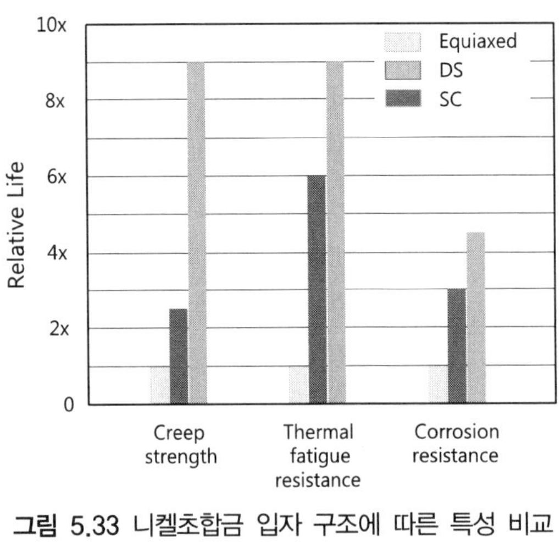

그림 5.33 니켈초합금 입자 구조에 따른 특성 비교

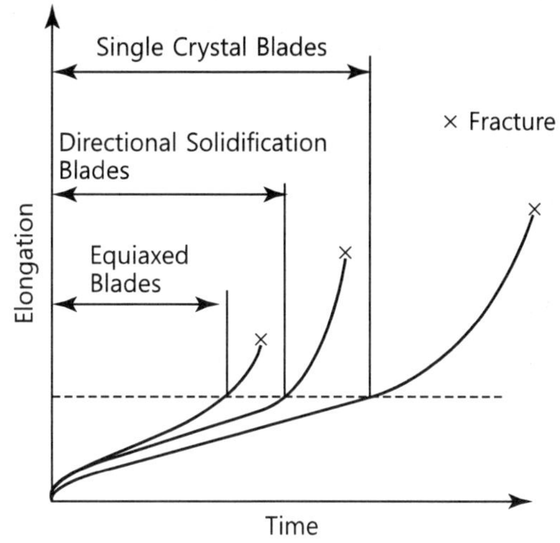

그림 5.34 니켈초합금 입자 구조에 따른 크립 수명

타나 있는 것처럼 일방향응고 소재보다 크립강도, 열피로 저항성, 부식 저항성 모두 우수하다. 아울러 단결정 소재는 등축결정 및 일방향응고 소재에 비해 저주기피로수명이 10% 더 길다. 그러나 그림 5.32에 나타나 있는 것처럼 단결정 소재는 일방향응고 소재보다 훨씬 고가이다. 그리고 그림 5.34에 나타나 있는 것처럼 고가의 소재일수록 크립 수명이 증가한다.

노즐은 정지상태로 존재하기 때문에 버켓과는 달리 원심력에 의한 인장응력을 견딜 필요가 없다. 따라서 노즐에 요구되는 가장 중요한 특성은 내열성이다. 따라서 노즐 소재로는 고온에서의 용융을 방지하기 위해 냉각이 요구되기는 하지만 내열특성이 우수한 니켈합금이 사용된다. 노즐에 세라믹 코팅을 실시하면 열저항 특성이 더욱 향상되며, 냉각공기 양을 줄일 수 있기 때문에 가스터빈엔진 효율이 향상된다.

터빈 버켓은 고속회전으로 발생하는 높은 원심하중을 견딜 수 있을 만큼 튼튼해야 한다. 비록 무게가 60그램인 소형 버켓일지라도 최고 회전속도에서 2톤을 초과하는 부하가 작용할 수 있다. 그리고 압축기를 구동하기 위해 수천 마력을 생산하기 위한 배기가스에 의해 발생하는 높은 굽힘응력을 견디어야 한다. 아울러 터빈 버켓은 높은 주파수로 변동하는 배기가스의 열 특성에 의한 영향을 받지 않기 위해 피로(fatigue) 및 열충격(thermal shock)에 대한 저항성을 가지고 있어야 한다. 한편, 터빈 버켓은 이런 모든 요구조건을 만족하면서 현재 개발되어 있는 제작방법으로 정확하게 성형하고 가공할 수 있는 소재로 제작되어야 한다.

5.8 터빈 블레이드 냉각

가스터빈 효율은 TIT가 증가할수록 향상되기 때문에 TIT를 증가시키기 위한 기술이 지속적으로 개발되고 있다. 이 가운데 가장 대표적인 것이 고온에 견딜 수 있는 블레이드(노즐과 버켓) 제작에 사용하기 위한 내열소재 개발과 냉각기술 개발이다. 그림 5.35에서 확인할 수 있듯이 터빈 블레이드는 모재로 사용하는 니켈합금의 용융온도보다 약 500~700°C 높은 온도에서 운전되고 있다. 이는 노즐과 버켓을 여러 가지 방법으로 냉각시킴으로써 가능하게 되었다. 가장 일반적인 터빈 블레이드 냉각방법은 압축기에서 냉각공기를 공급받아 냉각시키는 것이다. 그런데 압축기로부터 공급되는 냉각공기 온도는 어떤 경우 600°C를 초과할 정도의 고온이다. 그러나 이 온도는 터빈 핵심부품인 블레이드 모재의 용융온도보다 낮기 때문에 냉각공기로 사용이 가능하다.

냉각공기가 터빈 블레이드 내부에 형성된 냉각공기 통로를 통과하면서 블레이드 열의 일부를 흡수하여 블레이드를 냉각시키는 방법을 대류냉각(convection cooling)이라 한다. 터빈 블레이드 내부를 통과한 냉각공기가 블레이드 표면에 있는 무수히 많은 작은 구멍

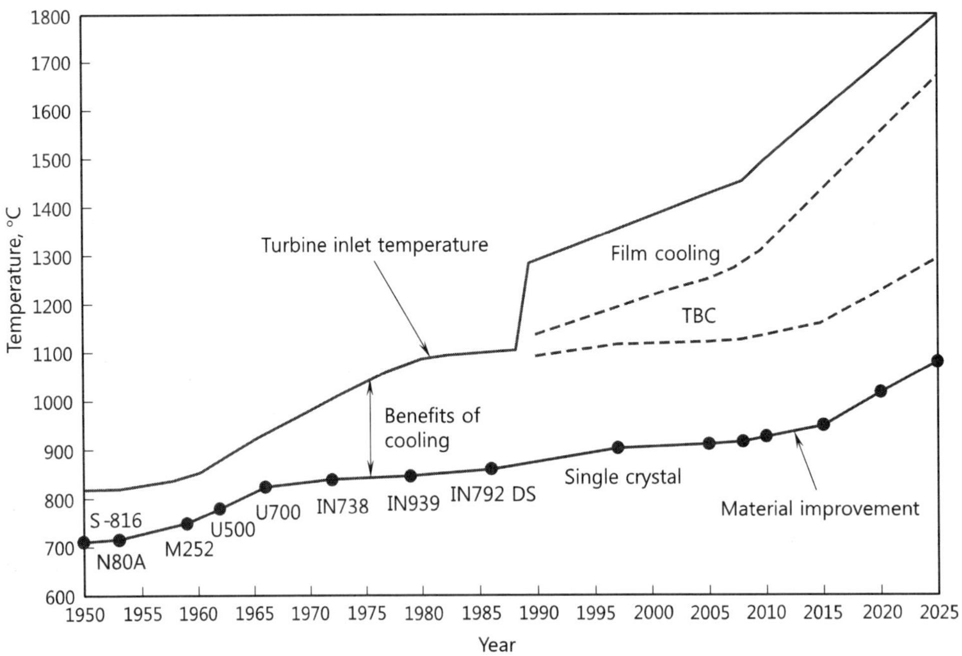

그림 5.35 가스터빈 블레이드 소재 및 냉각기술 개발 현황

을 통해 빠져나와 블레이드 표면에 차가운 냉각공기 막(cooling air film, or protective blanket)을 형성하여 뜨거운 배기가스가 블레이드 표면에 접촉하는 것을 막아줌으로써 블레이드 표면온도가 상승하는 것을 방지하는 방법을 막냉각(film cooling)이라 한다. 최근 들어 고온이 형성되는 블레이드 앞전 부위에 냉각공기를 고속으로 충돌시켜 냉각시키는 기법이 개발되어 적용되고 있다. 이를 충돌냉각(impingement cooling)이라 한다. 한편, TIT를 증가시키기 위하여 블레이드 표면을 세라믹으로 코팅하는 기술이 적용되고 있는데, 이를 열차폐코팅(TBC; Thermal Barrier Coating)이라 한다. 세라믹과 같은 코팅재료는 블레이드 모재보다 더 높은 온도를 견딜 수 있으며, 얇은 코팅층은 절연층(insulating layer) 역할을 수행한다. 세라믹과 같은 코팅재료는 열전도도가 낮기 때문에 블레이드에 코팅층을 형성시키면 고온의 연소가스로부터 블레이드로 전달되는 열전달 양을 줄임으로써 모재의 표면온도를 100~150°C 낮추어줄 수 있다. 따라서 열차폐코팅을 적용하여 TIT를 증가시킬 수 있으며, 이를 통해 가스터빈 효율을 향상시킬 수 있다.

5.8.1 대류냉각

대류냉각은 열전달 메커니즘 가운데 대류열전달을 이용한 것이며, 대부분의 현대식 가스터빈에 가장 많이 사용되는 냉각방법이다. 대류열전달을 통해 전달되는 열의 양은 다음 식으로 계산할 수 있다.

$$q = hA(T_w - T_\infty) \tag{5.16}$$

식 (5.16)에서 q는 대류열전달량, h는 대류열전달계수, T_w는 냉각이 일어나는 벽면 온도, T_∞는 냉각공기 온도이다. 압축기로부터 추출한 냉각공기는 그림 5.36과 그림 5.37에 나타나 있는 것처럼 블레이드 내부에 설치된 냉각공기 통로를 따라 흐르면서 통로 벽면으로부터 대류열전달을 통해 블레이드가 가지고 있는 열의 일부를 흡수한다. 버켓의 냉각공기 통로 형상은 그림 5.37(a)에서 확인할 수 있는 것처럼 단일 패스 형태에서 다중 패스 형태로 진화하였다. 이는 블레이드를 전체적으로 균일하게 냉각시키기 위함이며, 동시에 열교환 면적을 증가시켜 냉각공기가 냉각공기 통로 벽면으로부터 더 많은 열량을 흡수토록 하기 위함이다. 한편, 다중 패스 냉각공기 통로에는 일정한 간격으로 터뷰레터(turbulator)를 경사지게 설치하고 있다. 터뷰레터는 냉각공기가 난류유동이 되도록 함으로써 대류냉각계수를 향상시키는 역할을 하며, 동시에 냉각면적을 증가시키는 역할을 한다.

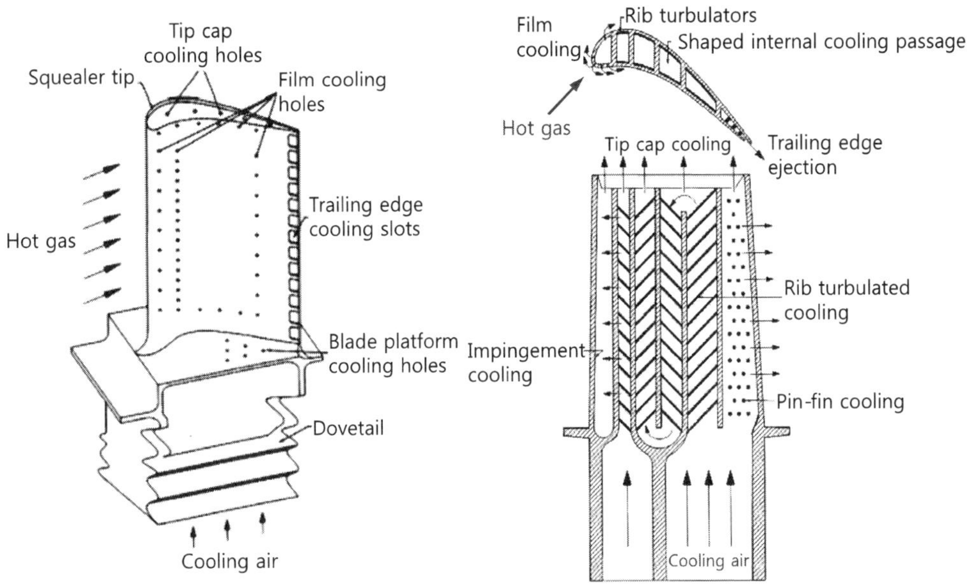

그림 5.36 가스터빈 블레이드 냉각방법 (from Chyu and Siw, 2013)

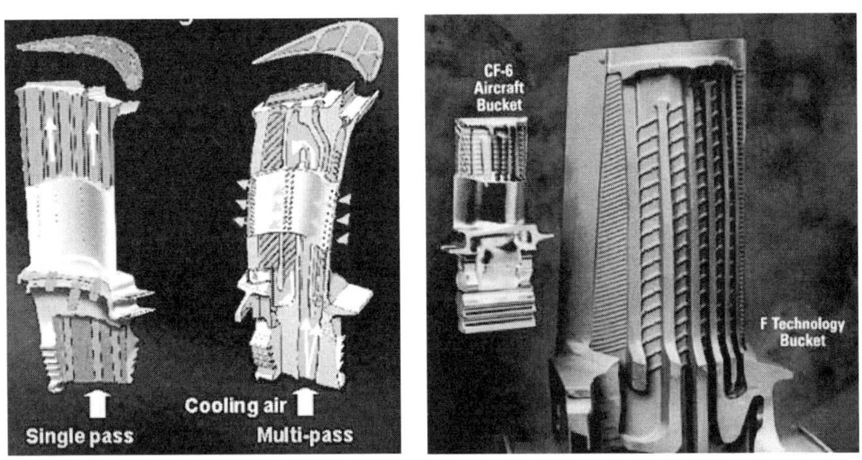

(a) Rolls Royce (b) GE

그림 5.37 가스터빈 블레이드 냉각공기 통로 형상

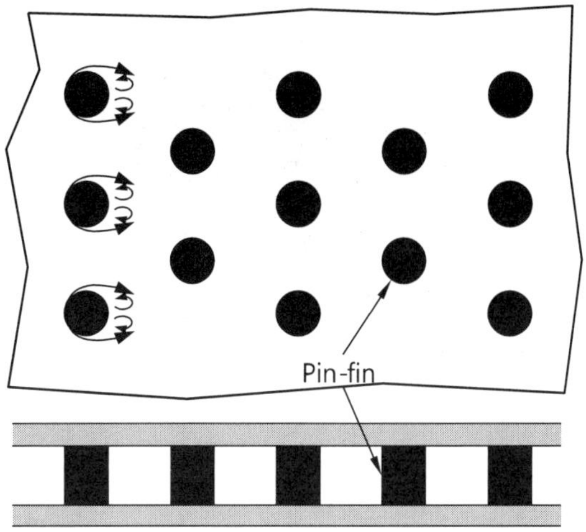

그림 5.38 얼갈림 배치 핀-휜과 핀-휜에서 발생하는 이차유동

가스터빈 블레이드 뒷전 부분은 매우 얇기 때문에 복잡한 냉각공기 통로를 설치하기 어렵다. 따라서 이 부분에는 그림 5.38에 나타나 있는 것과 같이 핀-휜을 설치하여 효과적인 냉각을 도모하고 있다. 핀-휜 사이로 지나가는 냉각공기는 핀이 설치되어 있는 양쪽 벽면과 핀을 통해 전달되는 열을 흡수함으로써 블레이드 뒷전을 냉각시킨다. 각각의 핀 주위에는 하나의 실린더 주위에 형성되는 유동과 거의 유사한 형태의 유동이 형성된다. 즉 그림 5.38에 나타나 있는 것처럼 냉각공기가 핀을 통과하면서 발생하는 유동박리에 의해 후류가 형성되어 핀 하류로 흘러간다. 아울러 핀 바로 앞부분에 말발굽와류가 발생하고 핀을 감싸면서 흘러간다. 후류와 말발굽와류 모두 난류형성을 촉진하고 냉각공기 혼합을 촉진하기 때문에 냉각효율 향상에 기여한다. 일반적으로 많이 사용되는 핀-휜 배열 형태로는 일렬형과 엇갈림형이 있다.

5.8.2 막냉각

압축기 마지막 단에서 추출된 냉각공기는 블레이드 냉각공기 통로를 따라 흐르면서 블레이드를 냉각시킨 후에 블레이드 표면에 있는 일련의 작은 구멍을 통해 분사되어 그림 5.39에 나타나 있는 것처럼 블레이드 표면과 고온의 연소가스인 주유동 사이에 절연층을 형성한다. 이 절연층을 형성하는 냉각공기 막은 고온의 연소가스가 블레이드 표면에 직접 접촉하지 못하도록 해준다. 아울러 이 냉각공기 막은 열을 흡수함으로써 블레이드 표

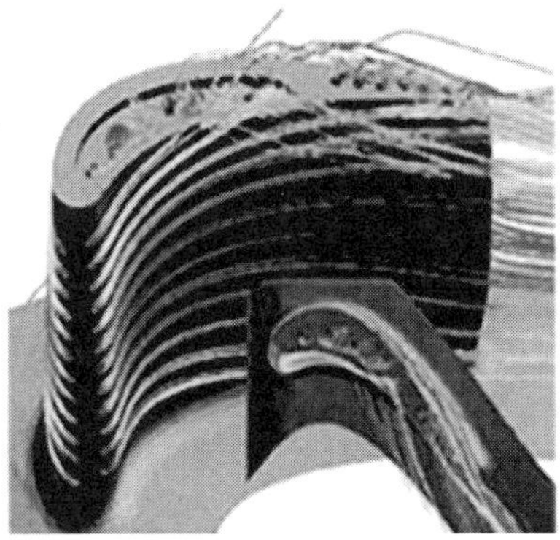

그림 5.39 막냉각

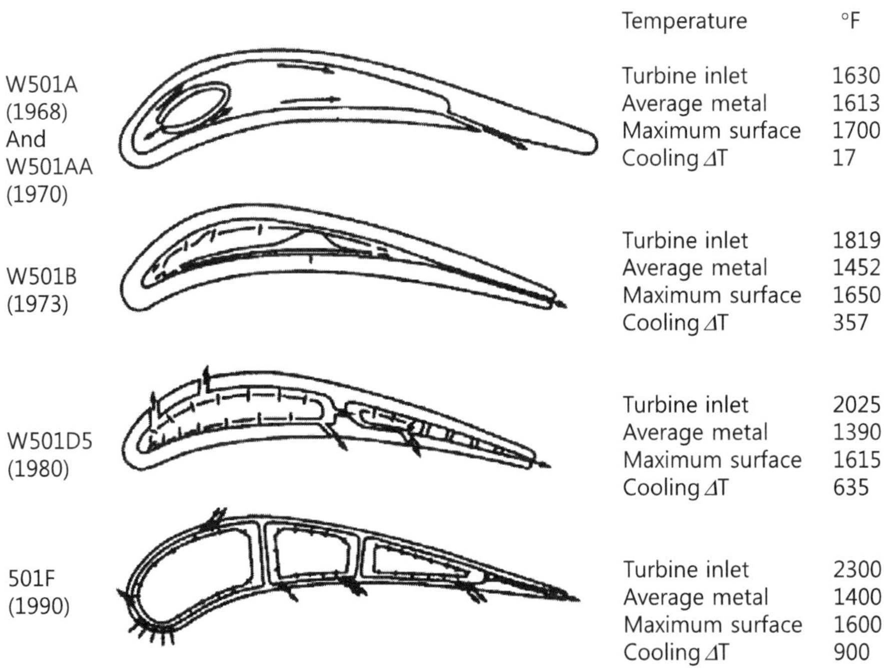

그림 5.40 가스터빈 블레이드 냉각 변천사 (WH)

면으로 열이 전달되는 것을 줄여준다.

그림 5.35에 나타나 있는 블레이드 냉각에 대한 역사를 살펴보면, 막냉각 적용을 통해 TIT가 획기적으로 증가했다는 것을 알 수 있다. 그림 5.40에 나타나 있는 Westinghouse 사의 블레이드 냉각 변천사에서도 알 수 있듯이 막냉각은 블레이드 냉각에 가장 효과적인 냉각방법 가운데 하나라 것을 알 수 있다.

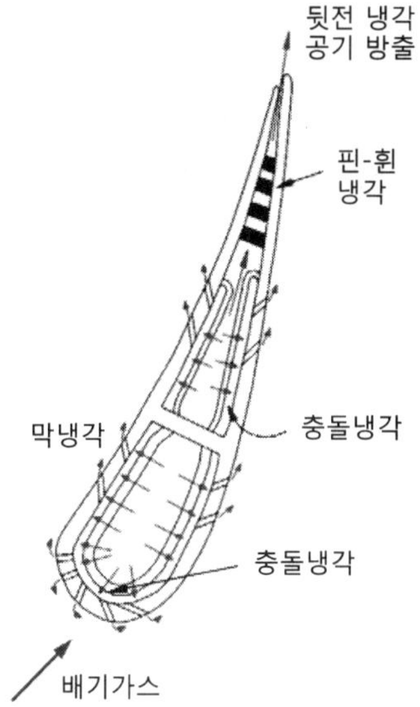

그림 5.41 블레이드 충돌냉각

5.8.3 충돌냉각

충돌냉각은 그림 5.41에 나타나 있는 것처럼 열 부하가 가장 크게 나타나는 블레이드 앞전에 적용한다. 특히 블레이드 앞전 형상은 대개 뭉툭하기 때문에 충돌냉각을 적용하기에 적합하다. 냉각공기가 벽면과 고속으로 충돌하면 열전달계수가 증가되기 때문에 냉각효율이 향상된다. 따라서 냉각공기를 고속으로 블레이드 안쪽 면에 충돌시키면 더 많은 열이 블레이드 표면으로부터 냉각공기로 전달된다. 일반적으로 충돌냉각은 블레이드 전체 표면에 걸쳐서 균일한 온도분포를 만들기 위하여 제한적으로 사용한다.

5.8.4 침출냉각

침출냉각은 그림 5.42에 나타나 있는 것처럼 터빈 블레이드를 다공성 재료로 만들고 블레이드 내부에 형성되어 있는 빈 공간을 통하여 공급되는 냉각공기가 블레이드 표면으로 스며 나오게 함으로써 터빈 블레이드를 냉각시키는 방법이다. 침출냉각은 블레이드 전체 표면을 고르게 냉각시킬 수 있기 때문에 효과적인 냉각방법이다. 그러나 다공성 재료는 크랙이 발생하기 쉽기 때문에 항상 진동에 노출되는 가스터빈 블레이드 소재로 적합하지 못하다. 하지만 기계적 강도를 지닌 다공성 내열소재가 개발된다면 침출냉각은

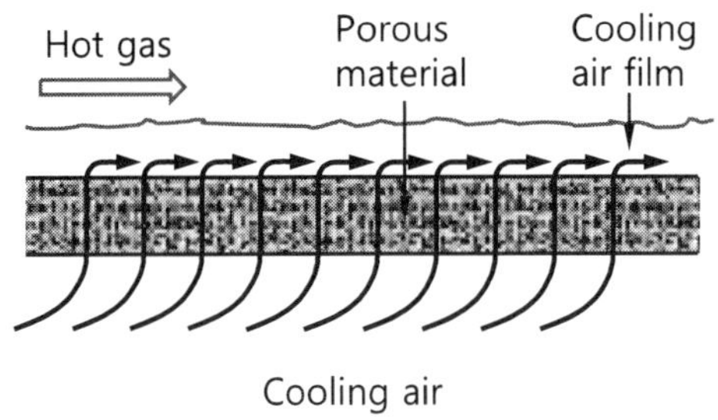

그림 5.42 가스터빈 블레이드 침출냉각

가스터빈 블레이드 냉각에 크게 기여할 수 있을 것이다.

5.8.5 열차폐코팅

일방향응고 및 단결정 주조기술 개발을 통해 가스터빈 블레이드 소재인 니켈합금의 운전온도가 상승하였으며, 결과적으로 이런 소재기술의 개발은 TIT 향상에 기여했다. 그 후 가스터빈 소재기술 개발은 열차폐코팅으로 옮겨갔다. 열차폐코팅이란 그림 5.43에 나타나 있는 것처럼 고온가스로부터 터빈 블레이드 모재로 전달되는 열을 줄여주기 위해 열전도도가 매우 낮은 세라믹을 이용하여 블레이드 표면에 얇은 두께로 코팅함으로써 절연층을 만들어 주는 것이다. 이렇게 블레이드 표면에 절연층이 형성되어 있으면 블레이드 표면을 고온의 배기가스로부터 절연시켜 블레이드 표면온도를 낮게 유지시켜줄 수 있다. 열차폐코팅은 두 개의 코팅층, 즉 본드코팅과 탑코팅으로 이루어진다. 본드코팅은 블레이드의 산화저항성과 부식저항성을 향상시키기 위해 실시하며, 본드코팅 재질로는 확산 알루미나이드(diffusion aluminide) 또는 MCrAlY를 사용한다. 고온의 배기가스 열이 블레이드로 전달되는 것을 차단하기 위해 실시하는 탑코팅 재료는 세라믹이며, 코팅층 두께는 100~300 μm 정도이며, 모재 온도를 약 100~150°C 낮추어준다.

코팅을 실시하면 블레이드 수명이 늘어나는데, 이는 코팅층이 손상을 받으면 코팅층을 벗겨낸 후 코팅을 다시 실시하여 블레이드를 계속해서 사용할 수 있기 때문이다. 코팅층의 수명은 코팅재료 조성, 두께, 균일도 수준에 의해 좌우된다. 터빈 블레이드에 세라믹과 알루미늄합금 열차폐코팅을 실시하면 모재의 표면강도와 부식저항성이 향상된다. 따라서 이런 코팅은 고온의 배기가스 유동에 의해 블레이드에 발생하는 비늘 형태의 부식(scaling type corrosion) 또는 침식을 방지하는 최선의 방법이기도 하다. 가스터빈 블레

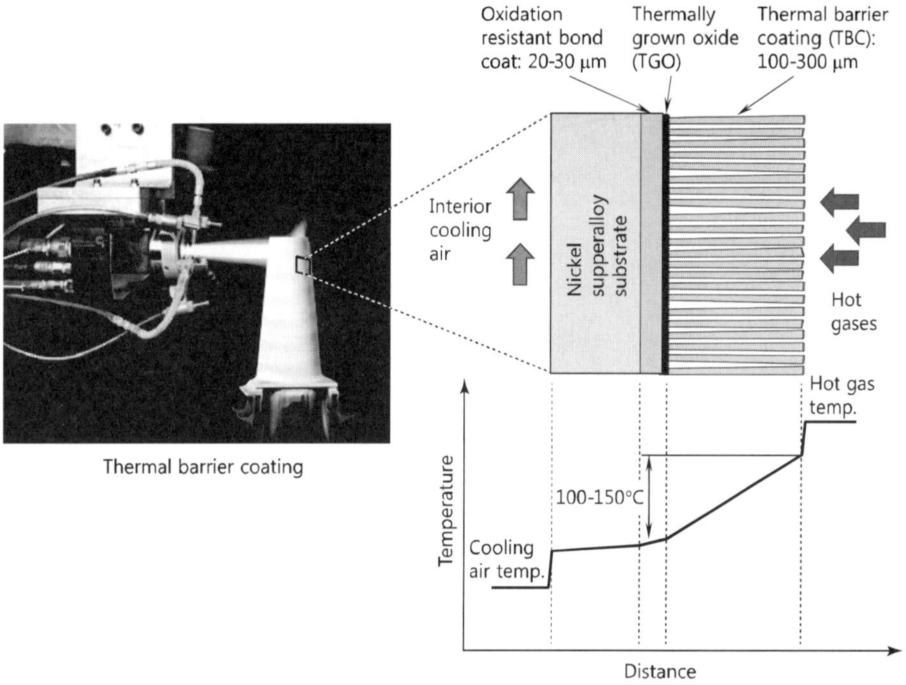

그림 5.43 버켓 열차폐코팅

이드는 공기 중에 포함되어 있는 나트륨과 연료에 포함되어 있는 황(sulfur)이 모재와 화학적으로 반응하면서 부식이 발생하기 때문에 부식에 대한 대비가 필요하다.

5.8.6 터빈 블레이드 냉각에 따른 터빈효율 변화

가스터빈 블레이드 냉각 후 블레이드를 빠져나가는 냉각공기는 주유동과 간섭을 일으키기 때문에 그림 5.44에 나타나 있는 것처럼 냉각공기 양이 증가할수록 터빈 단에서 공기역학적 손실과 열역학적 손실이 증가한다. 따라서 냉각을 통해 얻어지는 TIT 향상을 통한 사이클 효율 증가와 주유동과 냉각공기 간섭에 의한 손실 크기를 비교하여 냉각장치를 최적화시켜야 한다. 한편, 뒷전을 통해 빠져나가는 냉각공기에 의한 손실은 상대적으로 적은 편인데, 이는 뒷전 하류에서 발생하는 후류를 가속시켜 후류에 의한 손실을 줄여주기 때문이다.

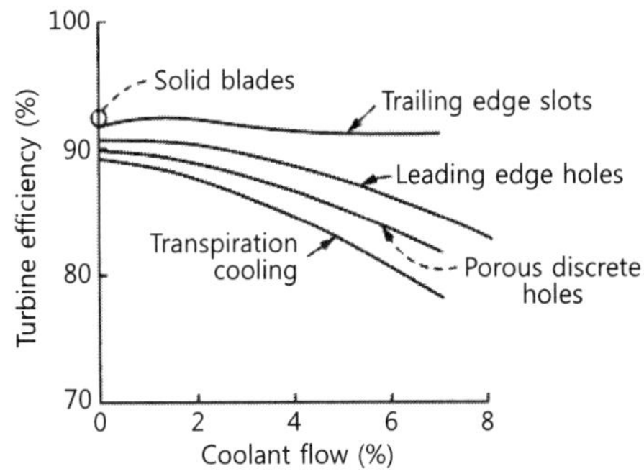

그림 5.44 냉각이 터빈효율에 미치는 영향 (from Boyce, 2012)

5.9 능동 간극 조절장치

가스터빈 외부 표면온도는 그림 5.45에 나타나 있는 것처럼 터빈 케이싱 부위가 가장 높다. 터빈 케이싱 온도분포가 중요한 이유는 터빈 케이싱 온도에 따라 버켓 팁과 터빈 케이싱 사이 간극이 달라지기 때문이다. 터빈 케이싱 안쪽의 공기 실(air seal)과 터빈 버켓 팁과의 간극이 너무 작으면 서로 접촉하여 실이 손상되며, 너무 크면 가스가 누출되어 터빈 효율이 저하된다. 이 간극은 보통 최대출력 시에 간극이 최소가 되도록 구성되어 있지만 상승과 순항으로 옮겨지면 터빈 케이싱의 열팽창에 비해 터빈 버켓의 열팽창이 부족하여 비교적 큰 팁 간극이 만들어져서 터빈 효율이 저하된다.

능동 간극 조절장치(ACCS; Active Clearance Control System)는 버켓 팁과 터빈 케이싱 사이에 형성되는 간극을 최소화시켜 누설손실을 최소화시킴으로써 가스터빈 효율을 극대화시키기 위한 방법이다. 여기서 '능동'이란 용어는 냉각공기 양을 변화시켜 버켓 팁 간극을 조절한다는 것을 의미한다. 이렇게 하면 모든 출력 상태에서 버켓 팁에서 발생하는 누설손실을 최소화시킬 수 있다. 능동 간극 조절장치는 그림 5.46에 나타나 있는 것처럼 터빈 케이싱 외부에 공기 매니폴드를 장치하고 이 매니폴드로부터 순항 시에 냉각공기를 터빈 케이싱 외부에 내뿜어서 케이싱을 수축시켜 버켓 팁 간극을 적정하게 보정 한다. 한편, 능동 간극 조절장치는 터빈 케이싱 냉각장치(TCCS; Turbine Case Cooling System)라고도 불린다. 초기의 능동 간극 조절장치는 고압터빈에 적용되었지만 나중에 저압터빈으로 확대 적용되고 있으며, 최근에는 고압압축기에까지 적용이 확대되고 있는 추세이다. 능동 간극 조절장치에는 일반적으로 외부공기가 아니라 팬 압축 공기가 냉각공기로 사용되고 있다. 능동 간극 조절장치는 FADEC으로부터 조절된다.

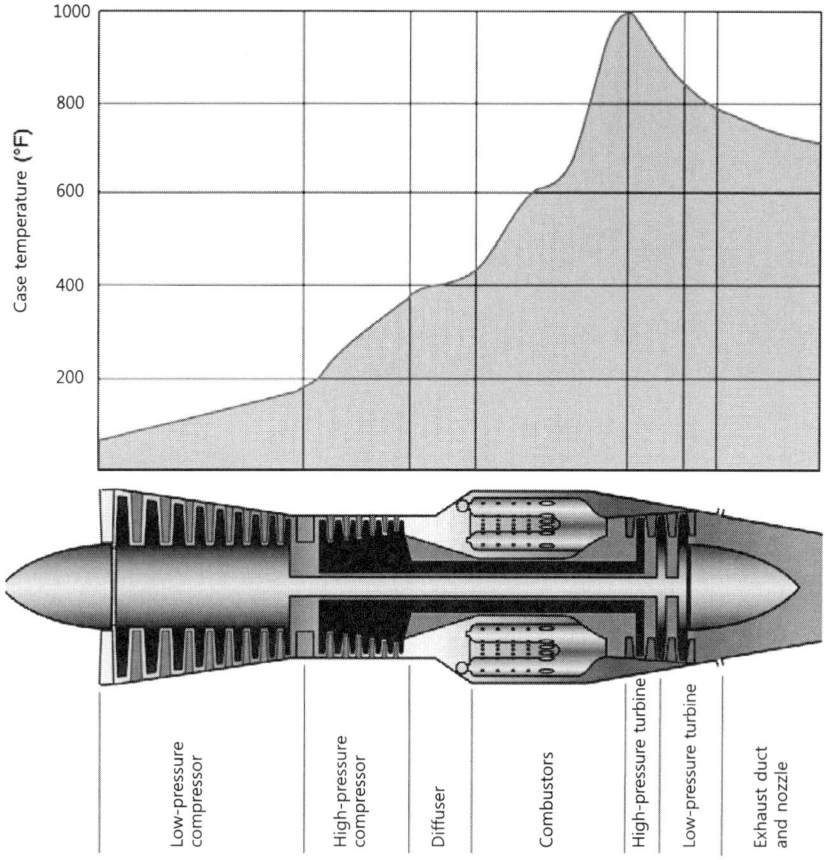

그림 5.45 터빈 외부 온도분포

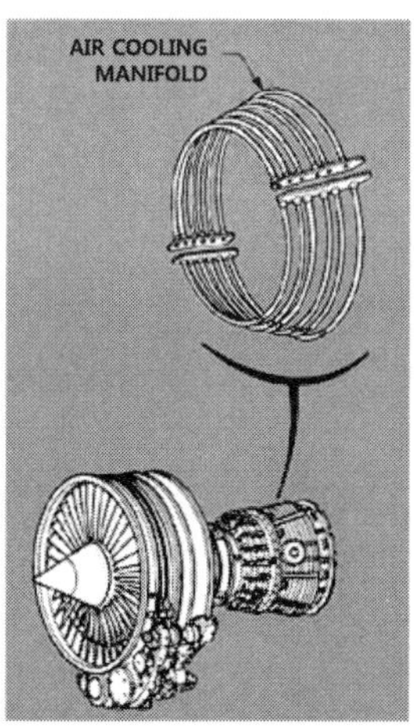

그림 5.46 능동 간극 조절장치

제6장

배기계통

항공기용 가스터빈엔진은 요구되는 추력을 생산하기 위하여 터빈을 빠져나온 배기가스를 대기 중으로 고속으로 배출시키기 위한 배기계통을 보유하고 있다. 앞 장에서 살펴보았듯이 터빈을 빠져나가는 배기가스의 축방향 속도는 터빈으로 유입되는 배기가스의 축방향 속도와 거의 동일하며, 약 마하수 0.2의 속도를 가진다. 가스터빈 배기노즐을 빠져나가는 배기가스는 고속 상태에서 큰 추력을 생산하기 때문에 배기가스는 배기계통에서 크게 가속되며, 이로 인해 배기계통에서 배기가스 압력이 낮아진다. 따라서 배기계통 설계는 가스터빈엔진 성능에도 큰 영향을 미친다.

전투기와 같이 급가속을 위해 큰 잉여추력이 요구되는 항공기에 장착되는 가스터빈은 대부분 후기연소기(afterburner)를 갖추고 있다. 후기연소기는 터빈과 테일파이프 추진노즐 사이에 설치하며, 배기가스 흐름 속에 연료를 분사하여 추가적인 연소를 통해 배기가스 비체적을 증가시킴으로써 배기가스 속도를 증가시켜 추력을 증가시킨다. 후기연소기는 가스터빈엔진 크기를 증가시키지 않고 효과적으로 추력을 증가시킬 수 있는 방법이다. 그러나 후기연소기를 작동하면 가스터빈엔진 열효율이 급격히 낮아지기 때문에 후기연소기는 이륙이나 전투 시에 한시적인 기간 동안만 사용한다.

가스터빈엔진에는 항공기의 착륙거리 단축을 위해 역추력장치가 설치되어 있다. 한편, 역추력장치는 브레이크와 타이어 마모를 줄이는 데 도움이 되며, 브레이크 정비에도 도움이 된다.

6.1 배기노즐

가스터빈엔진의 배기노즐 형상은 비행속도 영역에 따라 큰 차이를 가진다. 아음속 항공기에 장착되는 가스터빈엔진은 고정면적 배기노즐을 장착한다. 고정면적 배기노즐은 배기가스 가속을 위해 수축형상으로 되어 있다. 이에 반해 초음속 항공기에 장착되는 가스터빈은 가변면적 배기노즐을 장착한다. 이는 초음속 항공기는 초음속뿐만 아니라 아음속으로도 비행하기 때문이다. 한편, 전투기와 같이 급격한 자세변화가 요구되는 항공기는 배기가스 분사 각도를 조절할 수 있는 배기노즐을 장착하기도 한다.

6.1.1 고정면적 배기노즐

터보팬이나 터보프롭과 같은 아음속 항공기용 가스터빈에는 요구되는 추력을 생산하기

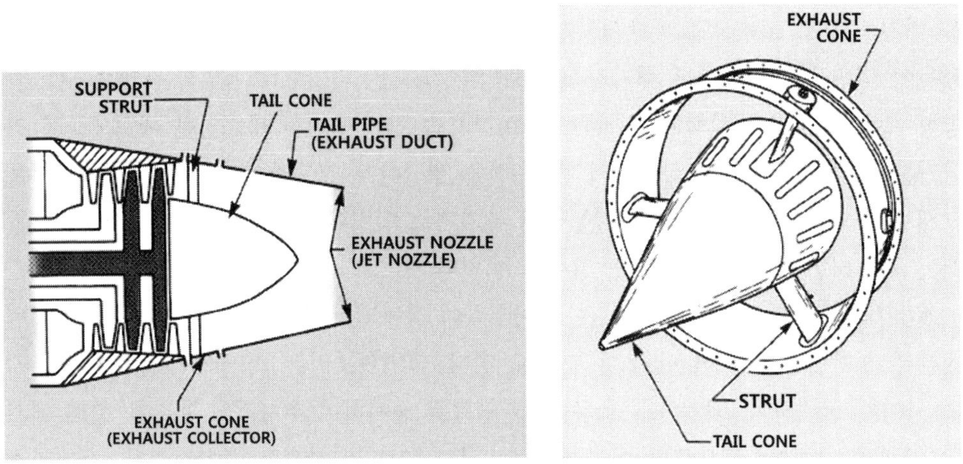

그림 6.1 대표적인 고정면적 배기노즐

위한 속도로 배기가스를 가속시키기 위하여 수축 형상의 테일파이프(tail pipe)를 사용한다. 아음속 항공기에 사용하는 테일파이프의 유로면적은 엔진이 운전되는 동안에 변하지 않는다. 따라서 이를 고정면적 배기노즐이라 한다. 그림 6.1에 나타나 있는 고정면적 배기노즐에서 원추형 테일 콘과 원형단면의 테일파이프가 수축형 노즐을 형성한다. 대부분의 가스터빈엔진 제작자는 배기콘까지만 제작하여 공급한다. 따라서 제트파이프(jet pipe) 또는 배기덕트라고도 불리는 테일파이프는 기체 부품으로 분류되며, 항공기 목적에 적합한 형태로 항공기 제작자가 설계/제작하여 사용한다. 배기콘(exhaust cone)은 테일콘(tail cone)과 배기계통 내부에 디퓨저 형상을 만들어 터빈 하류의 배기가스 압력을 회복시키고 속도를 줄여서 난류강도를 약하게 해준다. 그리고 지지대(struts)는 배기가스 흐름이 축방향이 되도록 유도해준다.

수축 형상의 테일파이프는 배기가스를 마하수 1까지 가속시킬 수 있으며, 마하수 1에 도달하면 배기노즐 출구에서 초킹(choking)이라고 불리는 유동질식이 발생하기 때문에 더 이상 속도가 증가하지 못한다. 배기노즐 내부(터빈 출구)와 외부(대기)의 압력비가 커질수록, 즉 터빈 출구 압력이 증가할수록 배기가스 분출속도가 가속되지만 압력비가 1.9를 초과하면 압력비가 더 이상 증가해도 분출속도는 증가하지 않는다. 이를 유동질식, 또는 흔히 초킹이라 한다. 초킹은 그림 6.2에 나타나 있는 단순한 수축노즐을 통과하는 기체 유동을 통해 살펴볼 수 있다.

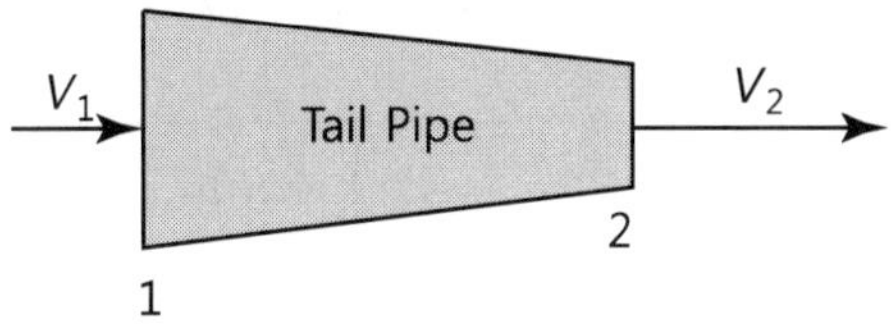

그림 6.2 단순한 수축노즐

에너지방정식이라고도 잘 알려진 열역학 제1법칙은 다음과 같다.

$$q_{12} = (u_2 - u_1) + (p_2 v_2 - p_1 v_1) + \frac{1}{2}\left(V_2^2 - V_1^2\right) + g(z_2 - z_1) + w_{12} \tag{6.1}$$

그림 6.2에 나타나 있는 단순 노즐 유동은 열 출입이 없는 단열과정이기 때문에 $q_{12} = 0$이며, 노즐에 공급하거나 노즐에서 생산된 일 또한 없기 때문에 $w_{12} = 0$이다. 그리고 위치에너지의 변화량은 없으며, 수축노즐이기 때문에 노즐 입구에서의 속도는 출구에서의 속도에 비해 매우 작다고 가정하면 $V_1 = 0$이다. 이와 같은 내용을 식 (6.1)에 대입하면, 노즐 출구에서의 속도를 계산할 수 있는 다음과 같은 관계식이 만들어진다.

$$V_2 = \sqrt{2\left[p_1 v_1 - p_2 v_2 + c_v(T_1 - T_2)\right]} \tag{6.2}$$

여기서 c_v는 기체의 정적비열이다. 식 (6.2)를 간단하게 하기 위하여 온도를 압력과 비체적으로 바꾸어야 한다. 정적비열에 대한 관계식은 다음과 같다.

$$c_v = \frac{1}{\gamma - 1} R \tag{6.3}$$

여기서 γ는 비열비, R은 기체상수이다. 식 (6.3)을 식 (6.2)에 대입하고 이상기체 상태방정식을 이용하여 정리하면 다음 관계식이 얻어진다.

$$V_2 = \sqrt{\frac{2\gamma}{\gamma - 1}(p_1 v_1 - p_2 v_2)} \tag{6.4}$$

노즐에서의 유동은 단열과정이기 때문에 이상기체의 압력과 비체적 사이에 다음 관계식이 성립한다.

$$p_2 v_2 = p_1 v_1 \left(\frac{p_2}{p_1}\right)^{\frac{\gamma - 1}{\gamma}} \tag{6.5}$$

식 (6.5)를 식 (6.4)에 대입하여 정리하면, 다음 관계식이 얻어진다.

$$V_2 = \sqrt{2p_1 v_1 \frac{\gamma}{\gamma-1}\left[1-\left(\frac{p_2}{p_1}\right)^{\frac{\gamma-1}{\gamma}}\right]} \tag{6.6}$$

식 (6.6)은 상류에서의 속도가 하류에 비해 매우 느린 상태에서 상류에서의 유동조건과 하류압력을 이용하여 노즐을 빠져나가는 기체의 속도를 구할 수 있는 식이다. 식 (6.6)에서 최대속도(임계속도)를 계산하기 위하여 $dV_2/d(p_2/p_1)=0$의 값을 살펴보면, 다음과 같은 관계식이 얻어진다.

$$V_{critical} = \sqrt{2p_1 v_1 \frac{\gamma}{\gamma+1}} = \sqrt{\gamma p_2 v_2} = \sqrt{\gamma R T_2} = a_2 \tag{6.7}$$

여기서 a는 음속(sonic velocity)이다. 따라서 그림 6.2에 나타나 있는 노즐 출구에서의 최대속도는 음속으로서 마하수 1의 속도를 가진다는 것을 알 수 있다.

한편, 출구에서 최대속도인 음속이 나타나는 압력비를 살펴보기 위해 다음과 같이 노즐을 통과하는 질량유량을 살펴보기로 한다. 질량유량은 다음과 같다.

$$\dot{m} = \rho_2 V_2 A_2 \tag{6.8}$$

식 (6.6)을 식 (6.8)에 대입하여 정리하면 다음 관계식이 얻어진다.

$$\dot{m} = \frac{A_2}{v_2}\sqrt{2p_1 v_1 \frac{\gamma}{\gamma-1}\left[1-\left(\frac{p_2}{p_1}\right)^{\frac{\gamma-1}{\gamma}}\right]}$$

위 식을 단열과정 관계식을 이용하여 정리하면 다음과 같이 질량유량을 압력비의 함수로 나타낼 수 있다.

$$\dot{m} = A_2\sqrt{\frac{2\gamma}{\gamma-1}\frac{p_1}{v_1}\left[\left(\frac{p_2}{p_1}\right)^{\frac{2}{\gamma}}-\left(\frac{p_2}{p_1}\right)^{\frac{\gamma+1}{\gamma}}\right]} \tag{6.9}$$

식 (6.9)로부터 최대질량유량을 나타내는 임계압력비를 살펴보기 위해 $d\dot{m}/d(p_2/p_1)=0$의 값을 계산하면, 다음과 같은 관계식이 얻어진다.

$$\left(\frac{p_2}{p_1}\right)_{critical} = \left(\frac{2}{\gamma+1}\right)^{\frac{\gamma}{\gamma-1}} \tag{6.10}$$

여기서 p_2는 노즐 출구에서의 압력이기 때문에 대기압력(p_{atm})이다. 식 (6.10)에 공기의 비열비 $\gamma = 1.4$를 대입하면 임계압력비는 0.528이 된다. 따라서 노즐 출구에 초킹을 발생시키는 노즐 입구 압력은 다음과 같다.

$$p_1 = 1.89 p_{atm} \tag{6.11}$$

식 (6.11)은 중요한 내용을 포함하고 있다. 즉 터빈 하류의 압력이 점차 증가할수록 배기노즐 출구에서 배기가스 속도가 증가하며, 이로 인해 추력이 증가한다. 그러나 터빈 하류의 압력이 대기압의 1.89배가 되는 동시에 배기노즐 출구에 마하수 1인 유동이 형성되면서 최대의 배기가스 속도가 형성된다. 그런데 터빈 하류에 대기압의 1.89배를 초과하는 압력이 형성되더라도 배기가스 속도는 더 이상 증가하지 않는다. 이는 배기노즐 출구에 초킹이라고 불리는 유동질식이 발생하여 배기가스 속도가 더 이상 증가하지 않기 때문이다. 따라서 고정면적 배기노즐을 사용하는 경우 터빈 하류와 배기노즐 출구 사이에 형성되는 압력비는 1.89 이하가 되어야 하며, 그 이상의 압력비가 형성되는 경우 추력은 증가하지 않으면서 터빈에서 생산되는 출력이 줄어들게 된다.

참고로, 식 (6.11)은 대부분의 가스터빈 교재에 공통적으로 나타나 있는 값이며, 배기가스를 공기라고 가정하여 계산된 값이다. 그러나 배기가스는 공기가 아니라 연소생성물인 이산화탄소와 수증기 혼합물이다. 이산화탄소와 수증기는 다분자 기체로서 이들의 비열비는 상온에서 1.33이다. 한편, 배기가스를 공기라고 가정하더라도 배기가스 온도는 대부분 600°C를 초과하는 고온이다. 배기가스 온도가 600°C인 경우 공기의 비열비는 1.35보다 작은 값을 가진다. 그리고 이 온도에서 이산화탄소는 약 1.19, 수증기는 약 1.27의 비열비를 가진다. 식 (6.10)에 비열비 1.33을 대입하여 계산하면, $p_1 = 1.83 p_{atm}$의 결과가 얻어진다. 이는 실제적으로 배기계통에서 대부분의 교재에서 제시하고 있는 압력비보다 낮은 값에서 초킹이 일어난다는 것을 의미한다.

6.1.2 가변면적 배기노즐

항공기가 초음속으로 비행하기 위해서는 가스터빈엔진의 배기가스가 초음속으로 분출되어야 한다. 그런데 앞서 언급했듯이 터빈을 빠져나오는 배기가스의 속도가 아음속이기 때문에 초음속으로 가속시키기 위해서 배기노즐은 그림 6.3에 나타나 있는 것처럼 수축-확산노즐이어야 한다. 아음속 유동을 수축-확산노즐을 이용하여 초음속으로 가속시키는

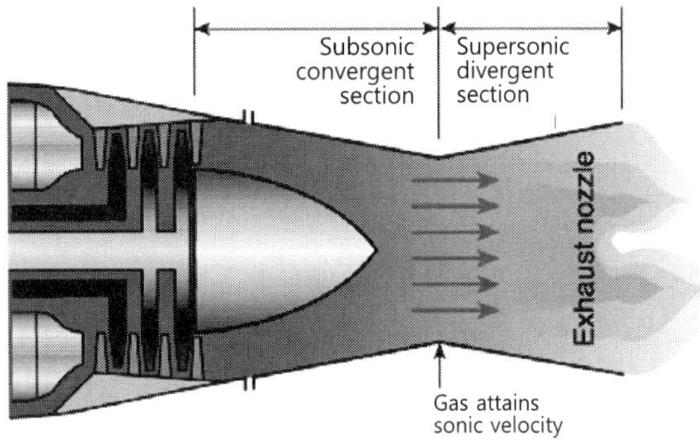

그림 6.3 수축–확산노즐 형태의 초음속 배기노즐

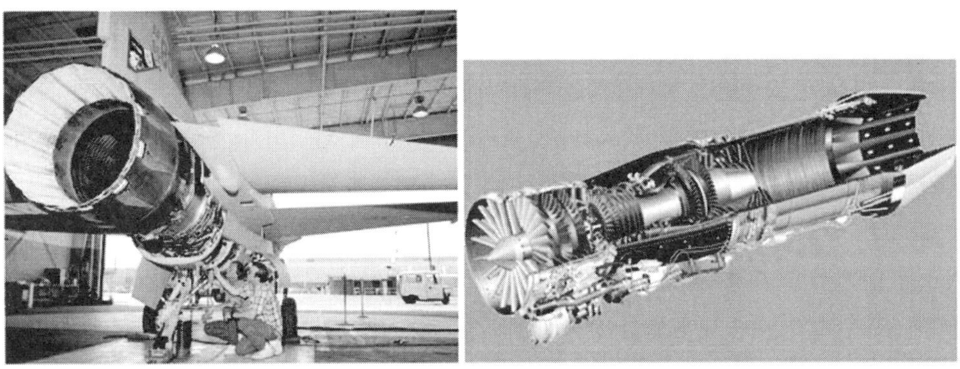

그림 6.4 수축–확산노즐 형태의 초음속 가변면적 배기노즐

원리는 이미 2장에서 살펴보았다. 그런데 초음속 항공기는 이륙 시의 저속비행, 고고도에서의 아음속비행, 그리고 초음속비행에 이르기까지 넓은 속도 범위에서 운전되기 때문에 모든 속도영역에 적합한 배기노즐이 필요하다. 이런 조건을 만족시키기 위하여 입구계통에서처럼 배기계통에서도 가변면적 배기노즐이 사용된다. 그림 6.4에 초음속용 가변면적 배기노즐이 장착된 항공기와 가스터빈을 나타냈다.

6.1.3 유도배기노즐

가장 최근에 개발된 유도배기노즐(vectoring exhaust nozzles)은 현재 군용기에만 사용되고 있다. 유도배기노즐은 항공기 이륙 또는 저속비행 성능을 향상시키기 위해 조종사

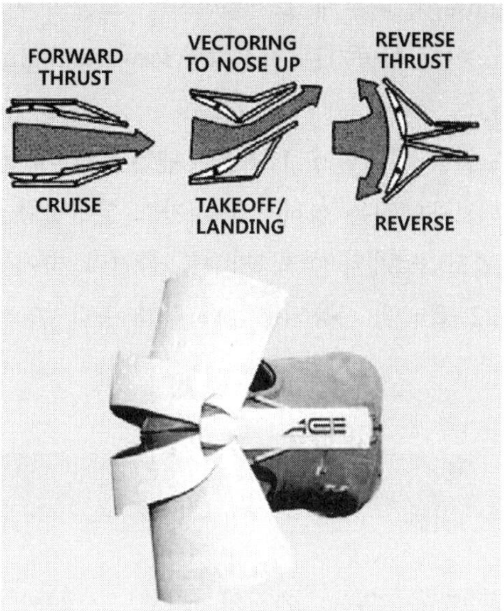

그림 6.5 유도배기노즐

그림 6.6 유도배기노즐을 장착한 F-119 터보팬엔진

의 조작에 의해 배기가스가 상방향 또는 하방향으로 유도될 수 있다. 아울러 그림 6.5에 나타나 있는 것처럼 항공기 착륙 시에는 제동력을 강화하기 위해 배기가스를 역방향으로 배출시키는 것도 가능하다. 단거리 이륙이나 저속비행을 위해 배기가스를 상방향으로 배

출할 때 항공기 앞부분(nose)이 빠르게 들어올려진다. 노즐이 아랫방향을 향하면 항공기 앞부분이 아래를 향하며, 이때 항공기는 전진비행(forward flight)에서 고도변화 없이 앞부분이 아래로 움직인다.

그림 6.6에 유도배기노즐을 장착한 F-119 터보팬엔진과 이 엔진을 장착한 F-22 전투기를 나타냈다. F-119 터보팬엔진은 상하로 배기가스 분사방향을 조절할 수 있다. 분사방향이 꺽이는 경우 수평꼬리날개와 함께 기수를 들거나 숙이는 회전력을 발생시킨다. F-119 터보팬엔진은 F-22 랩터에 사용되는 대표적인 추력방향제어 엔진이다.

6.2 후기연소기

가스터빈엔진은 추력증강을 위해 엔진의 기본 구성품에 추가하여 후기연소기(afterburner)를 장착하기도 한다. 후기연소기가 작동하면 가스터빈에서 재열과정(reheating process)이 일어나며, 재열과정을 통해 더 많은 열량을 공급받음으로써 엔진의 기본추력이 증가하여 항공기의 이륙 및 상승 성능이 향상되며, 군용기의 경우 전투력 역시 향상된다. 후기연소기는 그림 6.7에 나타나 있는 것처럼 터빈과 테일파이프 추진노즐 사이에 위치하며, 연료분사와 연소장치로 구성되어 있다. 후기연소에 필요한 산소는 배기가스에 포함되어 있는 미연산소를 이용한다.

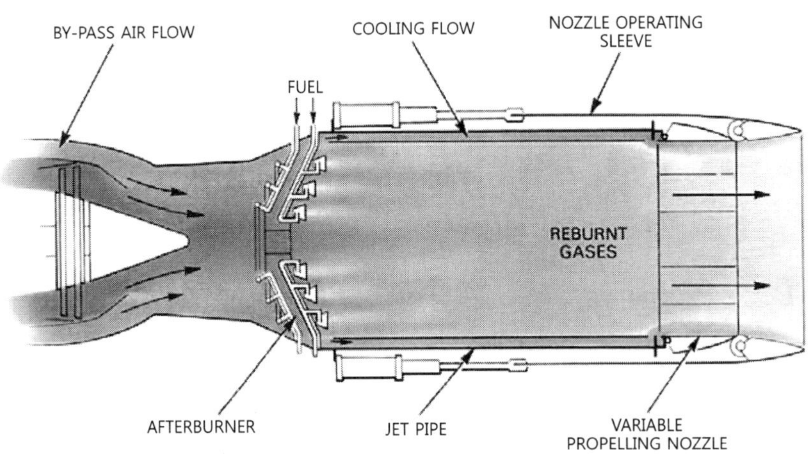

그림 6.7 후기연소기 설치 위치

후기연소기를 통해 배기가스 흐름 속에 연료를 분사시켜 추가적으로 연소시키면 배기가스 온도가 상승하여 배기가스 비체적이 증가하기 때문에 배기노즐을 빠져나가는 배기가스 속도가 증가하여 엔진의 추력이 증가한다. 항공기 추력증강은 더 큰 엔진을 장착하여 얻을 수도 있다. 그러나 더 큰 엔진을 장착하면 항공기 무게가 증가하고 전면면적이 증가하여 연료소모량이 증가하는 단점이 발생한다.

후기연소는 짧은 기간 동안 추력증강을 얻을 수 있는 가장 효율적인 방법이다. 그러나 후기연소에 소비하는 연료량에 비해 추력증강 크기가 작기 때문에 후기연소는 매우 비효율적이다. 후기연소기를 장착한 항공기는 후기연소기를 가동하여 추력을 100%까지 증가시킬 수 있다. 그러나 이 경우 연료량은 3~5배 증가한다. 따라서 후기연소기를 작동시키면 연료소모는 증가하고 열효율은 감소하기 때문에 비경제적이다. 따라서 후기연소기는 급격한 가속이 요구되는 짧은 활주로에서의 이륙이나 공중전에서처럼 연료효율이 문제가 되지 않는 경우에만 사용한다. 한편, 일부 현대식 항공기는 추력이 매우 큰 엔진을 장착하고 있기 때문에 후기연소기를 이용한 추력증강 크기를 15~20%로 제한하고 있다.

후기연소기에는 그림 6.8에 나타나 있는 것처럼 분사막대(spray bars)라 불리는 일련의 연료노즐이 점화장치와 함께 테일파이프 입구에 설치된다. 연료분사 및 점화장치와 더불어 원활한 연소를 위하여 화염유지기(flameholders)도 함께 설치된다. 연료노즐 하류에 설치하는 화염유지기는 튜브형 격자 또는 수레바퀴의 바퀴살 형태로 되어 있으며, 배기가스가 화염유지기를 통과함에 따라 그림 6.9에 나타나 있는 것처럼 재순환영역을 형성한다. 재순환영역에 갇힌 화염은 점화원 역할을 하기 때문에 고속의 배기가스 흐름 속에서 완벽하고 안정된 연소가 이루어지도록 해준다.

6.8 후기연소기 형상

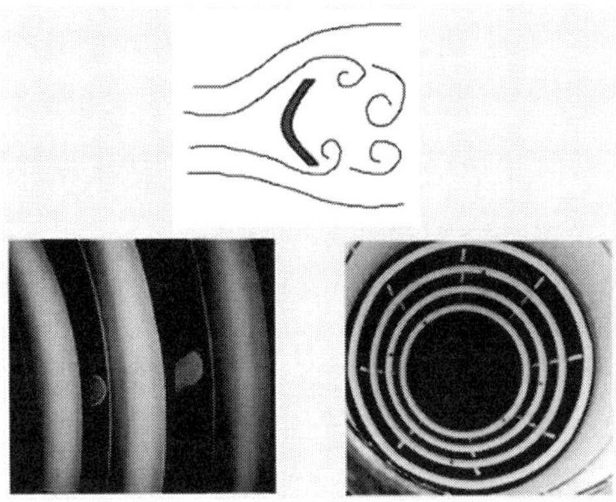

그림 6.9 후기연소기의 화염유지기

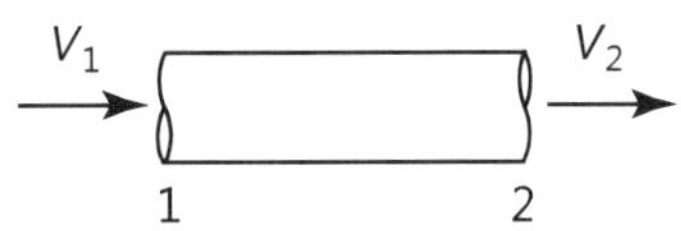

그림 6.10 단순 덕트 유동

한편, 후기연소기를 장착한 엔진의 경우 후기연소기 부품들이 유동 장애물로 작용하기 때문에 후기연소기를 작동하지 않는 경우에 추력이 약간 감소한다. 아울러 후기연소기를 장착하면 더 무거운 테일파이프와 후기연소기 부품들로 인해 가스터빈엔진의 전체적인 무게가 증가하는 단점이 나타난다.

후기연소에 의한 추력증강은 오로지 후기연소기에 공급되는 연료가 연소하기 전과 후의 테일파이프에서의 절대온도비에 의해 결정된다. 이에 대한 자세한 내용을 살펴보기 위해 그림 6.10에 초음속 제트파이프와 유사한 단순한 덕트에서 일어나는 유동을 나타냈다. 덕트 입구와 출구에서 힘 평형을 식으로 나타내면 다음과 같다.

$$p_1 A_1 + \dot{m} V_1 = p_2 A_2 + \dot{m} V_2 \tag{6.12}$$

후기연소기에서는 압력이 일정하게 유지된 상태에서 연소가 일어난다. 따라서 덕트 입구와 출구에서 압력이 일정하다고 가정할 수 있다. 그리고 동일한 덕트에서 단지 온도변화에 따른 속도변화를 살펴보는 것이며, 그림 6.7과 6.8을 통해 확인할 수 있는 것처럼 테일파이프 단면적이 거의 일정하게 유지되기 때문에 덕트 입구와 출구의 면적이 서로 같다고 가정하면 위 식으로부터 다음과 같은 관계식이 얻어진다.

$$\rho_1 V_1^2 = \rho_2 V_2^2$$

이 식으로부터 다음과 같은 관계식이 얻어진다.

$$\frac{v_2}{v_1} = \frac{V_2^2}{V_1^2} \tag{6.13}$$

덕트 입구와 출구에서의 압력이 동일하기 때문에 이상기체 상태방정식으로부터 다음 관계식이 성립한다.

$$\frac{v_2}{v_1} = \frac{T_2}{T_1} \tag{6.14}$$

식 (6.14)를 식 (6.13)에 대입하면 다음 관계식이 얻어진다.

$$\frac{V_2}{V_1} = \sqrt{\frac{T_2}{T_1}} \tag{6.15}$$

식 (6.15)는 후기연소기가 작동하는 경우 배기가스 속도 증가는 온도 증가의 제곱근에 비례한다는 것을 의미한다. 이에 대한 내용을 구체적으로 살펴보기 위해 후기연소 전후의 배기가스 온도가 각각 600°C와 1,202°C라 하면, 이때 온도비는 1.69이다. 따라서 배기가스 속도는 30%($\sqrt{1.69} = 1.3$) 증가하며, 이로 인해 총추력(gross thrust)도 30% 증가한다는 것을 알 수 있다.

후기연소에 대한 내용을 열역학적으로 살펴보기 위해 재열 브레이턴사이클(Brayton cycle with reheating)을 그림 6.11에 나타냈다. 후기연소기에서 일어나는 연소는 과정 4→5이다. 후기연소는 열린 공간에서 연소가 진행되기 때문에 압력이 일정한 상태에서 일어난다. 따라서 과정 4→5는 정압연소과정이다. 한편, $p-v$선도로부터 후기연소를 통해 배기가스의 비체적이 증가했다는 것을 알 수 있다. 아울러 $T-s$선도로부터 후기연소가 일어나면 정압과정을 따라 배기가스 온도가 증가한다는 것을 알 수 있다. 이밖에도 $T-s$선도로부터 후기연소가 일어나면 가스터빈 열효율이 낮아진다는 것을 확인할 수 있다.

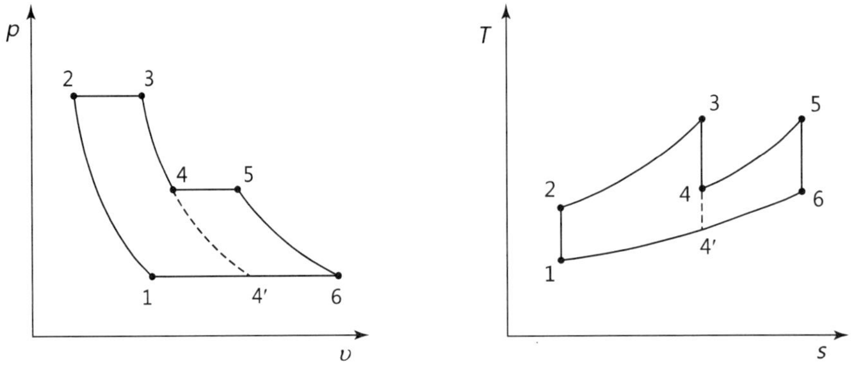

그림 6.11 재열 브레이턴사이클

6.3 역추력장치

역추력장치(thrust reverser)는 착륙 및 이륙실패 초기 단계에서 항공기 속도를 줄이기 위한 목적으로 설치한다. 대부분의 터보팬엔진은 항공기의 착륙거리를 단축시키기 위하여 역추력장치를 사용한다. 역추력장치는 착륙거리를 단축시킬 뿐만 아니라 브레이크와 타이어 마모를 줄이고 브레이크 정비에도 큰 도움이 된다.

현대식 항공기의 브레이크는 매우 효율적이다. 그러나 활주로가 젖어있거나, 동결되었거나, 또는 눈으로 뒤덮혀 있는 경우에는 항공기 타이어와 활주로 사이에 접착력이 줄어들어 브레이크 효율이 낮아진다. 따라서 제한된 거리 내에서 항공기를 정지시키기 위한 추가적인 방법이 요구된다.

건조한 활주로와 미끄러운 활주로 모두에서 항공기 착륙거리를 단축시키기 위한 간단하면서도 효과적인 방법이 그림 6.12에 나타나 있는 것처럼 배기가스를 역방향으로 흐르도록 유도해서 엔진동력을 항공기 감속력으로 만드는 것이다. 항공기는 이 감속력 없이도 요구되는 거리 내에서 정지할 수 있어야만 한다. 그러나 특히 활주로가 젖어있을 때 추가적인 안전여유를 확보하기 위해 역추력장치가 필요하다.

역추력장치는 정격추력의 35~50% 정도에 해당하는 역방향 추력을 생산한다. 그리고 역추력장치는 정상적인 활주로 조건에서 제동력의 약 20%를 담당한다. 역추력장치는 특히 활주로가 젖어있거나 동결되었을 때 효과적이며, 항공기 제동력의 약 50%를 담당한다.

항공기가 지상에서 저속으로 이동할 때 역추력장치가 작동하면 고온의 배기가스가 엔

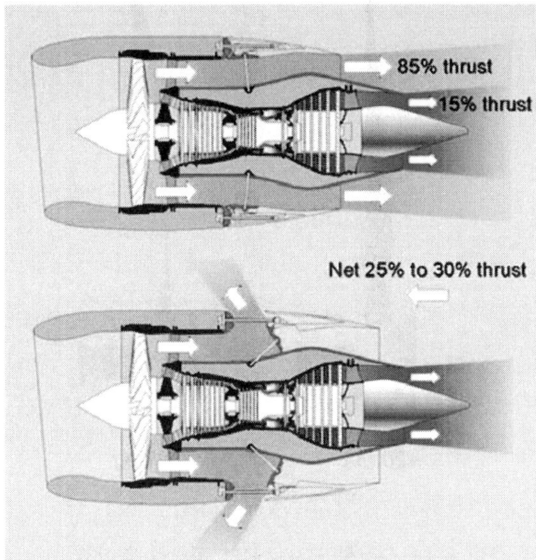

그림 6.12 터보팬엔진 역추력장치 개념도

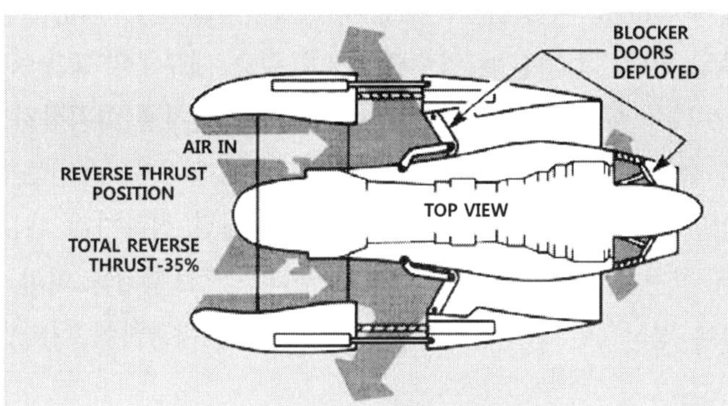

6.13 터보팬엔진의 팬 역추력장치와 터빈 역추력

진으로 재흡입될 수 있으며, 이 경우 압축기 실속의 원인이 된다. 아울러 이 경우 활주로에 있는 미세한 모래와 파편이 엔진으로 흡입되어 가스통로에 있는 부품들을 침식시키는 원인이 되기 때문에 주의해야 한다. 가스터빈의 가스통로에 있는 부품으로는 압축기의 로터와 스테이터, 그리고 터빈의 노즐과 버켓이 있다.

터보팬엔진은 그림 6.13에 나타나 있는 것처럼 팬을 통과한 공기(cold stream)를 역방향으로 전환하여 역추력을 얻는 팬 역추력장치(fan reverser)와 터빈을 빠져나가는 고온

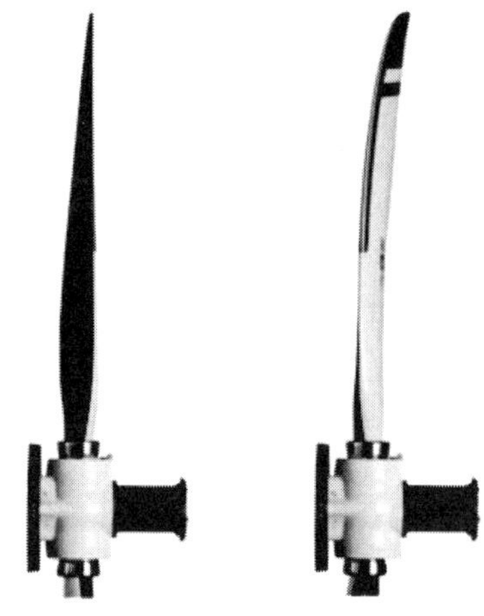

그림 6.14 정상적인 프로펠러 피치와 역피치 비교

의 배기가스(hot stream)를 역방향으로 전환하여 역추력을 얻는 터빈 역추력장치(turbine reverser)를 갖추고 있다. 그러나 팬 역추력장치를 갖춘 대부분의 고바이패스비 터보팬엔진의 경우 그림 6.12에 나타나 있는 것처럼 터빈 역추력장치를 설치하지 않는다. 이는 터빈 역추력장치를 설치하지 않으면 엔진 무게를 줄일 수 있으며, 정비문제가 크게 줄어들기 때문이다. 터빈 역추력장치는 고온의 배기가스와 직접 접촉하기 때문에 고장이 자주 발생하는 편이다. 한편, 터보프롭엔진의 경우 역추력은 프로펠러를 역피치로 바꾸어서 얻는다. 그림 6.14에 정상적인 프로펠러 피치와 역피치를 비교하여 나타냈다.

6.3.1 캐스케이드형 역추력장치

터보팬엔진에서 정상적으로 전진추력(forward thrust)이 발생 때는 그림 6.15에 나타나 있는 것처럼 캐스케이드 베인은 열려 있는 상태에서 엔진 내부로는 차단문(blocker doors), 엔진 외부로는 이동식 카울로 덮여있다. 역추력장치가 작동하면 구동장치가 이동식 카울을 후방으로 밀어냄과 동시에 차단문을 접어서 캐스케이드 베인을 통해 팬을 통과한 공기가 빠져나가도록 해준다. 이때 캐스케이드 베인을 통과하는 공기의 흐름방향이 바뀌면서 역추력이 발생한다. 한편, 이동식 카울은 저항을 줄이는 역할도 수행한다. 그림 6.16에 캐스케이드형 역추력장치가 설치되어 있는 실제 터보팬엔진이 나타나 있다.

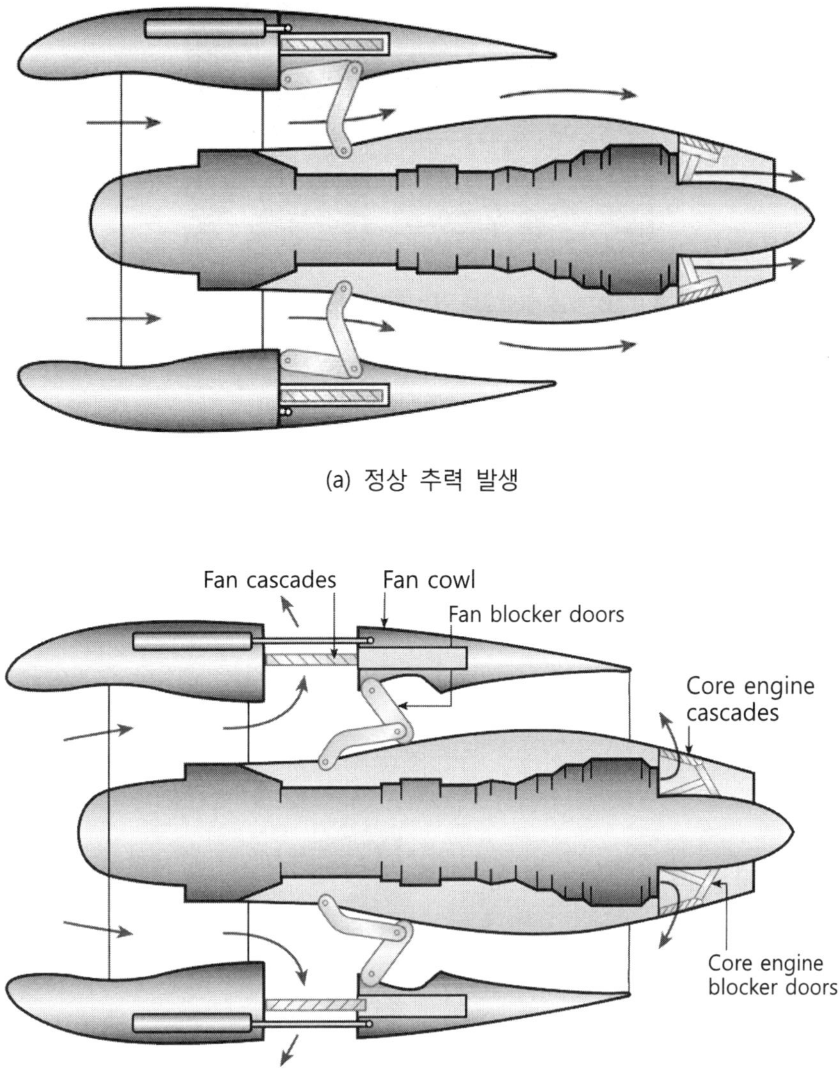

(a) 정상 추력 발생

(b) 역추력 발생

그림 6.15 캐스케이드형 역추력장치 작동원리

그림 6.16 캐스케이드형 역추력장치가 설치된 터보팬엔진

6.3.2 문뚜껑형 역추력장치

문뚜껑형 역추력장치(Clamshell door system)가 설치된 가스터빈엔진에서 역추력을 선택하면 그림 6.17에 나타나 있는 것처럼 배기덕트의 덮개를 벗기기 위해 문이 회전하여 정상적인 배기가스 출구를 닫는다. 이때 캐스케이드 베인이 뜨거운 배기가스 흐름을 앞으로 향하게 하여 역추력이 발생한다. 문뚜껑형 역추력장치는 공기로 작동한다.

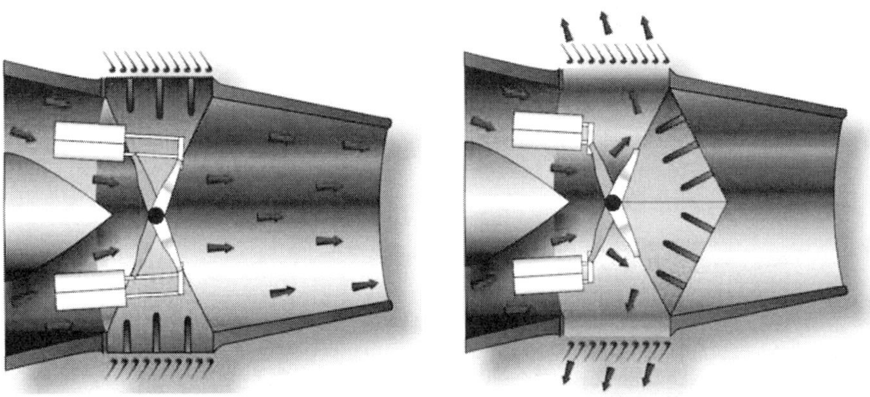

(a) 정상 추력 발생 (b) 역추력 발생

그림 6.17 문뚜껑형 역추력장치 작동원리

6.3.3 버켓타겟형 역추력장치

버켓타겟형 역추력장치(bucket target system)는 유압으로 작동하며, 그림 6.18에 나타나 있는 것처럼 뜨거운 배기가스를 역방향으로 유도하기 위해 버켓(bucket) 형태의 문(door)을 사용한다. 역추력을 발생시키기 위한 문은 푸시로드를 이용하여 작동시킨다. 그림 6.19에 버켓타겟형 역추력장치가 설치되어 있는 실제 엔진이 나타나 있다.

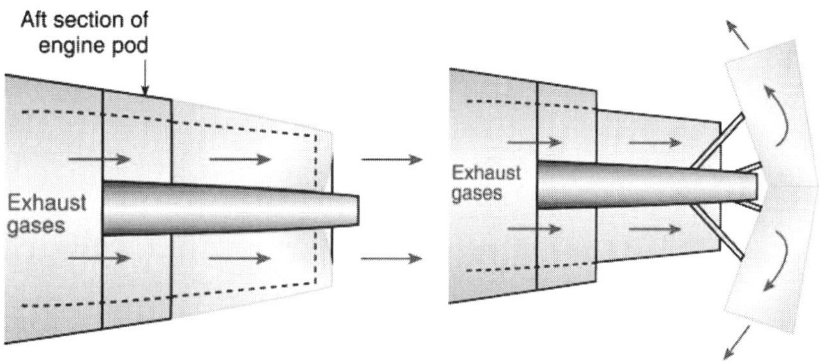

(a) 정상 추력 발생 (b) 역추력 발생

그림 6.18 버켓타겟형 역추력장치 작동원리

그림 6.19 버켓타겟형 역추력장치가 설치된 터보팬엔진

제7장

가스터빈 성능

가스터빈엔진은 구성품과 추력을 발생하는 방법에 따라 터보제트, 터보팬, 터보프롭, 터보샤프트엔진으로 구분한다. 항공기를 추진하는 방법으로 제트추진과 프로펠러추진이 있다. 제트추진을 하는 경우 고속으로 분사되는 제트유동에 의한 반력(추력)을 이용하여 항공기를 추진하며, 제트엔진과 군용기에 사용하는 저바이패스비 터보팬엔진이 여기에 속한다. 프로펠러를 구동하기 위하여 가스터빈엔진에서는 토크를 발생시켜야 하며, 대형 상업용 항공기에 사용하는 고바이패스비 터보팬엔진, 수송기에 사용하는 터보프롭엔진, 헬리콥터에 사용하는 터보샤프트엔진이 여기에 속한다. 넓은 의미에서 고바이패스비 터보팬엔진에 사용하는 팬과 헬리콥터에 사용하는 로터 블레이드도 프로펠러에 포함시킬 수 있다.

7.1 제트추력

7.1.1 배기가스에 의한 추력

고속으로 분사되는 유동에 의한 힘의 크기는 식 (1.1)에 나타나 있다. 따라서 그림 7.1에 나타나 있는 가스터빈엔진의 배기노즐에서 분사되는 배기가스에 의한 추력은 다음과 같다.

$$F_n = \dot{m} V_j \tag{7.1}$$

여기서 F_n은 배기가스에 의해 발생하는 추력, $\dot{m}$은 가스터빈엔진으로 유입되는 공기의 질량유량($\dot{m} = \rho VA$), V_j는 배기가스 분사속도이다. 항공기가 지상에서 정지 상태에 있으면 가스터빈엔진에서 발생하는 추력은 배기가스 반력에 의해 발생하는 추력밖에 없다. 따라서 항공기가 정지 상태에서 가스터빈엔진에서 발생하는 추력을 총추력(gross

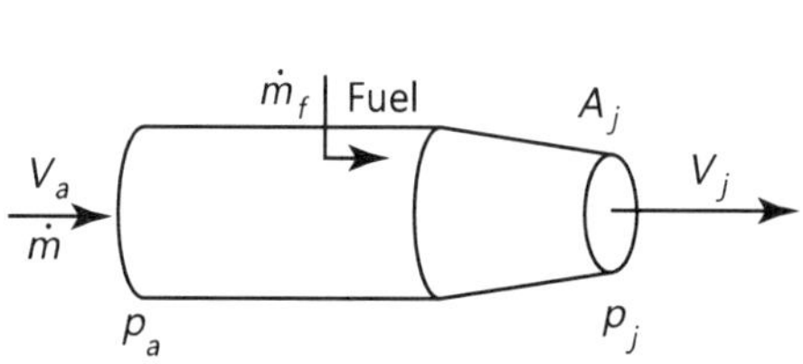

그림 7.1 가스터빈엔진 추력 관련 변수

thrust)이 라 한다. 한편, 항공기가 비행속도 V_a로 비행하고 있는 상태에서는 가스터빈엔진 전면에 비행속도에 따른 항력이 발생하며, 그 크기는 다음과 같다.

$$F_D = \dot{m} V_a \tag{7.2}$$

여기서 F_D는 비행속도에 의해 엔진 전면면적에 발생하는 항력으로서 램(ram)항력이라고도 하며, V_a는 항공기 비행속도이다. 따라서 항공기가 비행하는 상태에서 가스터빈엔진에서 발생하는 실제적인 추력은 총추력에서 램항력을 빼준 값이며, 이를 진추력(net thrust)이라 한다. 그러므로 진추력의 크기는 다음과 같다.

$$F_{na} = \dot{m}(V_j - V_a) \tag{7.3}$$

7.1.2 연료유량에 의한 추력

가스터빈엔진에 공급되는 연료유량은 연소 후 가스 상태로 배기노즐을 빠져나간다. 그러므로 배기노즐을 통해서 빠져나가는 배기가스의 실제적인 질량유량은 엔진으로 유입되는 공기의 질량유량($\dot{m}$)과 연료의 질량유량($\dot{m}_f$)을 합친 값인 $\dot{m} + \dot{m}_f$이다. 따라서 가스터빈엔진에 공급되는 연료유량에 의해 추가적으로 발생하는 추력의 크기는 다음과 같다.

$$F_{nf} = \dot{m}_f V_j \tag{7.4}$$

여기서 F_{nf}는 연료유량에 의해 발생하는 추력이다.

7.1.3 노즐 출구와 엔진 입구 압력차에 의한 추력

가스터빈엔진 주위에 일정한 크기의 압력이 작용하면 압력에 의해 발생하는 추력은 없다. 그러나 노즐 출구에 형성되는 압력과 엔진 입구에 형성되는 압력의 크기가 서로 다른 경우 압력차에 의해 추력이 발생하며, 그 크기는 다음과 같다.

$$F_{np} = A_j(p_j - p_a) \tag{7.5}$$

여기서 F_{np}는 노즐 출구와 엔진 입구 압력차에 의해 발생하는 추력, A_j는 배기노즐 출구 면적, p_j는 배기노즐 출구에 작용하는 압력, p_a는 엔진 입구에 작용하는 압력이다.

위에서 정의한 세 가지 추력을 모두 합치면 다음과 같은 추력 일반식이 얻어진다.

$$F_n = \dot{m}(V_j - V_a) + m_f V_j + A_j(p_j - p_a) \tag{7.6}$$

그런데 연료유량은 엔진 입구로 유입되는 공기의 질량유량에 비해 매우 적기 때문에 연료유량에 의해 발생하는 추력은 일반적으로 무시한다. 한편, 가스터빈엔진은 일반적으로 배기노즐 출구에 형성되는 압력과 엔진 입구에 형성되는 압력이 같도록 설계한다. 따라서 노즐 출구와 엔진 입구 압력차에 의한 추력은 발생하지 않는다. 따라서 가스터빈엔진에서 발생하는 제트추력은 다음과 같다.

$$F_n = \dot{m}(V_j - V_a) \tag{7.7}$$

참고로, 공학단위계를 사용하는 경우 식 (7.7)은 다음과 같이 나타난다.

$$F_n = \frac{\dot{W}}{g}(V_j - V_a) \tag{7.8}$$

여기서 $\dot{W}$는 엔진으로 유입되는 공기의 중량유량, g는 중력가속도이다.

7.2 프로펠러 추진력

그림 7.2에 프로펠러 주위에 나타나는 공기유동 형태와 유동 변수를 나타냈다. 가스터빈엔진에서 발생한 토크는 프로펠러를 회전시켜 후방으로 공기를 가속시킨다. 이런 사실은 그림에서 확인할 수 있듯이 상류에 비해 하류에서 프로펠러 후류(slip stream) 직경이 작아지는 것을 통해서 확인할 수 있다. 따라서 프로펠러에 의해 발생하는 추력의 크기는 공기가 가속되는 크기를 이용하여 쉽게 계산할 수 있다.

$$F_p = \dot{m}_e V_e - \dot{m}_o V_o \tag{7.9}$$

여기서 F_p는 프로펠러에서 발생하는 추력이다. 그런데 프로펠러 후류는 마치 덕트유동(duct flow)과 같아서 프로펠러 후류 각 단면을 통과하는 공기의 질량유량은 일정하게 유지된다. 따라서 다음과 같은 관계가 성립한다.

$$\dot{m}_e = \dot{m}_o = \rho V_p A \tag{7.10}$$

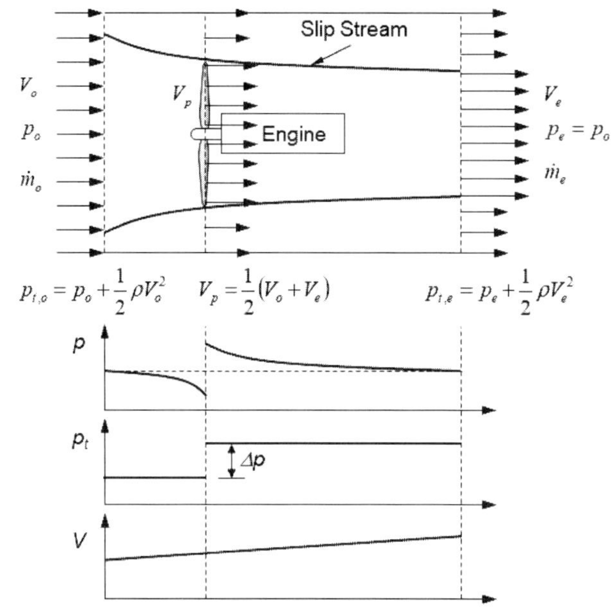

그림 7.2 프로펠러 유동 특성

여기서 ρ는 공기의 밀도, V_p는 프로펠러 단면을 통과하는 공기속도, A는 프로펠러 회전단면적이다. 그리고 프로펠러 단면을 통과하는 공기속도는 다음과 같다.

$$V_p = \frac{1}{2}(V_e + V_o) \tag{7.11}$$

식 (7.10)과 식 (7.11)을 식 (7.9)에 대입하여 정리하면 다음과 같이 프로펠러에서 발생하는 추력의 크기를 계산할 수 있는 식이 만들어진다.

$$F_p = \dot{m}_o(V_e - V_o) = \rho V_p A(V_e - V_o) = \frac{1}{2}\rho A\left(V_e^2 - V_o^2\right) \tag{7.12}$$

식 (7.12)와 식 (7.7)을 비교하면, 제트추력과 프로펠러 추력이 동일한 추력 관계식으로 계산된다는 것을 알 수 있다.

한편, 프로펠러에서 발생하는 추력의 크기는 프로펠러 상류와 하류에서 나타나는 압력차를 이용하여 계산할 수 있다. 압력차에 의한 추력은 다음과 같이 나타낼 수 있다.

$$F_p = A\Delta p \tag{7.13}$$

프로펠러 상류와 하류에서의 전체압력은 그림 7.2에 나타나 있다. 따라서 압력차는 다음과 같다.

$$\Delta p = \frac{1}{2}\rho\left(V_e^2 - V_o^2\right) \tag{7.14}$$

식 (7.14)를 식 (7.13)에 대입하면 다음과 같은 관계식이 얻어진다.

$$F_p = \frac{1}{2}\rho A\left(V_e^2 - V_o^2\right) \tag{7.15}$$

식 (7.15)는 식 (7.12)와 동일하다. 따라서 프로펠러 추력은 프로펠러 주위에서 나타나는 공기속도 변화를 이용하여 계산할 수 있으며, 압력 변화를 이용하여 계산할 수도 있다. 그리고 그 결과는 서로 동일하다는 것을 알 수 있다.

7.3 추력에 영향을 미치는 요소

추력 일반식인 식 (7.7)을 살펴보면, 추력은 공기의 질량유량, 배기속도, 비행속도에 의해 영향을 받는다는 것을 알 수 있다. 가스터빈엔진으로 유입되는 공기의 질량유량은 주로 공기의 밀도에 의해 영향을 받는다. 공기밀도에 영향을 미치는 요소로는 대기온도와 대기압력이 있다. 일반적으로 대기압력은 비행고도에 따라 달라지기 때문에 대기압력 대신에 비행고도 변화에 따른 추력 변화를 살펴본다. 배기속도에 직접적으로 영향을 미치는 요소 역시 가스터빈엔진으로 유입되는 공기의 질량유량이다. 대기 중의 공기의 상태 변화에 관계없이 가스터빈엔진의 회전수가 증가하면, 엔진으로 유입되는 공기의 질량유량이 증가하여 추력이 증가한다.

7.3.1 대기온도

가스터빈엔진이 일정한 속도로 회전하는 경우 가스터빈엔진으로 일정한 체적유량(volume flow)의 공기가 유입된다. 대기온도가 증가할수록 공기밀도는 감소하는데, 이는 이상기체 상태방정식을 통해 쉽게 이해할 수 있다. 공기밀도가 감소하면 가스터빈엔진으로 유입되는 공기의 질량유량이 감소한다. 따라서 그림 7.3에 나타나 있는 것처럼 대기온도가 증가할수록 추력이 감소한다.

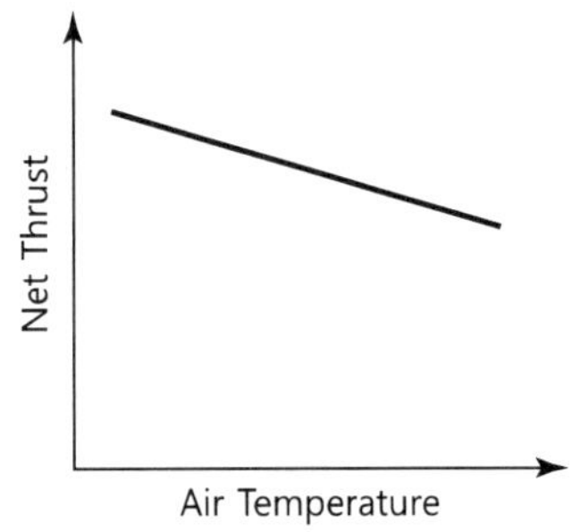

그림 7.3 대기온도 변화에 따른 추력 변화

7.3.2 고도

고도(altitude)가 증가하면 공기밀도에 영향을 미치는 온도와 압력이 동시에 낮아진다. 따라서 고도 변화에 따른 추력 변화는 이 두 가지 상태량 변화를 동시에 고려해야 한다. 공기온도가 낮아지면 공기밀도가 증가하기 때문에 추력이 증가한다. 그러나 공기압력이 낮아지면 공기밀도가 낮아지기 때문에 추력이 감소한다. 그런데 그림 7.4에 나타나 있는 것처럼 고도가 증가함에 따라 온도 저하에 따른 추력 증가비율이 압력 저하에 따른 추력 감소비율에 비해 작기 때문에 고도가 증가함에 따라 추력이 감소한다. 한편, 고도 36,000 ft 이상에서는 공기의 온도 변화가 나타나지 않기 때문에 온도 변화는 더 이상 추력 변화에 영향을 미치지 못한다.

한편, 고도가 증가하면 공기밀도가 감소하여 항력이 감소하기 때문에 고도 증가에 따른 추력 감소가 아음속 항공기의 순항성능에 큰 영향을 미치지 않는다.

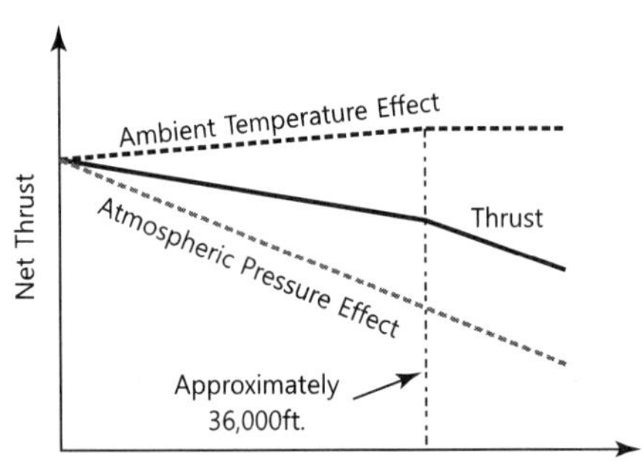

그림 7.4 고도 변화에 따른 추력 변화

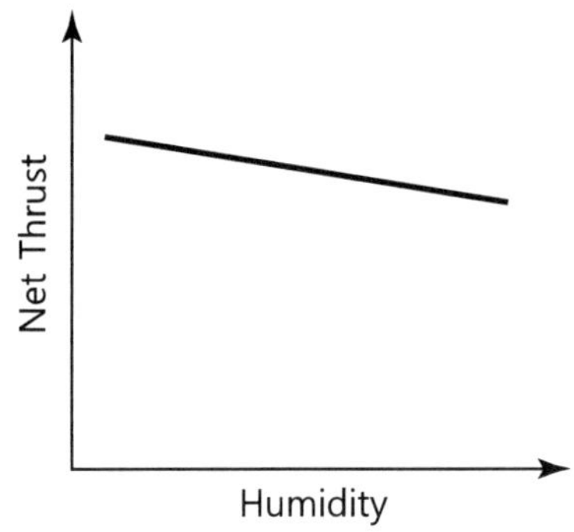

그림 7.5 습도 변화에 따른 추력 변화

7.3.3 습도

습도(humidity)도 가스터빈엔진 추력에 영향을 미친다. 공기의 원자량은 약 30이다. 이에 반해 수분(H_2O)의 원자량은 18이다. 따라서 공기 중에 수분이 증가할수록 공기밀도가 낮아지기 때문에 그림 7.5에 나타나 있는 것처럼 추력이 감소한다. 그런데 습도 변화에 따른 추력 변화는 매우 작은 편이다. 따라서 소형 가스터빈엔진을 사용했던 과거에는 습도 변화에 따른 추력 변화는 무시하였다. 그러나 가스터빈엔진이 대형화하면서 습도 변화에 따른 엔진 추력 변화를 고려하게 되었다.

7.3.4 비행속도

추력 일반식인 식 (7.7)로부터 비행속도가 증가할수록 추력이 감소한다는 것을 알 수 있다. 그런데 비행속도가 증가하면 엔진 입구에 램압력이 형성된다. 램압력은 동압(dynamic pressure)으로서 그 크기는 $0.5\rho V_a^2$이다. 가스터빈엔진 입구에 램압력이 형성되면 공기밀도가 증가하기 때문에 엔진으로 유입되는 공기의 질량유량이 증가한다. 즉 램압력은 고도 증가에 따른 공기밀도 감소를 보상한다. 아울러 엔진 입구에 램압력이 형성되면 가스터빈엔진의 사이클 압력비가 증가하기 때문에 가스터빈엔진의 성능 특성이 향상된다. 따라서 그림 7.6에 나타나 있는 것처럼 비행속도가 증가함에 따라 초기에는 추력이 감소하다가 일정한 비행속도 이후에는 추력이 다시 증가한다.

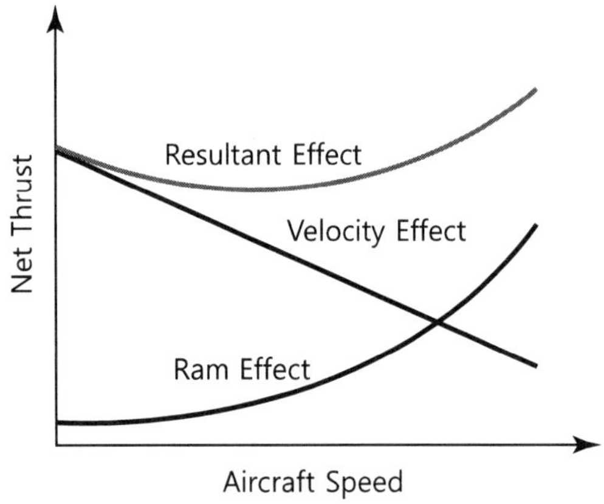

그림 7.6 비행속도 변화에 따른 추력 변화

7.3.5 엔진속도

엔진속도는 엔진회전수를 의미한다. 엔진회전수가 증가하면 압축기에서 더 많은 공기를 흡입하기 때문에 그림 7.7에 나타나 있는 것처럼 추력은 엔진회전수에 선형적으로 비례하여 증가한다.

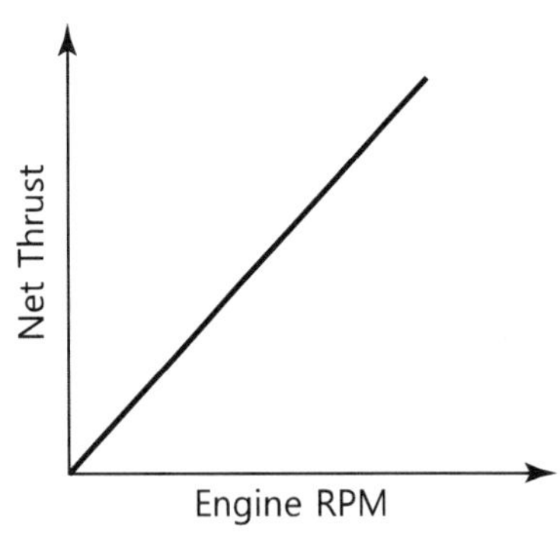

그림 7.7 엔진속도 변화에 따른 추력 변화

7.3.6 물분사

일부 가스터빈 엔진은 대기온도가 특별히 높거나 높은 고도에 설치되어 있는 활주로에서 운용되는 것을 고려하여 추력증가 방법으로 물분사를 사용한다. 물은 미세분무 형태로 그림 7.8에 나타나 있는 것처럼 압축기 입구나 연소기 입구, 또는 두 군데 모두에서 분사할 수 있다. 가스터빈으로 유입되는 공기에 분사된 물방울은 기화되기 위해서 잠열이 필요한데, 이 잠열을 공기로부터 흡수하기 때문에 공기가 냉각되고 밀도가 증가한다. 물방울 1 lb는 증발하면서 약 1,000 Btu의 열을 공기로부터 흡수한다. 압축기 입구에서 물을 분사하는 경우 추력이 증가하는 이유는 다음과 같다. 첫째, 압축기 내부를 흘러가는

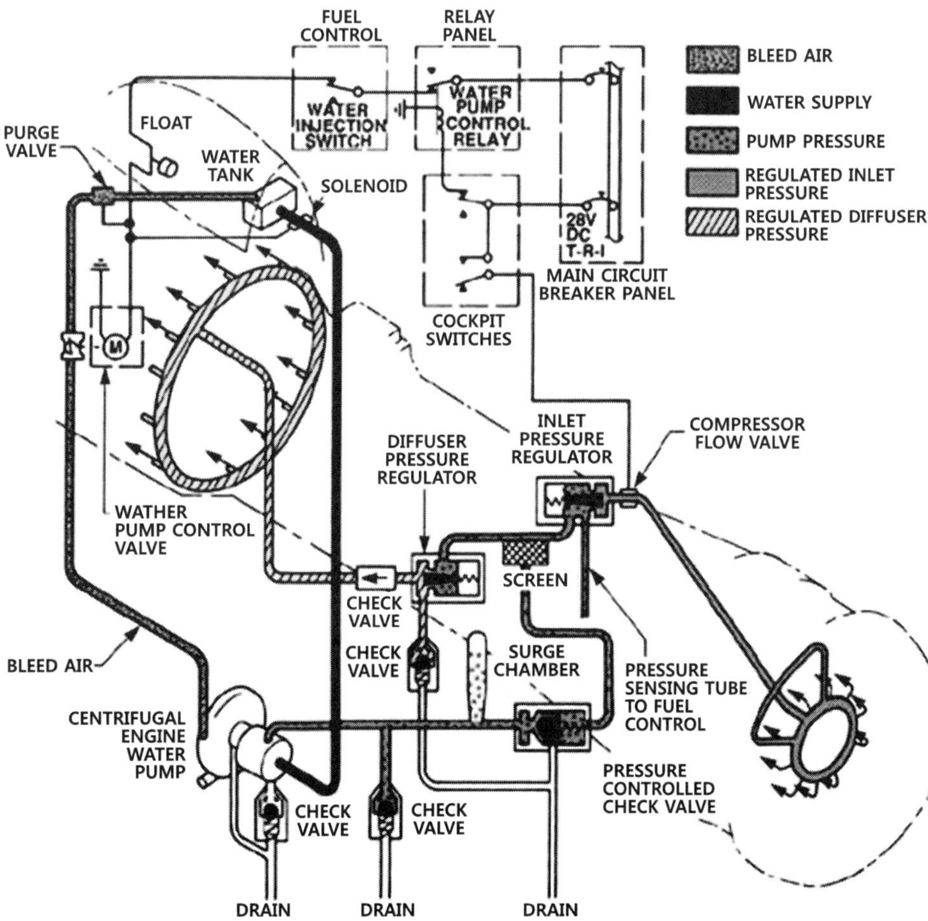

그림 7.8 가스터빈엔진 물분사장치

공기온도가 낮아져서 압축기 구동동력 크기가 줄어들기 때문에 압축기는 더욱 고속으로 회전한다. 따라서 더 큰 밀도를 가진 더 많은 공기가 유입되어 엔진 추력이 증가한다. 둘째, 물분사를 통하여 가스터빈 엔진을 통과하는 작동유체의 질량유량이 증가하기 때문에 추력이 증가한다. 셋째, 연소기로 유입되는 압축공기 온도가 낮아지기 때문에 최고출력에 요구되는 TIT를 초과하지 않으면서 더 많은 연료를 주입할 수 있기 때문에 추력이 증가한다. 압축기 입구에서 물분사를 하는 경우 추력이 약 10~15% 증가한다. 연소기 입구에 물분사를 하는 경우 위에서 살펴본 둘째와 셋째 항에 해당하는 효과만 얻을 수 있다. 따라서 연소기 입구에서 물분사를 하면 압축기 입구에서 물분사를 하는 것보다 추력증강이 작아진다.

압축기 입구에서의 물분사는 물분사계통과 압축기 입구에서의 결빙을 방지하기 위하여 대기온도가 40°F 이상인 경우에만 실시해야 한다. 그러나 연소기 입구에서 물분사를 실시하는 경우에는 온도제한이 없다. 물분사는 이륙 시에만 사용한다. 물분사에 사용하는 물은 미네랄을 제거한 순수나 증류수를 사용한다. 일반 수돗물은 사용하지 않는데, 이는 수돗물에는 고체 형태의 미네랄이 포함되어 있어 고체입자가 터빈 블레이드와 충돌하여 침식을 야기시키기 때문이다. 일반적으로 순수가 많이 사용되는데, 이는 물에 메틸 또는 에틸알코올을 혼합한 물보다 냉각효과가 더 뛰어나기 때문이다. 물탱크는 내부에는 가열장치를 설치하여 항상 사용 가능한 온도를 유지토록 한다.

물은 이륙 시에 모두 사용하기 때문에 고고도에서 결빙을 염려할 필요가 없다. 그러나 헬리콥터나 터보프롭기와 같이 이착륙이 잦은 항공기는 물의 결빙을 방지하기 위해 물-알코올 혼합액을 사용하도록 규정하고 있다. 대형 항공기의 경우 최근들어 물분사 방법을 사용하지 않는데, 이는 현대식 터보팬엔진은 충분한 추력을 낼 수 있어서 높은 대기온도와 높은 고도에 있는 활주로에서 나타나는 단점을 극복할 수 있기 때문이다. 그러나 다수의 중거리용 여객기(commuter-sized aircraft)와 소형 항공기는 성능 요구조건을 충족시키기 위해 물분사 방법을 사용하고 있다. 소형엔진의 경우 물분사가 완료된 후 항공기가 더 가벼워지는 장점을 가진다. 만약 더 큰 추력을 내기 위하여 더 큰 엔진을 사용한다면 추가되는 엔진 무게와 항공기 무게가 문제가 될 수 있다.

7.4 추력 지시

7.4.1 EPR

항공기에서 추력을 지시하기 위하여 EPR(Engine Pressure Ratio) 게이지를 사용한다. EPR은 그림 7.9에 나타나 있는 것처럼 터빈 출구전압을 엔진 입구전압으로 나눈 값으로 정의하며, 수식으로 표시하면 다음과 같다.

$$EPR = \frac{p_{t,5}}{p_{t,2}} \tag{7.16}$$

여기서 p_t는 전압을 나타내며, 하첨자 2와 5는 스테이션 수(station number)로서 각각 엔진 입구와 터빈 출구를 나타낸다. EPR이 증가할수록 추력이 증가한다. 이는 EPR이 증가함에 따라 터빈 출구전압이 높아져서 배기노즐을 통해 빠져나가는 배기가스 속도가 증가하기 때문이다.

7.4.2 N_1 rpm

N_1이란 그림 7.10에 나타나 있는 듀얼스풀 터보제트엔진의 경우 저압압축기를 의미하며, 그림 7.11에 나타나 있는 듀얼스풀 터보팬엔진의 경우 팬을 의미한다. 듀얼스풀 터보제트엔진의 경우 N_2 고압압축기는 압축기가 가장 높은 효율을 가지는 일정한 속도로 회전하여 가스터빈이 항상 최고의 효율을 가지도록 한다. 그리고 N_1 저압압축기가 출력에 비례하여 회전수가 변하게 된다. 한편, 듀얼스풀 터보팬엔진의 경우 대부분의 추력이 팬에서 생산되기 때문에 추력은 팬의 회전속도에 비례하게 된다. 따라서 그림 7.12에 나타

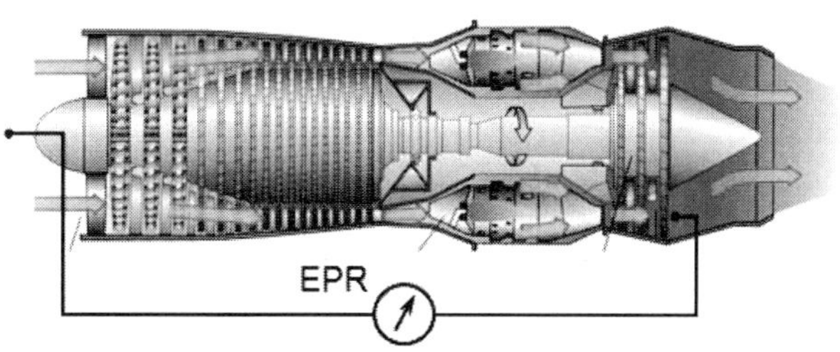

그림 7.9 EPR

나 있는 것처럼 듀얼스풀 엔진의 경우 추력은 N_1 rpm에 선형적으로 비례한다. 따라서 EPR 게이지가 고장인 경우 N_1 rpm을 이용하면 대략적인 추력을 알 수 있다.

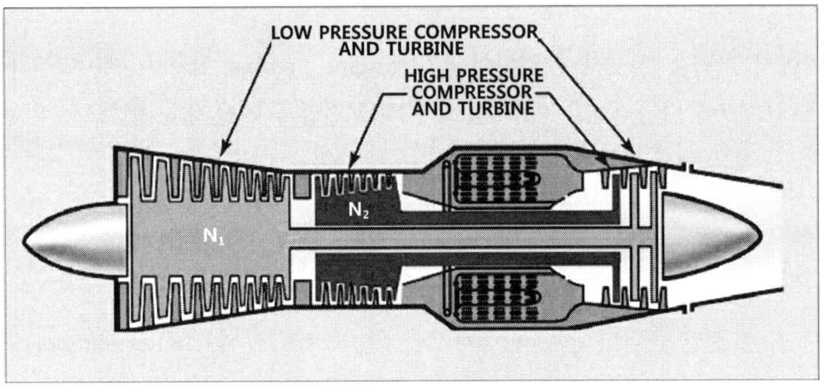

그림 7.10 듀얼스풀 터보제트엔진

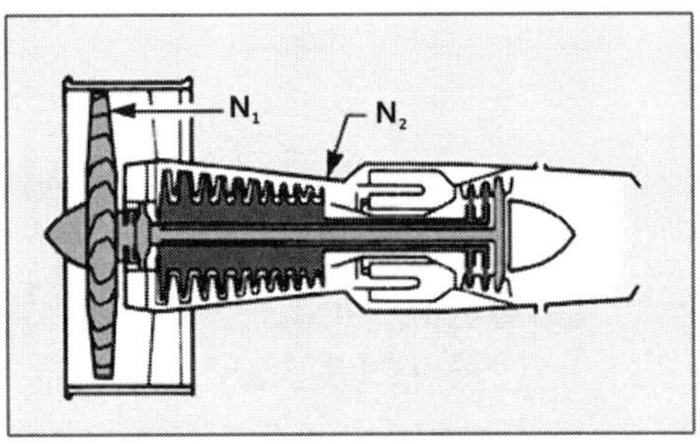

그림 7.11 듀얼스풀 터보팬엔진

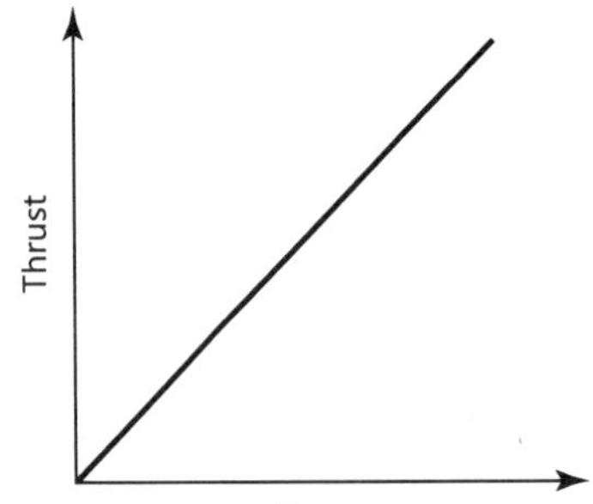

그림 7.12 N_1 rpm 변화에 따른 추력 변화

7.4.3 EGT

가스터빈엔진의 성능에 영향을 미치는 가장 중요한 요소는 압력비와 TIT이다. 그런데 TIT는 너무 고온이라 직접적으로 측정하는 것이 곤란하다. 따라서 TIT 대신에 EGT(Exhaust Gas Temperature)를 측정하여 가스터빈엔진 출력의 지표로 삼는다. TIT가 증가할수록 가스터빈엔진 성능이 증가하기 때문에 EGT가 증가할수록 추력이 증가한다. EGT는 대개 서모커플(thermocouple)을 이용하여 측정한다.

제8장

연료계통

연료계통은 연소하기에 적당한 연료를 엔진에 공급하며, 엔진의 시동, 가속, 안정된 운전에 요구되는 연료유량을 조절하는 기능을 한다. 연료계통을 구성하는 하나 또는 그 이상의 연료펌프는 연료를 연료분사노즐까지 운반한다. 연료계통은 선택된 일정한 엔진속도나 압력비를 유지하기 위하여 연료유량이 엔진을 통과하는 공기유량에 따라 달라져야 하기 때문에 완전자동 형태의 연료조절장치(FCU; Fuel Control Unit)를 구비하고 있다.

8.1 연료계통 일반사항

연료계통은 항공기 지상운전과 공중운전 모든 조건에서 가스터빈엔진에 정확한 양의 연료를 공급하는 기능을 수행한다. 가장 대표적인 항공기 연료계통을 그림 8.1에 나타냈다. 연료계통은 기체연료가 아닌 액체연료가 흐르도록 설계되었기 때문에 증기폐쇄와 같은 위험한 운전특성이 나타나지 않아야 한다.

가스터빈엔진 연료계통은 어떤 운전조건에서라도 요구되는 추력을 얻기 위해 지시에 의해 동력을 증가시키고, 또 감소시킬 수 있어야 한다. 가스터빈엔진의 동력이나 추력의 조절은 연소실 내부로 공급되는 연료유량 조절에 의해 이루어진다. 가스터빈엔진에서 더 많은 동력이나 추력이 요구되는 경우 스로틀을 열어 연료분사노즐의 압력을 증가시키면 연소기로 공급되는 연료유량이 증가한다. 가스터빈엔진에서는 FCU가 연료유량을 조절하는 기능을 수행한다.

연소기로 공급되는 연료유량이 증가하면 TIT가 증가하며, 이런 경우 터빈을 통과하는 배기가스 속도가 증가하여 터빈에서 더 많은 동력이 생산되기 때문에 엔진 회전속도가 증가한다. 엔진 회전속도가 증가하면 엔진으로 유입되는 공기유량이 증가하며, 이에 동반하여 공급되는 연료유량도 증가하여 엔진 추력이 증가한다. 한편, 연소기로 공급되는 연료유량이 감소하면 이 반대과정이 성립한다.

연소기에서 안정하면서 정확한 연소가 이루어지기 위해서는 공연비(공기-연료 비율)가 정확하게 맞아야 한다. 가스터빈엔진으로 유입되는 공기밀도는 비행 고도, 대기온도, 비행속도 변화 등에 의해 달라지기 때문에 엔진으로 유입되는 공기유량과 연료유량 사이의 관계는 매우 복잡하다. 엔진으로 공급되는 연료유량은 엔진으로 유입되는 공기유량 변화를 만족시킬 수 있도록 변해야만 한다. 그렇지 않으면 무게 비로 정의되는 공연비가 달라져서 애초에 선택된 스로틀레버 위치와 다른 엔진 속도가 나타나게 된다. 즉 공연비가 맞지 않으면 엔진 속도가 설정한 속도보다 증가하거나 감소하게 된다.

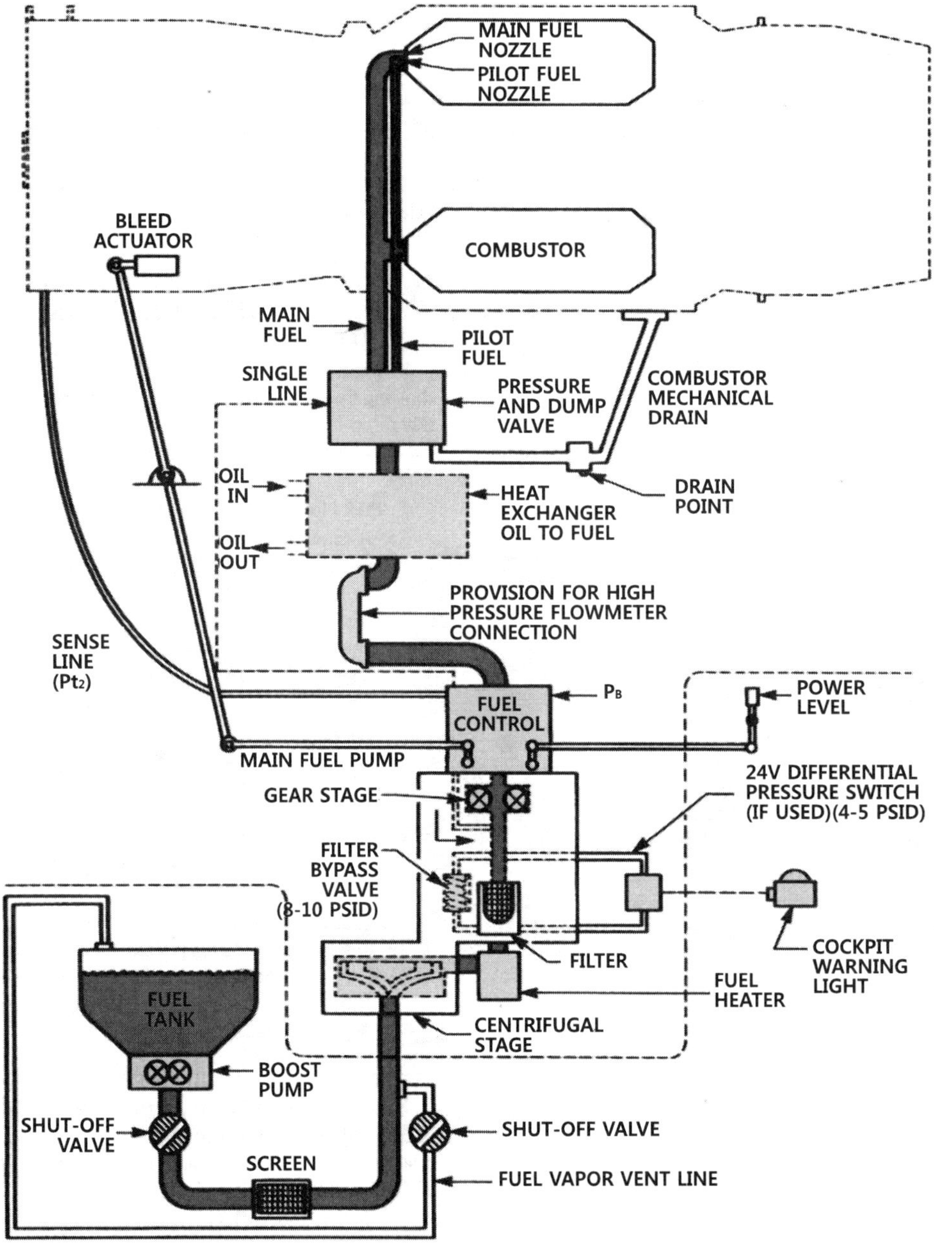

그림 8.1 대표적인 연료계통 (P&W JT12A turbojet)

8.2 가스터빈 연료

항공기에 사용하는 연료에는 두 가지가 존재한다. 하나는 'avgas'라 불리는 항공기용 왕복엔진에 사용하는 항공용 가솔린(aviation gasoline)이며, 다른 하나는 가스터빈엔진에 사용하는 제트연료(jet fuels)이다. 항공기 왕복엔진용 연료인 avgas와 달리 제트연료는 색상처리를 하지 않으며, 무색이거나 담황색을 띤다. 제트연료는 등유(kerosene)와 유사한 액체탄화수소이며, 여기에 가솔린을 약간 혼합하여 사용한다. 가솔린을 혼합하는 이유는 높은 고도에서 연료의 점도가 낮아짐에 따라 연료의 점성이 너무 크게 증가하는 것을 방지하기 위함이다. 연료의 점성이 너무 커지면 연료흐름에 문제가 발생하여 엔진 성능에 나쁜 영향을 미친다.

가스터빈엔진에서 연소에 의해 생성되는 산화물은 거의 모두 기체이다. 그러나 연소생성물 가운데 고체입자가 일부 생성된다. 연소생성물에 고체입자가 포함되어 있으면 터빈 노즐 베인과 버켓에 고속으로 충돌하여 고체입자침식을 유발하기 때문에 제트연료는 연소 시 고체입자 발생이 최소화되어야 한다.

제트연료의 원료인 원유는 다양한 형태의 황 성분을 다량 포함하고 있다. 그러나 제트연료에는 황 성분이 적게 포함되어 있어야 한다. 제트연료에 황 성분이 포함되어 있으면 연료계통에 부식이 발생하며, 연소 후에 생성되는 황화합물 역시 노즐과 버켓 같은 가스터빈엔진 핵심부품을 부식시킨다. 그리고 황화합물은 불쾌한 냄새를 풍긴다. 일반적으로 제트연료는 황 함유량이 질량 기준으로 0.3% 이내가 되도록 규정하고 있다.

8.2.1 제트연료 종류

제트연료는 성분상 등유와 동일하며, 등유유분에 여러 가지 첨가제를 혼합하여 제조한다. 제트연료는 수백 가지의 다양한 탄화수소로 만들어지기 때문에 화학적 조성으로 나타내지 않고 연료가 가지고 있는 특징적 한계에 의해 분류한다. 표 8.1에 가장 대표적으로 분류되는 제트연료의 종류와 특징을 정리하였다.

표 8.1 제트연료 종류 및 특징

종류	형태	결빙점 (°C)	인화점 (°C)	특징
Jet A-1	케로신	−47		• 민간 여객기에 사용 • DERD 2494(영국), ASTM D 1655 규격에 적합하도록 등유유분에 여러 가지 첨가제를 혼합하여 제조
JP-4	와이드컷	−72		• 전투기에 사용 (미국 공군 1951~1995년 사용) • 케로신과 가솔린(납사)을 각각 50%씩 혼합한 유분에 여러 가지 첨가제를 혼합하여 제조 • 인화점(flash point) 낮음
JP-5	케로신	−46	60	• 초음속 항공기에 사용 • 인화점 높음
JP-8	케로신	−47	38	• 전투기에 사용 • JP-4에 비해 안정성 우수 • Jet A-1과 매우 유사 • 미군규격 MIL-T-83133의 규격에 적합하도록 등유유분에 여러 가지 첨가제를 혼합하여 제조 • 현재 국내에서 생산하고 있는 군용 항공유는 JP-8뿐임 • 유사 시 경유를 사용하는 차량 및 탱크 등에도 사용할 수 있도록 고안된 연료

흔히 항공유라고 불리는 제트연료에는 JP-4로 대표되는 와이드컷(wide-cut)과 JP-8로 대표되는 케로신형 연료(kerosene-type) 두 가지가 있다. 와이드컷이라는 명칭은 이 연료가 가솔린(납사)과 케로신을 혼합하여 만들어졌기 때문에 붙여졌다. 와이드컷 제트연료의 장점은 결빙온도가 −60°C 이하이며, 저온에서도 낮은 점성계수를 유지한다는 점이다. 따라서 이 연료는 저온상태의 고고도에서 비행하는 항공기와 온도가 매우 낮은 지역에서 운항하는 항공기에 적합하다. 그러나 이 연료는 케로신형 제트연료에 비해 휘발성이 더 높기 때문에 여러 가지 단점을 가진다. 와이드컷 제트연료의 대표적인 단점으로는 고고도에서 압력이 낮아지는 데 따른 연료의 증발 증가로 인하여 손실이 증가한다는 점, 지상에서 연료의 발화 위험이 증가한다는 점, 그리고 항공기 충돌 시 생존 가능성이 낮아진다는 점 등이 있다. 미군은 2차세계대전 후에 와이드컷 제트연료를 사용하기 시작했으며, 1970년대에 다시 케로신형 제트연료를 사용하기 시작하여 현재는 케로신형 제트연료로 완전히 교체한 상태이다. 한편, 미 해군은 1950년대 초반 이래로 안정성을 고려하여 수송기에 높은 인화점을 가지는 케로신형 제트연료인 JP-5를 사용하고 있다.

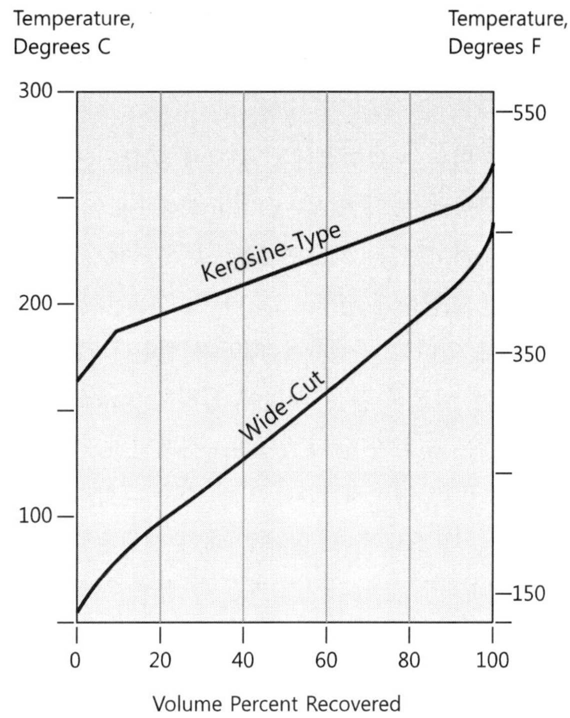

그림 8.2 케로신형과 와이드컷 제트연료의 대표적인 증류곡선

그림 8.2에 케로신형과 와이드컷 제트연료의 증류곡선을 나타냈다. 이 그림으로부터 더 넓은 범위의 탄소 수를 가지는 와이드컷 제트연료가 더 넓은 범위의 끓는점 분포를 가지는 것을 확인할 수 있다.

8.2.2 제트연료에 포함된 물

물은 제트연료 속에 세 가지 형태로 존재할 수 있다. 즉 물은 연료 속에 용해된 형태의 용해수, 연료와 분리된 액체 형태의 자유수(free water), 그리고 연료-물 에멀전(emulsion; 서로 녹지 않는 두 가지 액체의 한편이 다른 쪽에 작은 입자 형태로 분산된 상태) 형태로 존재할 수 있다. 이 가운데 용해수는 문제가 되지 않지만 자유수와 에멀전 형태로 존재하는 물은 잠재적인 위험요소로서 반드시 피해야만 한다.

물은 제트연료에 매우 적은 양이 용해될 수 있다. 그리고 제트연료 속에 용해될 수 있는 물의 양은 연료에 포함된 방향족 화합물 양과 연료 온도가 증가할수록 동반하여 증가한다. 전형적으로 물이 포화된 케로신형 제트연료는 21°C (70°F)에서 40~80 ppm의 용해수를 포함한다. 만약 연료 온도가 상승하면 연료에 더 많은 물이 용해될 수 있다. 이와 반대로 물이 포화되어 있는 연료의 온도가 내려가면 연료에 용해되어 있는 물의 일부가 분리되어 자유수가 된다.

자유수를 포함하지 않고 있는 제트연료에는 공기에 포함되어 있는 물이 유입될 수 있다. 제트연료에 유입될 수 있는 물의 양은 공기의 상대습도에 따라 좌우된다. 상대습도 50%를 가지는 공기와 접촉하고 있는 제트연료는 그 온도에서 물이 포화된 상태의 연료에 포함된 물의 절반만큼만 포함하게 된다. 그러나 이 같은 내용은 제트연료가 자유수 또는 습한 공기와 평형상태에 있다고 가정했을 때만 성립한다. 실제로 연료-물 또는 연료-공기 경계면에 있는 연료는 비교적 짧은 시간에 물평형(water equilibrium)에 도달한다. 그러나 큰 연료탱크에는 많은 연료가 담겨 있으며, 경계면의 면적은 작은 편이라서 연료의 일부는 경계면으로부터 멀리 떨어져 있다. 이런 경우 혼합이 일어나지 않으면 물평형에 도달하기 위해 오랜 시간이 요구된다. 실제로 대형 연료탱크에 저장되어 있는 연료는 대기온도와 상대습도가 지속적으로 달라지기 때문에 결코 완벽한 물평형 상태에 도달하지 못한다.

제트연료에는 자유수가 분리된 액체 상태로 존재한다. 물은 제트연료보다 밀도가 크기 때문에 중력의 영향에 의해 물은 제트연료 하부에 층을 이루어 존재하게 된다. 만약 제트연료와 물이 혼합되면 물과 제트연료는 빠른 시간 내에 다시 분리된다. 이들이 서로 분리되는 속도와 연료-물 경계면의 선명도(sharpness)를 연료의 물 분리성(water separability)이라 한다. 앞서 언급했듯이 물이 포화되어 있는 상태의 연료가 냉각되면 자유수가 분리되어 분산된 물(dispersed water)이라고도 불리는 다수의 매우 작은 물방울이 형성된다. 그리고 이들 매우 작은 물방울들은 서서히 서로 합쳐진다. 이렇게 물방울이 연료에 떠있게 되면 연료는 뿌옇게 된다. 한편, 연료 온도가 충분히 올라가서 물이 다시 용해되면 뿌옇게 보였던 것이 사라진다.

에멀전이란 두 가지의 혼합되지 않는 액체의 혼합물로서 하나의 연속상(continuous phase) 물질에 다른 물질이 직경 100 미크론 이하의 매우 작은 액적 형태로 존재하는 것을 말한다. 가장 대표적인 에멀전으로는 오일(연속상 물질)에 달걀의 노른자(액적)를 혼합한 마요네즈가 있다. 일반적으로 서로 혼합되지 않는 액체가 서로 다른 밀도나 표면장력을 가지는 경우 서로 분리되는 반면에 에멀전은 장기간 분리되지 않고 혼합 상태를 유지한다. 이 혼합물은 액적 표면에 모여서 서로 합쳐지는 것을 방해하는 계면활성제에 의해 안정된 상태를 유지하게 된다. 서로 합쳐지지 않는 액체들은 매우 다른 극성을 가진다. 물과 제트연료의 경우에 물은 극성 물질이며, 제트연료는 비극성 물질이다. 일부 분자들은 동일한 분자 내부에 극성 그룹과 비극성 그룹 모두를 포함하고 있다. 이런 이중성을 가진 분자가 서로 혼합되지 않는 두 가지 액체 사이의 경계면으로 이동하여 극성 그룹은 극성 액체와 반응하고, 비극성 그룹은 비극성 액체와 반응한다. 즉 이런 분자들은 서로 혼합되지 않는 액체 사이 경계면에서 활성화되기 때문에 이런 분자들을 계면활성제라고 한다. 그리고 계면활성제는 액체 전체가 아니라 경계면에서 작용하기 때문에 매우 적은 양으로 큰 체적의 액체 특성에 영향을 미칠 수 있다. 제트연료에서 발견되는 일부 계면활성제는 나프텐산과 페놀로서 자연적으로 원유에 포함되어 있는 물질이다. 그리고 설폰산과 같은 계면활성제가 정제과정에서 유입되기도 한다. 이 밖에도 연료공급계통에서 오염에 의해 다른 계면활성제가 유입되기도 한다. 계면활성제는 연료-물 에멀전을 형성하게 하는 원인물질뿐만 아니라 다른 문제도 유발시킨다. 즉 계면활성제는 제트연료에 포함되어 있는 자유수를 제거하기 위한 필터의 기능을 손상시킨다. 따라서 제트연료에 포함되어 있는 계면활성제는 일반적으로 점토처리(clay treatment)를 통해 제거한다. 점토처리란 천연 백토류 또는 이것을 가공한 것을 이용하여 석유 증류분을 정제하는 것을 말한다. 흡착성이 강한 백토와 석유 증류분을 접촉시켜 불포화 탄화수소, 수지질, 아스팔트질, 질소, 황 등의 화합물과 물, 고형물 등을 제거시키면 연료의 색, 냄새, 안정성 등이 개선된다.

8.2.3 제트연료 첨가제

항공기 연료는 아무리 주의를 기울여도 연료 주입과정에서 일정량의 물이 연료와 함께 주입된다. 그리고 항공기가 고고도에서 장시간 비행한 후에는 연료탱크 표면과 연료 온도가 지상에서 주입할 때보다 낮아진다. 이때 연료에 용해되어 있던 물이 연료 온도가 낮아짐에 따라 연료로부터 분리되어 얼음 결정이 형성된다. 연료에 포함된 얼음 결정은 연료필터를 막히게 하며, 연료계통 구성품에 충돌하면서 부착되어 연료흐름을 방해한다. 대부분의 상업용 항공기는 주연료필터에 포집된 얼음을 녹이기 위한 연료가열기를 장착하고 있다. 그러나 많은 군용기는 연료가열기를 장착하지 않고 있기 때문에 얼음 결정이 형성되는 경우 연료유량이 줄어들기 쉽다. 따라서 이런 현상이 나타나는 것을 방지하기 위해 제트연료에 연료 첨가제를 혼합한다.

가장 일반적인 제트연료 첨가제는 연료 방빙과 미생물 억제제이다. 가장 많이 사용하는 연료 방빙 및 미생물 억제제는 휴스턴화학(Houston Chemical Co.)에서 제작하여 판매하는 'Prist'이다. Prist는 연료 온도가 내려감에 따라 첨가제가 더 높은 농도로 물과 결합하여 물의 빙점을 연료 온도보다 낮게 유지시켜 준다. Prist 첨가제는 장기간 공기와의 접촉을 포함하여 산화제와의 접촉을 피해야만 한다.

대부분의 경우 첨가제는 연료공급회사가 연료에 섞는다. 만일 연료공급회사가 연료에 미리 섞지 않으면 연료를 항공기에 주입할 때 넣어야 한다. 이는 연료 주입 시 발생하는 연료흐름의 난류에 의해 첨가제와 연료의 혼합이 촉진되기 때문이다.

연료탱크에 물이 포함되어 있는 경우 연료 자체에서 자연스럽게 미생물이 성장한다. 미생물 억제제는 연료에 포함되어 있는 미생물, 곰팡이류, 박테리아를 죽인다. 연료에 포함되어 있는 미생물은 유기체가 박테리아나 곰팡이류에 관계없이 심각한 효과를 나타낸다. 이들 미생물은 부식화합물을 형성하여 연료탱크의 금속 벽과 바닥을 부식시킨다.
대형 항공기는 대부분 항공기 날개를 연료탱크로 사용하기 때문에 날개가 구조적으로 약해지는 문제 발생한다. 따라서 날개를 연료탱크로 사용(wet wings)하는 비행기의 경우 연료탱크 내벽을 부식저항성을 가지는 물질로 코팅처리 해준다. 그러나 어떤 경우에는 미생물이 이 코팅층을 침투하여 심각한 부식을 야기하기도 한다. 따라서 부식뿐만 아니라 미생물 공격을 견딜 수 있는 새로운 코팅방법이 개발되고 있다.

이런 이유 때문에 충분한 시간 동안 운항한 항공기의 연료탱크는 그 내부를 완전하게 점검하는 것이 매우 중요하다. 만약 부식이나 미생물 흔적이 발견되면 탱크 내부를 세척하고, 긁어낸 후 다시 코팅해야 한다. 만약 연료탱크 벽과 바닥에 눈에 띄는 부식 흔적이 존재하는 경우에는 교체 또는 수리할 필요가 있다.

8.3 가스터빈 연료계통 주요 구성품

가스터빈엔진에서 보기류(accessary section)란 연료펌프, 오일펌프, FCU, 그리고 유압펌프 및 발전기 등과 같은 가스터빈엔진 운전에 필수적인 요소들을 지칭한다. 보기류는 터보제트엔진의 경우 그림 8.3에 나타나 있는 것처럼 압축기 아래, 터보팬엔진의 경우 그림 8.4에 나타나 있는 것처럼 나셀에 위치하고 있는 기어박스에 장착되어 있다. 보기류의 구동력은 터빈에서 생산된 동력을 이용하기 때문에 가스터빈엔진으로부터 전달되며, 각각의 요소들은 그림 8.5에 나타나 있는 것처럼 기어를 통해 동력을 전달받는다. 따라서 이들 요소들은 기어 윤활을 위해 박스에 담겨있으며, 이 박스를 기어박스라 한다.

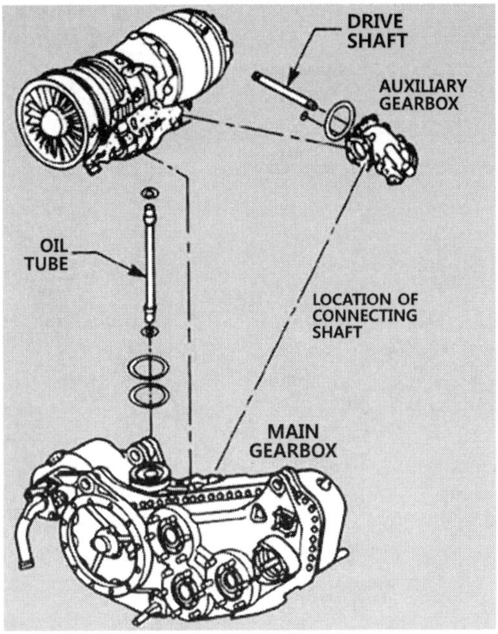

그림 8.3 터보제트엔진 기어박스 설치 위치

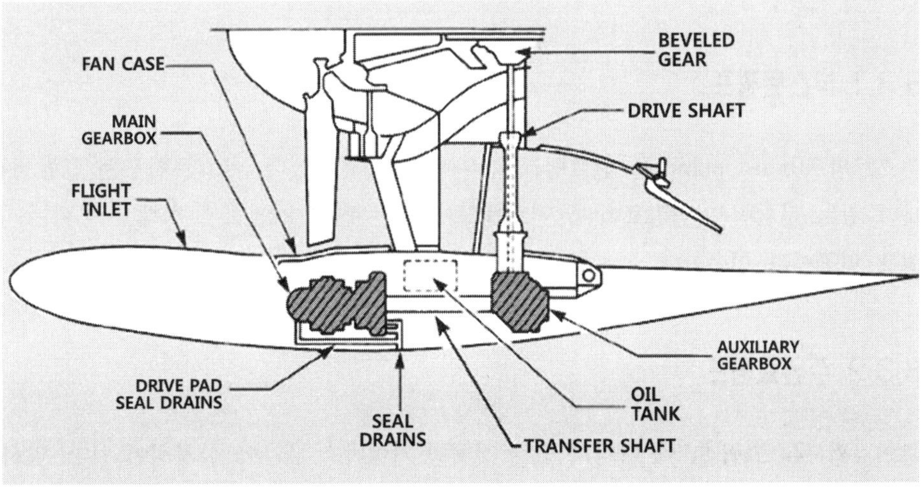

그림 8.4 터보팬엔진 기어박스 설치 위치

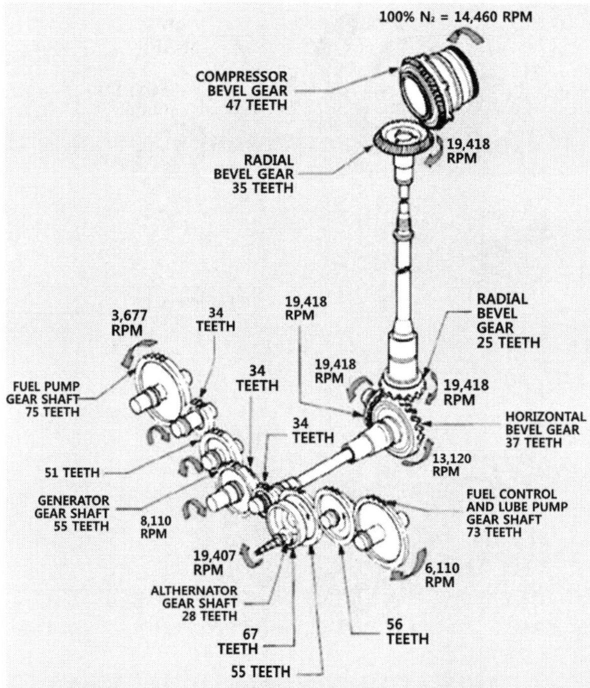

그림 8.5 기어박스로의 동력 전달

8.3.1 부스트펌프

부스트펌프(boost pump)는 연료탱크 하부에 설치되어 있다. 부스트펌프는 그림 8.6에 나타나 있는 것처럼 원심펌프이며, 연료탱크에 있는 연료를 엔진에 의해 구동되는 주연료펌프 입구까지 이송한다.

8.3.2 주연료펌프

주연료펌프는 그림 8.7에 나타나 있는 것처럼 기어박스 내부에 설치되어 있다. 앞서 언급했듯이 주연료펌프는 가스터빈엔진 동력으로 구동된다. 따라서 엔진속도가 증가하면 펌프 속도도 증가하여 더 많은 연료가 공급된다. 펌프는 엔진에서 요구하는 것보다 더 많은 양의 연료를 FCU에 연속적으로 공급할 수 있도록 설계한다. 그리고 FCU는 연소실에 요구되는 연료량을 공급한 후 나머지 연료를 차압조절밸브를 통해 펌프 입구로 되돌려

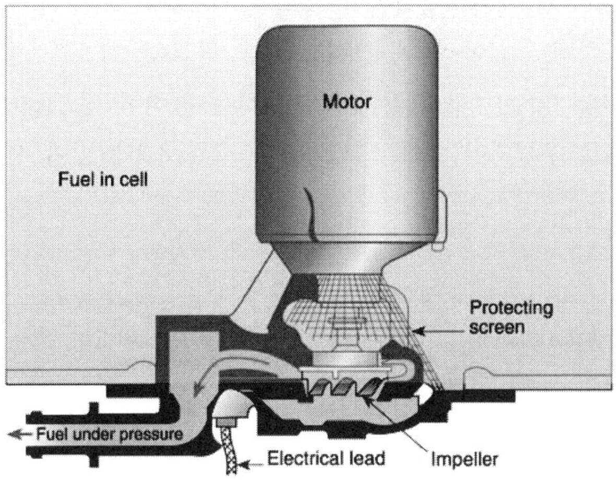

그림 8.6 부스트펌프

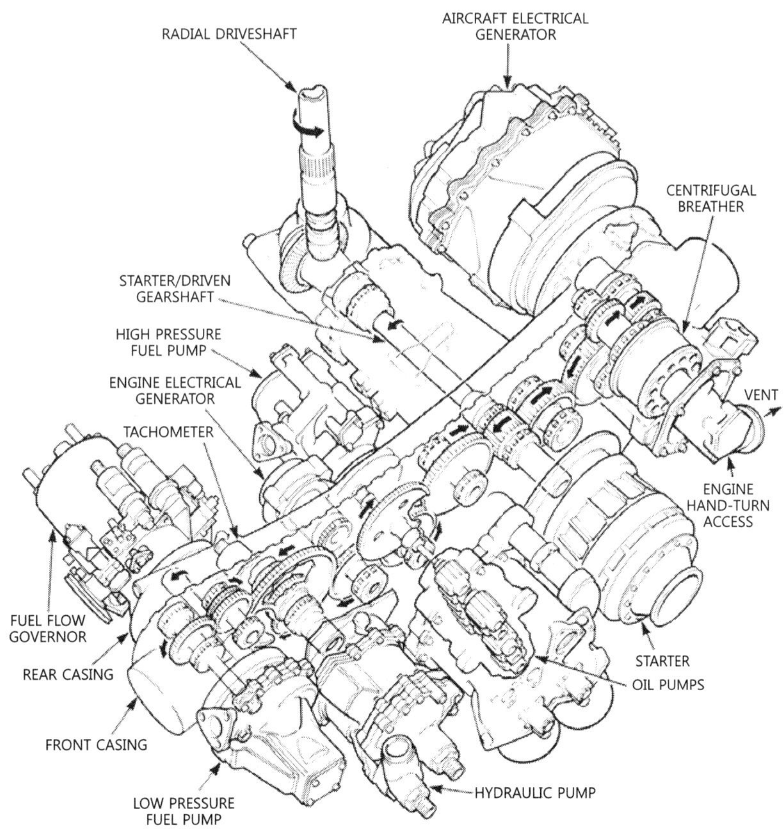

그림 8.7 기어박스 내부에 설치되어 있는 연료펌프

보낸다. 주연료펌프는 자가윤활 방식이며, 일반적으로 하나 또는 두 개의 요소로 이루어져 있는 스퍼기어 형태로 되어 있다. 그리고 가끔 원심승압요소를 포함하고 있다. 한편, 주연료펌프는 회전당 정해진 양의 유체를 송출하는 용적형 펌프(positive displacement pump)인 기어펌프로 구성되어 있다. 그림 8.8과 그림 8.9에 많이 사용하는 연료펌프를 나타냈다.

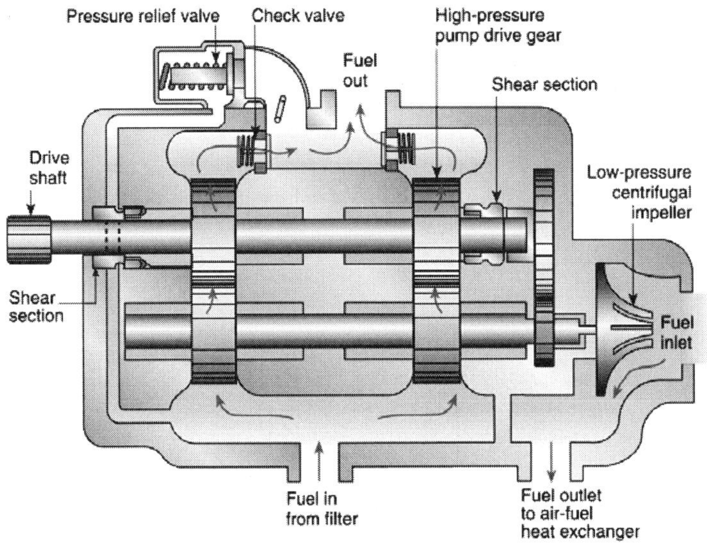

그림 8.8 다단 연료펌프

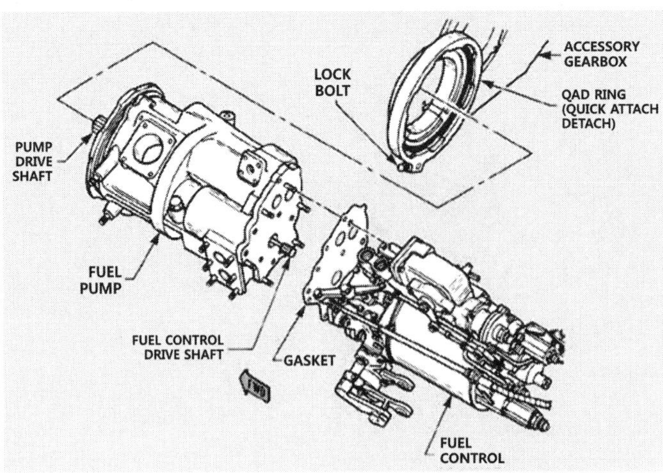

그림 8.9 FCU와 일렬로 설치되어 있는 연료펌프

8.3.3 연료가열기

일부 엔진은 연료 가열을 위해 윤활계통의 오일냉각기만을 사용하지만, 일부 엔진은 별도의 연료가열기를 가지고 있다. 연료가열기는 연료공급 중에 유입된 물에 의해 얼음 결정이 형성되는 것을 막아준다. 이런 이유로 연료가열기는 빙결 방지기(de-icer)라고도 한다. 얼음 결정이 형성되면 연료필터가 막히게 된다. 이런 경우 여과되지 않은 연료가 하류에 있는 구성품으로 흘러가서 문제를 일으킬 수 있다. 그리고 심한 경우 결빙은 연료 흐름을 방해하며, 필터 하류 구성품에 다시 결빙이 발생하면 연소기로 공급되는 연료유량이 급감하여 연소가 정지하는 현상이 발생한다. 이런 현상을 방지하기 위해 필터 결빙이 지나쳐 압력이 저하되면 계기판에 경고등이 켜진다.

연료-오일냉각기 또는 연료가열기는 주연료 승압펌프(boost pump)와 주연료펌프 필터 입구 사이에 설치한다. 연료가열기의 작동시간은 제한된다. 즉 연료가열기는 이륙 전 1분간만 사용한다. 이는 연료의 과잉가열은 증기폐쇄의 원인이 되며, FCU에 열손상을 유발시킬 수 있기 때문이다. 한편, 비행 중에는 연료필터 바이패스 등이 켜지면 연료가열기를 작동시킨다. 그리고 이륙, 착륙, 복행 시에는 연료가열기를 작동시키면 안 된다. 이는 극한 비행영역에서 연료를 가열하면 연료증발로 인해 연소정지 위험이 발생하기 때문이다.

연료-오일냉각기만으로 연료의 결빙을 막을 수 있는 경우에는 독립된 연료가열기를 사용하지 않는다. 그러나 연료-오일냉각기 대신에 공기-오일냉각기를 사용하는 경우에는 보통 연료가열기를 사용한다. 그림 8.10에 대표적인 연료가열기가 나타나 있다.

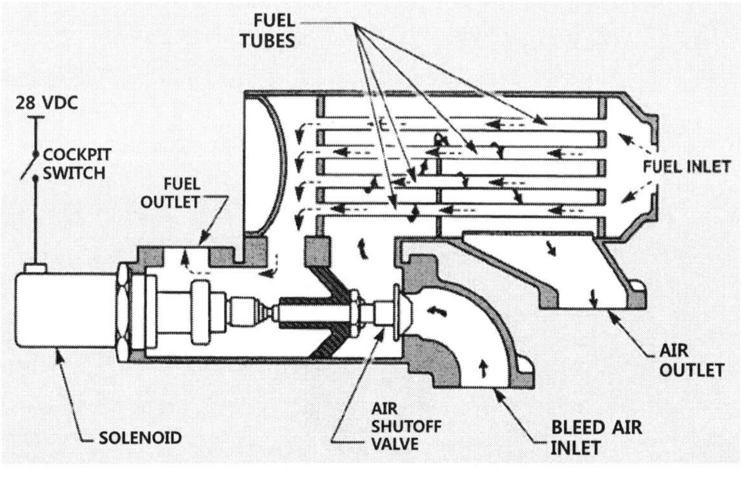

그림 8.10 대표적인 연료가열기

8.3.4 연료필터

연료필터는 연료에 포함되어 있는 이물질과 얼음을 걸러준다. 연료에 이물질이 포함되어 있으면 연료노즐을 막아 연료분사가 비정상적인 형태로 이루어진다. 따라서 그림 8.11에 나타나 있는 것처럼 가스터빈에는 미세한 연료필터를 사용하여 매우 작은 크기의 이물질까지 제거한다. 한편, 필터에 이물질이 축적되면 압력손실이 증가하기 때문에 연소기로 공급되는 연료유량이 줄어든다. 따라서 그림 8.12에 나타나 있는 것처럼 필터 입구와 출구의 압력차를 측정하여 미리 설정한 압력차에 도달하면 바이패스밸브가 열리면서 연료가 필터를 우회하여 공급된다.

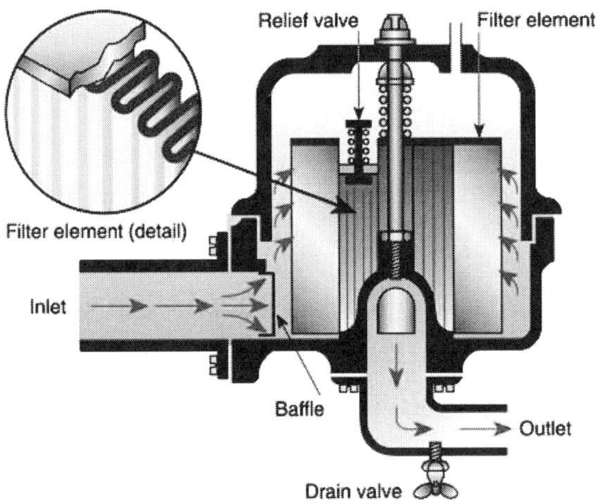

그림 8.11 가스터빈 연료계통에 사용하는 미세 연료필터

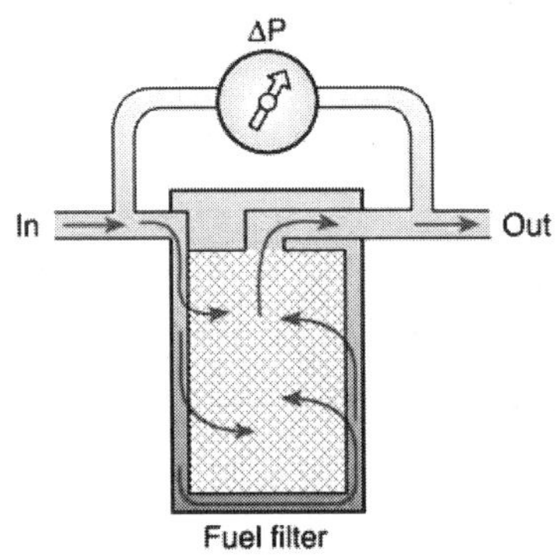

그림 8.12 연료필터 차압 측정

8.3.5 연료노즐

연료분배기라고도 불리는 연료노즐은 연료계통 마지막 구성품이다. 연료는 액체상태에서 연소되지 않기 때문에 신속한 연소를 위해 무화(atomization)시켜 연소실에 공급한다. 원추형의 무화된 분무형태는 매우 미세한 연료 액적으로 큰 연료 표면적을 형성한다. 가장 적합한 화염 형태는 높은 압력상태에서 형성되는데, 이는 고압상태에서 미세한 연료 액적이 쉽게 기화되어 연소하기 때문이다. 압력이 부족한 시동 중이나 탈설계조건에서는 연료 액적이 쉽게 기화되지 않기 때문에 화염 길이가 증가하는 경향을 가진다. 그리고 만약 분무형태가 약간 뒤틀리면 화염이 라이너 중앙에 위치하지 않고 라이너 표면에 닿아 열점을 형성하며, 심한 경우 라이너에 구멍이 생기게 할 수 있다.

무화되지 않은 연료의 흐름을 핫스트리킹(hot streaking)이라 하는데, 그림 8.13을 통해 유추할 수 있듯이 핫스트리킹은 냉각공기 막을 뚫고 지나가서 연소기 라이너에 충돌하거나 터빈 노즐과 같은 하류에 있는 구성품까지 진행하기 때문에 위험하다. 핫스트리킹은 노즐 내에 이물질이 존재하거나 노즐 오리피스 외부에 카본이 침착된 경우 발생한다.

단식노즐(simplex nozzle)은 작고 둥근 오리피스로 하나의 분무를 제공한다. 그림 8.14에 나타나 있는 것처럼 단식노즐은 내부 플루트형 스핀실에서 선회운동을 형성시켜 연료의 축방향 속도를 줄이며, 연료는 오리피스를 빠져나갈 때 무화된다. 노즐 내부에 있는

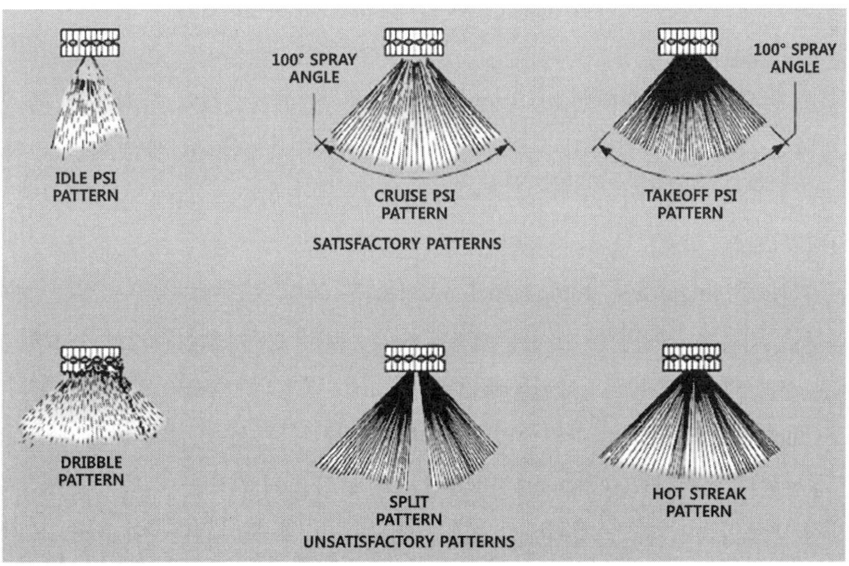

그림 8.13 단식노즐 분사 형태

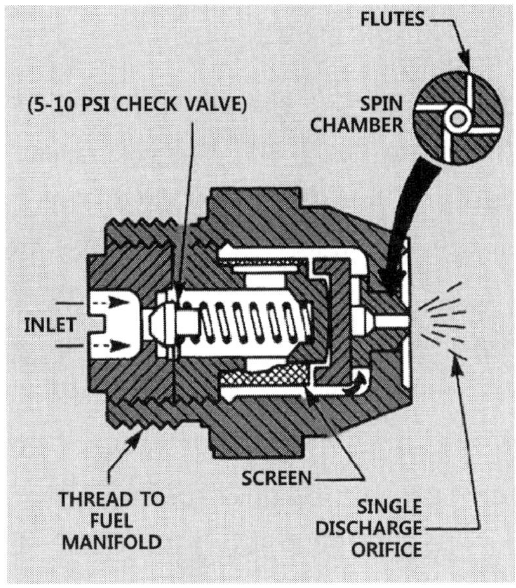

그림 8.14 단식노즐

체크밸브는 엔진 정지 후에 연료를 차단시켜 연료가 연료 매니폴드로부터 연소실 내부로 흘러가 방울 형태로 떨어지는 것을 방지한다. 주연료 노즐로서 단식노즐을 적용한 연료 계통은 향상된 점화를 위하여 매우 미세한 입자를 분무하는 한 개의 더 작은 단식노즐을 가지고 있다. 이 노즐은 프라이머 또는 시동노즐이라 불리며, 점화가 완료된 후 이 밸브는 작동하지 않는다.

단식노즐을 적용한 경우 부분연소(sector burning)를 실시하는 것이 특징이다. 즉 엔진 시동 시 전체 노즐 가운데 절반 또는 그 이상을 사용하여 시동한 후 지상 아이들 속도까지 운전한다. 그 다음 비행 아이들 속도에서는 연료 압력이 충분히 높아져서 체크밸브를 밀어내 나머지 모든 연료노즐을 사용한다.

단선 복식노즐(single-line duplex fuel nozzles)은 그림 8.15에 나타나 있는 것처럼 하나의 입구로 연료를 공급받아 유량분배기에서 두 개의 분무 오리피스로 연료를 분배한다. 엔진 시동과 가속에서 아이들에 이르기까지 중앙의 둥근 오리피스가 1차연료(primary fuel)라고도 불리는 파일럿연료(pilot fuel)를 시동 시에 점화가 용이하도록 넓은 각으로 분사한다. 2차연료(secondary fuel)라고도 불리는 주연료는 외부의 환형노즐이 미리 정해진 연료압력이 되면 열리면서 파일럿연료와 함께 분사된다. 이 외부 오리피스로부터 분사되는 연료는 압력이 높고 양도 많으므로 고출력 시에도 연료가 라이너에 부딪히지 않도록 좁은 각도로 분사한다. 복식노즐도 효율적인 연료 분무 및 연료-공기 혼합을

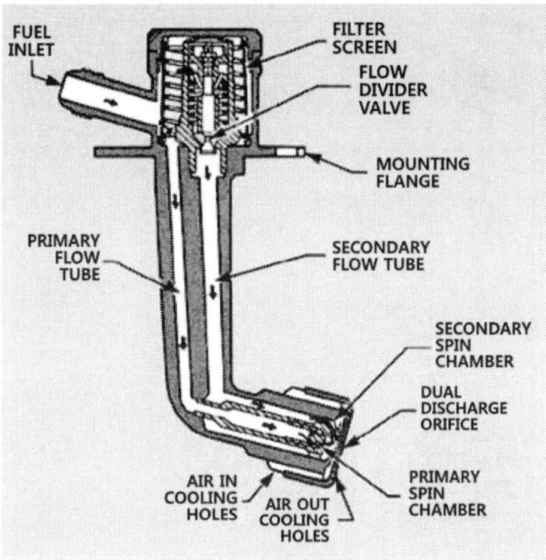

(a) 노즐 형상

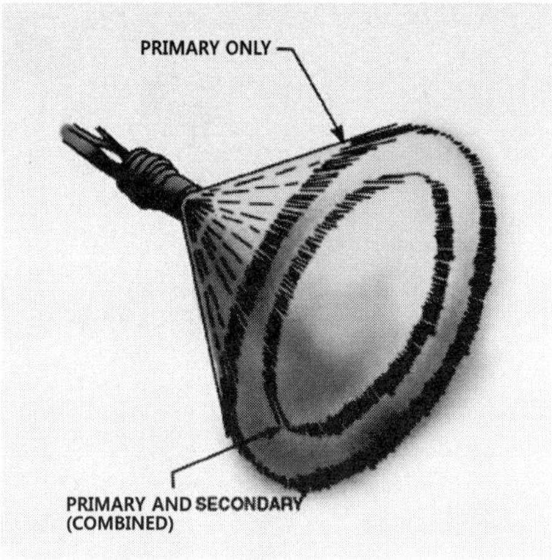

(b) 분무 형상

그림 8.15 단선 복식노즐

위하여 각 오리피스마다 스핀실을 사용한다.

복선 복식노즐(dual-line duplex fuel nozzles)은 단선 복식노즐과 유사하며, 단지 1차연료와 2차연료를 분리하는 유량분배기가 없는 것이 특징이다. 이 노즐은 P&D 밸브(Pressuring and Dump valve)를 이용하여 1차연료(pilot fuel)와 2차연료(main fuel)를 분배한다. 그림 8.16에 복선 복식노즐 형상을 나타냈다.

8.3.6 P&D 밸브

P&D 밸브는 복선 복식연료노즐 이용 시 1차연료와 2차연료를 분배하는 역할을 담당하며, FCU와 연료 매니폴드 사이에 설치한다. 그림 8.17에 P&D 밸브와 그 주위 연료흐름을 나타냈다. 가압(pressuring)이란 것은 그림 8.18에 나타나 있는 것처럼 미리 정해진 압력에 의해 P&D 밸브 내의 가압밸브를 열어 1차연료 매니폴드뿐만 아니라 2차연료 매니폴드로도 연료가 흐르게 하는 것을 의미한다.

기관 시동 및 아이들 작동 시는 연료량이 최대출력 시의 1/10 정도로 적으며, 압력도 낮기 때문에 2차연료의 여압밸브는 스프링 힘으로 닫혀있고 1차연료만 흐른다. 출력이 증가하고 연료량이 증가되어 압력이 일정한 값 이상에 도달하면 여압밸브가 열리고 2차연료가 흐르게 된다.

덤프(dump)라는 것은 엔진 정지 후에 매니폴드 계통 내부의 연료를 모두 비운다는 것을

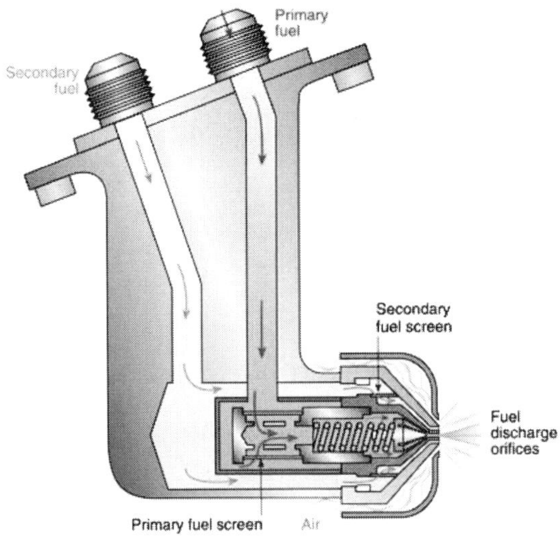

(a) 노즐 형상

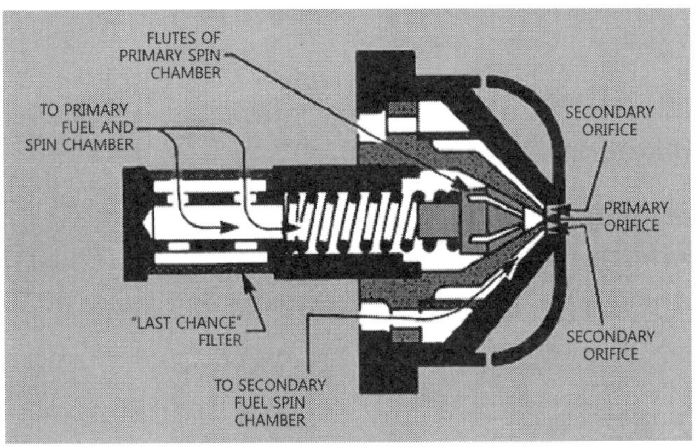

(b) 노즐 단면 형상

그림 8.16 복선 복식노즐

의미한다. 연료를 비움으로써 연소를 신속하게 차단할 수 있다. 아울러 매니폴드 내부에 연료가 남아 있으면 엔진 열에 의해 연료가 끓게 된다. 이런 경우 정밀하게 보정되어 있는 흐름통로에 고체물질이 부착되어 흐름통로를 막는다. 따라서 엔진이 정지한 후 매니폴드 내에 연료가 남아 있으면 탄화를 발생시킬 위험이 있으며, 남아 있는 연료는 연소실 내부에서 연소 위험이 있으므로 덤프밸브가 열려서 1차 연료를 드레인 탱크로 빼내고 이것을 이륙 중에 대기 중으로 방출시킨다. 최근에는 대기오염 방지를 위하여 드레인 밸브 방출구를 막아서 사용하지 않는다.

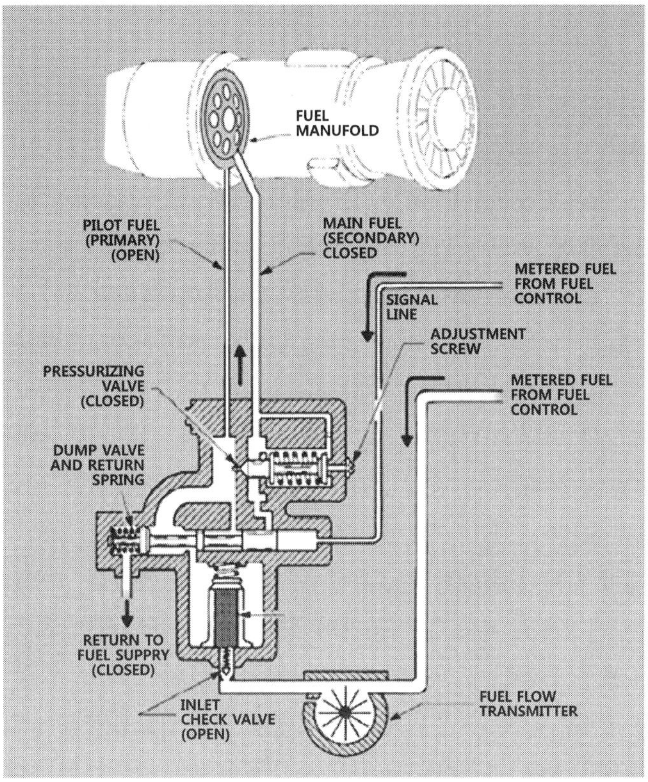

그림 8.17 P&D 밸브

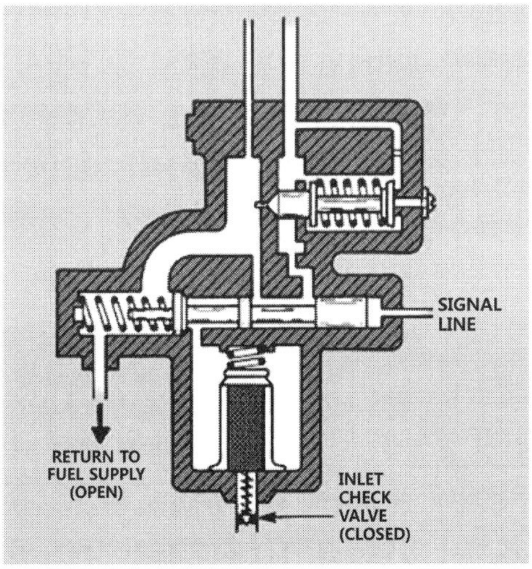

(a) 여압밸브 닫힘

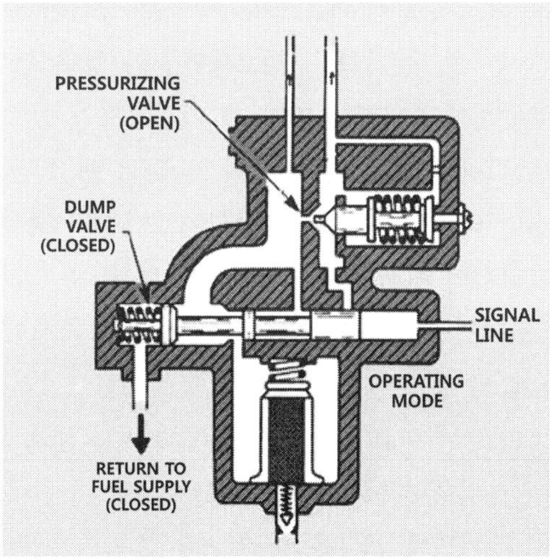

(b) 여압밸브 열림

그림 8.18 P&D 밸브의 여압밸브 상태

8.3.7 FCU

연료계통은 선택된 일정한 엔진속도나 압력비를 유지하기 위하여 엔진을 통과하는 공기유량에 따라 연소기로 공급하는 연료유량이 달라져야 하기 때문에 완전자동 형태의 연료조절장치(FCU; Fuel Control Unit)를 구비해야 한다. 즉 연소영역에 항상 이론공연비 15:1을 유지시키기 위해 FCU가 필요하다. 이론공연비란 이상적인 연료-공기 무게 비율로서 연소 후 연료와 공기 모두 남지 않는 상태를 지칭하며, 화학량적인 조건(stoichiometric condition)이라고도 한다. 경우에 따라서 이론공연비를 60:1이라고도 하는데, 이는 연소기로 유입되는 연료의 연소에 사용되는 1차공기 대신에 1차공기와 2차공기(연소기 냉각 및 연소가스 희석에 사용되는 공기)를 합친 전체공기유량을 기준으로 나타낸 경우이다. 참고로, 1차공기유량이 전체공기유량의 25%라면 이론공연비 15:1은 전체공기유량을 기준으로 60:1이 된다.

FCU는 파워레버 위치에 적합한 연료유량을 엔진에 공급해준다. 파워레버 위치가 일단 설정되면 FCU는 엔진으로 유입되는 공기의 상태변화를 반영하여 자동적으로 연소기에 공급되는 연료유량을 조절하며, 파워레버 위치에 상당하는 TIT를 일정하게 유지시킨다.

조종사가 파워레버를 앞으로 밀면 연소기로 공급되는 연료유량이 증가한다. 추력형 엔진인 터보제트엔진의 경우 연소기로 공급되는 연료유량이 증가하면 TIT가 증가하며, 터빈을 통과하는 배기가스 속도가 증가하여 터빈에서 더 많은 동력이 생산되기 때문에 엔진 속도가 증가한다. 엔진 속도가 증가하면 엔진으로 유입되는 공기유량이 증가하여 엔진 추력이 증가한다. 터보팬엔진의 경우 연료유량이 증가하면 터빈 출력이 증가하여 팬 구동력이 증가함에 따라 팬 회전속도가 증가하여 추력이 증가한다. 참고로, 터보팬엔진의 팬은 피치조절 기능이 없다. 따라서 팬 회전속도가 증가하면 추력이 증가한다. 토크형 엔진인 터보프롭엔진과 터보샤프트엔진의 경우 연료유량이 증가하면 터빈 출력이 증가하여 프로펠러 회전속도가 일정하게 유지되는 경우 프로펠러 블레이드 각이 커져서 추력이 증가하며, 프로펠러 블레이드 각이 일정하게 유지되는 경우 프로펠러 회전속도가 증가하여 추력이 증가한다.

FCU는 연료유량 조절을 통하여 엔진의 가감속 성능을 향상시킨다. 가속을 위해 급격히 파워레버를 작동시키면 연료유량은 즉시 증가되나 관성력에 의하여 엔진 회전은 급격히 증가되지 않는다. 이런 경우 혼합기가 농후해져서 화염소실, TIT의 과도한 상승, 압축기 실속 등이 초래된다. 한편, 감속 시에 연료 공급이 급격히 줄어들면 혼합기가 희박해져 화염소실 발생한다.

FCU는 미터링부(metering section), 센싱부(sensing section), 컴퓨팅부(computing section)

로 구성되어 있다. 미터링부는 FCU에 의해 정확하게 계량된 연료를 엔진으로 공급하며, FCU 내부에 정확한 운전압력을 형성한다.

센싱부는 연료조절에 필요한 다양한 데이터를 감지하는데, 대표적인 데이터는 다음과 같다.

1) 파워레버 위치
2) 엔진 속도
3) 엔진 입구 압력
4) 압축기 출구 압력
5) 연소실 압력
6) 압축기 입구 온도

엔진 속도는 그림 8.19에 나타나 있는 것처럼 FCU 내부에 있는 플라이웨이트 조속기(flyweight governor)를 통해 감지한다. 이 신호는 정상상태 및 가속/감속 연료 스케줄링에 사용한다. 대부분의 가스터빈엔진은 아이들에서 최대출력까지 도달하는 데 5~10초가 소요된다.

엔진 입구에 있는 프로브(probe)에 의해 입구 전압력(p_{t_2})이 FCU의 벨로즈(bellows)로 전달된다. 입구 전압력은 램 조건으로서 비행속도와 비행고도를 감지하여 엔진 입구에서 일어나는 공기의 상태변화를 FCU에 제공한다.

압축기 출구압력(p_{s_4})은 FCU 내부 벨로즈로 전달되는 공기의 정압으로 감지한다. 이 정보는 FCU에 제공되어 엔진에 공급되는 공기의 질량유량을 계산하는 데 이용된다.

연소실 압력(p_b)을 감지하기 위해 라이너 내부 정압이 FCU로 전달된다. 엔진 연소실 압력과 공기 중량 사이에는 선형적인 관계가 있다. 만일 연소실 압력이 10% 증가하면 공기의 질량유량도 10% 증가하기 때문에 연소실 벨로즈는 10% 더 많은 연료를 보내서 정확한 공연비를 유지시킨다. 연소실 압력 측정은 매우 중요한데, 그 이유는 이 신호에 즉각 반응하여 실속, 연소정지, 과열상태가 되는 것을 막을 수 있기 때문이다.

압축기 입구 온도(T_{t_2})는 FCU에 있는 모세관 튜브로 전달된다. 모세관 튜브는 열에 민감한 액체나 기체로 채워져 있어 전달되는 온도에 따라 수축 또는 팽창한다. 이 정보는 연료 스케줄을 설정할 수 있는 공기밀도에 대한 정보를 FCU에 제공한다.

컴퓨팅부는 그림 8.19에 점선으로 나타나 있다. 파워레버(1)를 앞으로 밀면 플라이웨이트 스피더 스프링이 압축되면서 플라이웨이트를 안쪽으로 굽어지게 하여 저속조건이 된다. 파일럿서보밸브(12)는 유체가 위아래로 이동하면서 파일럿서보밸브로드의 급격한

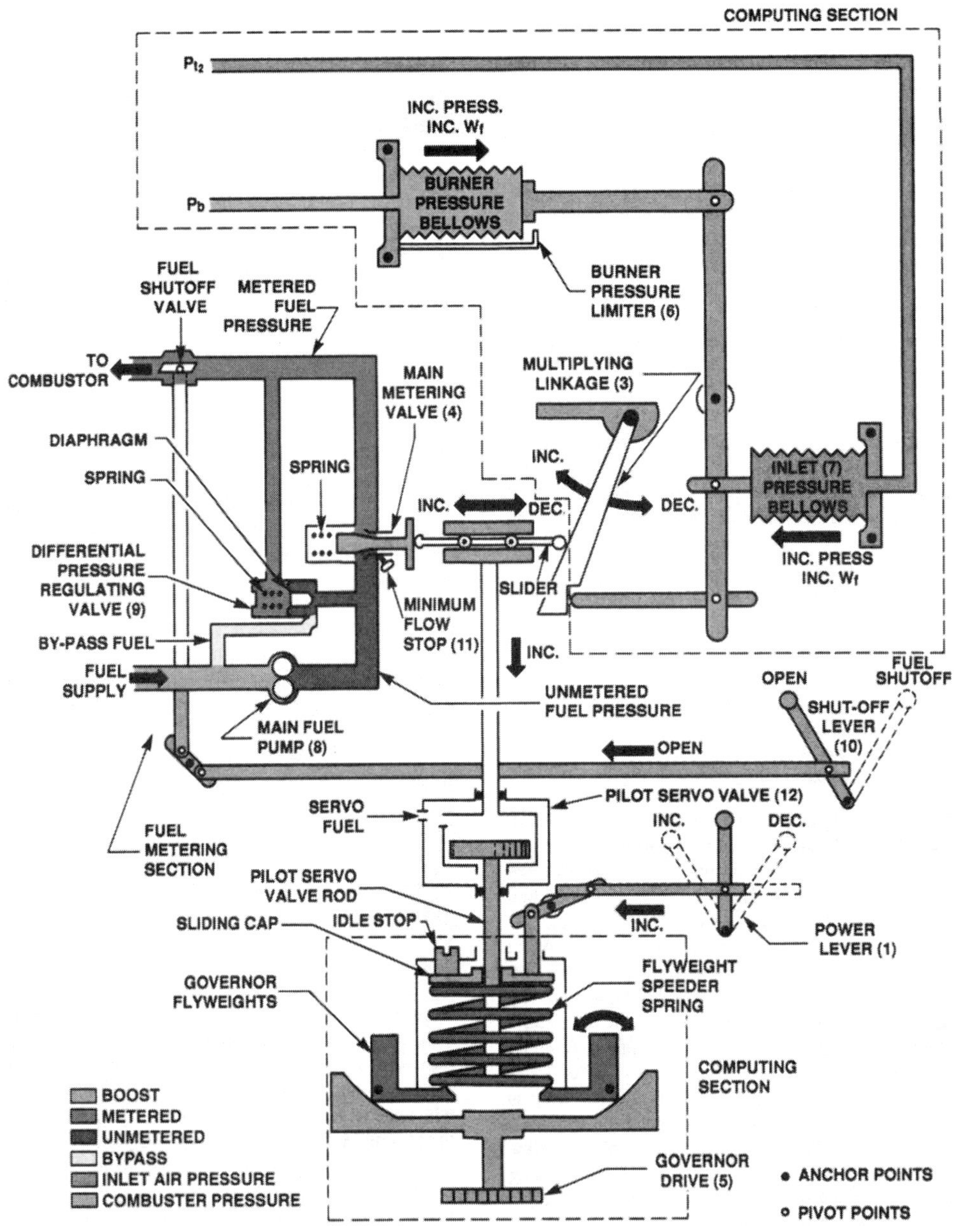

그림 8.19 대표적인 FCU

이동을 방지한다. 저속조건이 형성되면 슬라이더가 멀티플라잉 링케이지(3) 경사면을 따라 내려오면서 왼쪽으로 향한다. 슬라이더가 스프링 장력을 이기면서 메인메터링밸브(4)를 왼쪽으로 밀어서 엔진으로 공급되는 연료유량을 증가시킨다. 연료가 증가되면서 엔진이 가속되어 조속기 축(5)이 더 빠르게 회전한다. 조속기 축의 회전속도가 증가함에 따라 플라이웨이트에 작용하는 원심력이 증가하여 스피더스프링 장력과 평형을 이루면서 플라이웨이트는 똑바로 서게 된다. 플라이웨이트가 똑바로 서면 엔진은 평형상태에 도달하게 되는 것이며, 이 상태에서 다음 부하변동에 다음과 같이 준비한다.

1) 과속조건(over-speed condition)

(1) 엔진 부하가 감소하면 엔진이 가속된다.

(2) 플라이웨이트가 밖으로 벌어지고 연료 공급이 일부 막힌다.

(3) 엔진이 정속상태로 돌아온다. 플라이웨이트가 똑바로 서며, 플라이웨이트에 작용하는 원심력과 스피더스프링에 작용하는 힘이 평형을 이룬다.

2) 저속조건(under-speed condition)

(1) 엔진 부하가 증가하면 엔진이 감속된다.

(2) 플라이웨이트가 안쪽으로 움직지고 연료 공급이 증가한다.

(3) 엔진이 정속상태로 돌아온다. 플라이웨이트가 똑바로 서며, 플라이웨이트에 작용하는 원심력과 스피더스프링에 작용하는 힘이 평형을 이룬다.

3) 파워레버 전방 이동

(1) 파워레버를 앞으로 밀면 스피더스프링이 압축되어 플라이웨이트가 안쪽으로 움직여서 가짜(false) 저속조건이 만들어진다.

(2) 연료유량이 증가하면서 엔진이 가속되어 플라이웨이트가 바깥쪽으로 벌어지면서 새로운 스피더스프링 힘과 다시 평형을 이룬다.

많은 엔진에서 연소실 정압이 공기의 질량유량 측정에 유용하게 사용된다. 만약 공기의 질량유량을 안다면 쉽게 공연비를 조절할 수 있다. 연소실 압력이 증가함에 따라 벨로즈가 오른쪽으로 팽창한다. 벨로즈의 과도한 이동은 버너리미터(6)에 의해 제한된다. 벨로즈가 팽창하면 멀티플라잉링케이지(3)가 슬라이더를 왼쪽으로 밀어서 증가된 공기의 질량유량에 연료유량이 적합해지도록 메터링밸브(4)를 연다. 이런 조건은 비행속도, 입구램압력, 엔진으로 유입되는 공기의 질량유량이 증가하는 항공기의 기수하향 상태에서 일어난다.

엔진 입구 압력이 증가하면 엔진으로 유입되는 공기의 질량유량이 증가한다. 따라서 엔진 입구 압력이 증가하면 입구압력 벨로즈(7)가 팽창하여 멀티플라잉링케이지(3)가 슬라이더를 왼쪽으로 밀어서 증가된 공기의 질량유량에 연료유량이 적합해지도록 메터링밸브(4)를 연다.

전자기술 발달로 기존의 유압-기계식 FCU와 아날로그 전자식 FCU 대신에 디지털 전자식 기관조절장치(FADEC; Full Authority Digital Electric Control)가 출현하였다. FADEC은 고성능 마이크로 컴퓨터로 되어 있다. FADEC은 비행상태에 최적인 상태로 엔진을 조절하기 때문에 엔진 상태량뿐만 아니라 비행 상태량을 포함한 다수의 입력신호를 전산처리 한다. 이를 통하여 엔진의 연료유량(FMU; Fuel Metering Unit), 압축기 가변스테이터 각도, 실속방지용 압축기 브리드 밸브, ACCS 등을 종합적으로 조절한다.

8.4 엔진 트리밍

엔진 트리밍(engine trimming)은 정해진 회전수와 운용한계를 초과하지 않은 상태에서 엔진의 정격출력을 유지하기 위해서 실시한다. 신규엔진은 최적의 성능을 발휘하지만 엔진의 사용기간이 늘어남에 따라 압축기 블레이드에 파울링이 발생하거나 FOD에 의해 손상을 입으면 압축기 효율이 저하되어 엔진 출력이 저하된다. 이런 출력감소를 보상하기 위하여 엔진 트리밍을 실시한다.

엔진 트리밍은 엔진을 항공기에 장착한 상태에서 실시하거나 엔진 시운전실에서 실시하며, 아이들 속도와 최대추력을 조정한다. 아이들 속도는 추력이 필요치 않은 운전 동안에 엔진이 회전하는 속도를 의미한다. 특정 엔진에 따라 최대 퍼센트 rpm 조정이나 최대 EPR(Engine Pressure Ratio) 조정은 엔진에서 생산할 수 있는 정확한 추력을 보증한다. 이 추력 값을 제작사가 보증하는 정격추력이라 하며, 간단하게 정격추력이라 한다. 엔진 트리밍은 엔진 추력이 의심스러울 때와 제작사에 의해 규정된 정비작업을 마친 후 실시한다. 예를 들면, 엔진 교환, 모듈 교환, FCU 교환 후에는 엔진 트리밍을 실시해야 한다.

항공기 연결계통은 시간이 오래됨에 따라 늘어날 수 있으며, 이는 조종석과 엔진조절계통 사이에 연결 상태가 나빠지거나 파워레버의 쿠션기능이 상실되는 원인이 된다. 이런 경우에 트리밍이 요구된다. 엔진 트리밍과 관련하여 엔진의 추가적인 성능 시험을 위해 가속점검을 실시한다. 대형 엔진이라도 아이들 출력에서 전출력까지 가속하는 데 5~10초가 소요된다.

파워레버의 경우 트리밍 작업으로 스프링백과 쿠션을 점검한다. 이를 위해 그림 8.20에 나타나 있는 것처럼 트리밍 전과 후에 파워레버를 완전히 앞으로 밀었다가 놓는다. 그리고 파워레버의 스프링백 거리를 측정하고 정해진 공차와 비교한다. 만약 공차한계를 벗어나는 경우 FCU에 연결된 항공기조절계통의 조절이 필요하게 된다.

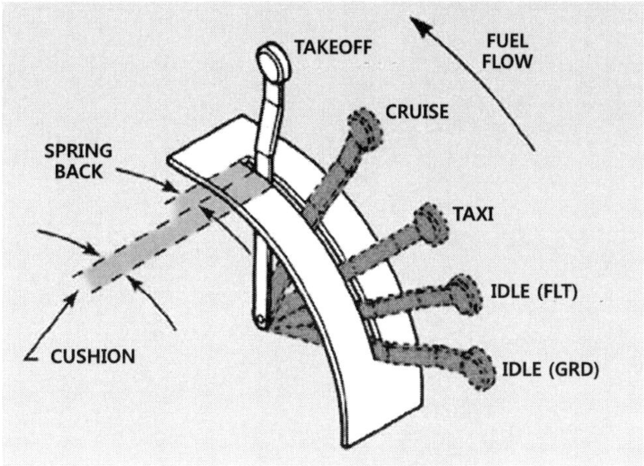

그림 8.20 스프링백과 쿠션 점검

터보제트엔진 및 터보팬엔진과 같은 추력 발생 엔진은 엔진압력비(EPR: Engine Pressure Ratio) 또는 팬속도 트리밍을 실시한다. 엔진이 엔진압력비 계통을 가지고 있지 않는 경우에는 팬속도 트리밍을 실시한다. 이 경우 엔진 출력을 설정하기 위해 회전계(tachometer)를 사용한다.

제9장

윤활계통

윤활유(엔진오일)는 고체마찰을 유체마찰로 대체시켜 마찰을 줄여준다. 그러므로 윤활은 서로 맞닿아 문지름이 발생하는 기계장치에서 발생하는 마모를 방지하는 필수적인 요소이다. 따라서 가스터빈 베어링과 기어처럼 고속으로 회전하면서 큰 부하가 걸리고 온도가 높은 환경에서 서로 마찰이 일어나는 금속표면 사이에 유막이 안정되게 형성되어야 한다. 만약 베어링에 오일 공급이 중단되면 베어링 표면에 흠집이 생기고, 마찰열이 발생하여 부품이 팽창하여 고착되며, 결국에는 부품이 타버리는 현상이 발생한다.

윤활계통의 목적은 서로 맞닿아 움직이면서 마찰이 일어나는 베어링과 기어에 정확한 압력과 온도를 가진 깨끗한 오일을 공급하는 것이다. 베어링과 기어에 공급된 오일은 마찰을 감소시킴으로써 동력손실을 줄여주어 엔진 효율을 향상시키며, 마모를 줄여 엔진의 내구성을 향상시키고, 윤활개소에서 발생한 열을 흡수하여 냉각시켜주며, 마찰과정에서 발생한 금속조각을 운반하여 필터에 모이게 한다. 이밖에도 오일은 윤활개소를 적셔주어 공기에 노출되는 것을 차단함으로써 부식을 방지한다. 또한 오일감쇄베어링(oil dampened bearing)인 경우 베어링 외부 레이스와 베어링 하우징 사이에 유막을 제공한다. 이 경우 오일이 로터에서 발생하는 동적 부하가 케이싱으로 전달되는 것을 줄여준다. 이렇게 하면 진동 수준과 케이싱에 전달되는 피로하중이 줄어든다. 따라서 가스터빈엔진의 윤활계통은 엔진이 안전하면서도 신뢰성 있는 운전에 필수적인 여러 가지 기능, 즉 윤활, 마찰감소, 냉각, 청정(cleaning), 충격완화, 부식방지기능을 수행한다.

9.1 엔진오일 특성

가스터빈엔진의 출력이 증가함에 따라 항공기는 온도가 낮은 더 높은 고도에서 비행할 수 있게 되었다. 아울러 가스터빈엔진의 성능을 향상시키기 위해 가스터빈엔진에서 나타나는 최고온도가 증가하였다. 이로 인해 엔진 외부에 설치하는 오일탱크의 내부 온도는 더욱 낮아졌으며, 터빈 근처에 설치하는 베어링의 운전온도는 더욱 높아졌다. 따라서 가스터빈엔진에 사용하는 오일은 매우 넓은 온도 범위에서 윤활특성을 유지해야 한다. 초기에 개발된 가스터빈엔진은 원유로부터 추출한 석유계 윤활유를 사용하였다. 그러나 높은 온도에서 고속으로 운전되는 현대식 가스터빈엔진이 개발되면서 합성윤활유를 사용하고 있다. 석유계 윤활유를 현대식 가스터빈엔진에 사용하면 고온에서 쉽게 산화되어 오일필터와 오일통로 막힘 현상이 발생한다. 이에 반해 합성윤활유는 고온에서 윤활유 특성을 유지하도록 인공적으로 만든 것으로서 고온에서 증발하지 않고 쉽게 산화되지도 않는다. 여기서 엔진오일이 갖추어야 할 중요한 특성을 살펴보기로 한다.

9.1.1 점성

점성(viscosity)은 엔진오일의 가장 중요한 특성이다. 오일은 서로 꼭 끼워 맞춰있으면서 빠르게 이동하고 있는 부품 사이에 쉽게 흘러들어갈 수 있을 정도로 점성이 충분히 낮아야 하며, 동시에 금속 간 접촉이 일어나서 마모가 발생하는 것을 방지할 수 있을 정도로 점성이 충분히 높아야 한다. 오일의 점성은 온도에 의해 가장 큰 영향을 받는데, 낮은 온도에서 큰 점성을 가지며, 온도가 증가할수록 점성이 작아진다. 점성이 작아지면 오일 내부 저항이 작아지기 때문에 윤활에 따른 동력손실이 줄어드는 장점이 있다. 그러나 점성이 너무 작아지면 오일이 하중을 전달하는 능력이 줄어들어 유막이 파괴되어 더 이상 윤활작용을 수행할 수 없게 된다. 유막이 파괴되면 금속 간 접촉이 발생하여 마모가 급격히 진행된다.

온도변화에 따른 오일의 점성변화를 나타내는 척도로 점도지수(viscosity index)를 사용한다. 점도지수가 클수록 온도변화에 따른 점성변화가 작게 나타나는 우수한 오일이다. 점도지수가 35~80이면 중간이고, 80~110이면 높은 것이며, 110 이상이면 매우 높은 것으로 분류한다.

9.1.2 유동점

오일이 중력에 의해 흐르는 가장 낮은 온도를 유동점이라 한다. 오일은 온도가 낮아져서 유동점에 도달하면 점성이 크게 증가하여 굳어지면서 흐름을 멈춘다. 온도가 매우 낮은 고고도에서 운전하는 가스터빈엔진에 사용하는 오일은 낮은 유동점을 가져야 한다. 아울러 매우 낮은 온도에서 엔진 시동을 위해 오일의 유동점이 충분히 낮아야 한다. 가스터빈엔진에 많이 사용하는 Type 3 오일의 유동점은 −62°C (−80°F)이다.

9.1.3 인화점

오일을 가열하여 어떤 온도에 도달하면 가연성 증기가 발생하기 시작한다. 이때 유면 상부에 점화원을 가까이 대면 최초로 점화되는 온도가 인화점이다. 가스터빈엔진은 고온에서 운전되기 때문에 오일계통에서 화재를 피하기 위해 인화점이 충분히 높은 오일을 사용해야 한다. Type 3 오일의 인화점은 250°C보다 높다.

9.1.4 산화 안정성

오일이 산소와 결합하는 것을 산화라 한다. 오일이 산소와 결합하면 산(acids)과 슬러지가 형성되기 때문에 두꺼워지면서 점성이 증가한다. 따라서 오일이 산화되면 윤활 능력이 떨어진다. 오일이 산소와 반응하는 속도는 오일 온도와 오염 정도가 증가할수록 빨라진다. 따라서 오일의 산화 저항성은 오일의 내구성에 영향을 미치기 때문에 오일의 중요한 특성 가운데 하나이다. Type 3 오일은 오일 온도가 220°C에 도달할 때까지 산화 저항성을 가진다.

9.1.5 열적 안정성

오일은 냉각기능을 수행한다. 가스터빈엔진의 베어링과 기어에서는 마찰이 일어나면서 열이 발생한다. 오일은 윤활과정에서 이런 윤활개소에서 발생한 열을 흡수하여 온도가 높아지며, 오일쿨러에서 냉각되어 다시 온도가 낮아진다. 열적 안정성이란 고온에서 오일 화합물이 분해되지 않는 성질을 나타낸다. 오일 분자들은 여러 가지 화합물로 구성되어 있다. 고온에서 이들 분자들이 분리되면 오일의 화학조성과 윤활능력이 달라진다. 이런 분해는 대개 엔진오일의 정상적인 운전온도보다 훨씬 높은 온도에서 일어나야 한다. Type 3 오일은 340°C보다 낮은 온도에서는 화학적 분해가 일어나지 않는다.

9.2 합성윤활유 취급 주의사항

석유계 윤활유와 달리 합성윤활유는 취급하는 데 있어 주의를 기울여야만 한다. 합성윤활유는 높은 용해특성을 가지고 있기 때문에 페인트, 에나멜, 그리고 다른 물질에 침투하여 용해시킨다. 아울러 합성윤활유를 만지거나 피부에 남아 있으면 신체손상을 입을 수 있다. 따라서 합성윤활유를 취급할 때 엎지르거나 피부에 닿지 않도록 주의를 기울여야 한다. 만약 합성윤활유를 엎지른 경우에는 신속하게 닦아내고 세척하거나 적당한 세제를 이용하여 처리해야 한다.

9.3 윤활 개소

가스터빈엔진에 사용되는 로터 베어링은 볼베어링과 롤러베어링이다. 이들 베어링에는 윤활을 목적으로 그림 9.1에 나타나 있는 것처럼 압력펌프를 이용하여 오일을 공급하여 베어링마다 하나 또는 다수의 노즐을 통하여 오일을 분사한다. 오일에 의해 적셔지는 부분은 단지 베어링실(bearing chamber, or bearing compartment) 내부이며, 베어링실 외부 로터와 가스통로에는 오일이 공급되지 않도록 해야 한다. 이를 위해 그림 9.2에 나타나 있는 것처럼 베어링실 벽과 회전축 사이에 오일이 누설되지 않도록 밀봉시킨다. 이 부분 밀봉을 위해 사용하는 실은 카본 실과 라비린스 실 두 가지가 사용된다.

기어박스에도 기어 축을 지탱하기 위하여 볼베어링과 롤러베어링이 사용된다. 따라서 그림 9.3에 나타나 있는 것처럼 기어박스를 구성하는 기어와 베어링에도 엔진 로터 베어링에서처럼 오일노즐을 통해 오일이 공급된다. 베어링과 기어에서 흘러내린 오일은 베어링실과 기어박스 하부에 모인다. 이렇게 사용한 오일이 모이는 베어링실과 기어박스 하부를 섬프(sump)라 한다. 섬프에 고인 오일은 스캐빈지펌프(소기펌프)를 이용하여 오일 탱크로 이송한다.

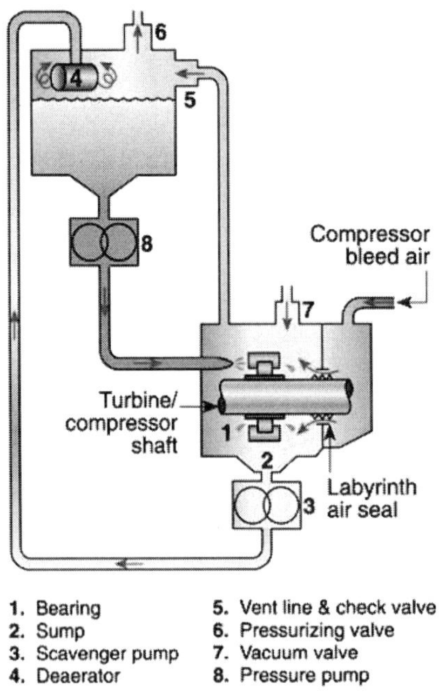

그림 9.1 간략한 윤활계통 개략도

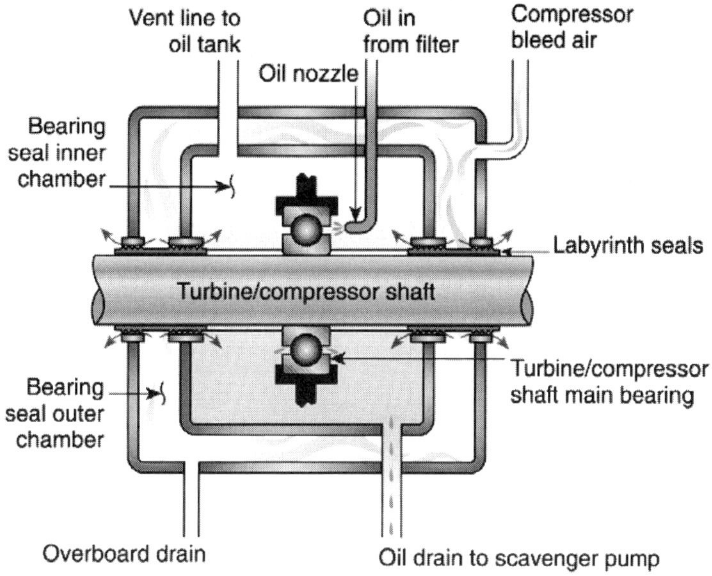

그림 9.2 터빈 축 메인 베어링과 베어링 주위 실

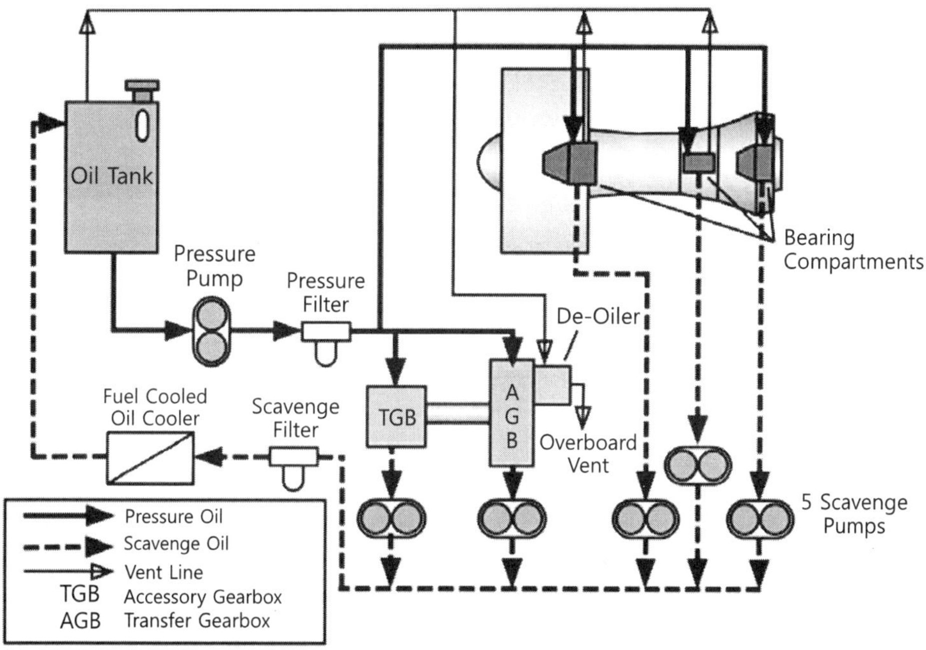

그림 9.3 대표적인 가스터빈엔진 윤활계통 개략도

9.4 윤활계통 종류

가스터빈엔진은 다양한 형상으로 설계되고 제작되어 왔다. 따라서 각각의 가스터빈엔진은 다양한 형태의 윤활계통을 설계하여 장착하고 있다. 윤활계통 종류는 베어링실에 공급되는 오일의 압력을 조절하는 방식에 따라 압력경감밸브계통(pressure relief valve system)과 전유량계통(full-flow system) 두 가지로 분류한다. 이들의 주된 차이점은 베어링으로 공급하는 오일유량을 조절하는 데 있다.

9.4.1 압력경감밸브계통

정압계통이라고도 불리는 압력경감밸브계통은 오일 공급관에 작용하는 압력을 주어진 일정한 값으로 제한함으로써 베어링실로 공급하는 오일유량을 조절한다. 이는 스프링밸브가 미리 설정한 값을 초과하면 열리도록 설계하여 잉여오일을 압력펌프 출구에서 오일탱크나 또는 그림 9.4에 나타나 있는 것처럼 압력펌프 입구로 복귀시킴으로써 오일 공급관의 압력을 일정하게 유지시키는 방법이다. 밸브는 엔진의 아이들 속도에서 나타나는 압력에서 열리도록 설계되어 있다. 그러므로 정상적인 엔진 운전속도에서 오일 공급관에

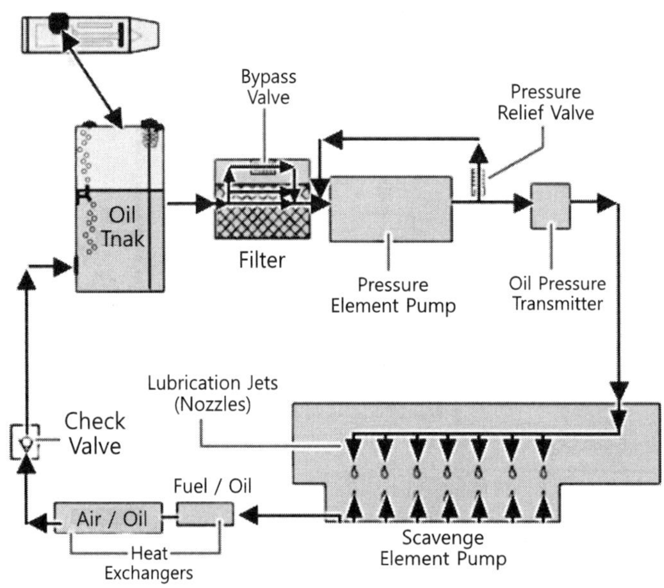

그림 9.4 압력경감밸브계통

일정한 압력이 작용한다. 그러나 엔진 속도가 증가하면 베어링실 압력이 급격하게 상승한다. 이런 경우 베어링실과 급유제트 사이의 압력차가 줄어들기 때문에 엔진속도가 증가함에 따라 베어링으로 공급되는 오일유량이 줄어든다. 이런 문제점을 완화시키기 위하여 일부 압력경감밸브계통은 밸브 스프링 부하를 증가시키기 위하여 증가된 베어링실 압력을 사용한다. 이런 방법을 이용하면 오일 공급관에 작용하는 압력이 증가하여 높은 엔진속도에서 베어링실 압력이 증가하더라도 오일유량을 일정하게 유지할 수 있다.

9.4.2 전유량계통

비록 압력경감밸브계통이 엔진속도가 증가하더라도 베어링실 압력이 크게 증가하지 않아 낮은 베어링실 압력을 유지하는 엔진에는 적합하지만 높은 베어링실 압력을 가지는 엔진에는 적합하지 않다. 이는 베어링실 압력이 높으면 오일 공급압력을 증가시켜야 하기 때문에 더 큰 압력펌프를 사용해야 하며, 엔진이 저속으로 회전할 때 요구되는 오일유량을 맞추어주기 어렵기 때문이다.

전유량계통은 오일압력을 규제하는 장치가 없으며, 압력펌프에서 형성된 압력을 가진 오일을 급유제트에 직접 공급하여 엔진속도 전체 영역에 걸쳐 요구되는 오일유량을 공급한다. 따라서 베어링실에 공급되는 오일유량은 압력펌프 운전속도, 오일공급배관과 오일노즐 단면적 및 오일 점성에 의해 결정된다. 참고로, 전유량계통은 엔진속도에 비례하여 압력펌프 출구압력이 증가하기 때문에 엔진속도에 비례하여 더 많은 오일이 베어링에 공급된다. 따라서 압력펌프 크기는 최대의 엔진속도에서 요구되는 오일유량에 의해 결정된다.

전유량계통은 압력경감밸브계통에 비해 더 작은 압력펌프와 스캐빈지펌프를 사용한다. 압력경감밸브계통은 압력펌프 출구에 일정한 오일압력을 형성시켜주기 위하여 압력펌프를 통과한 연료유량 가운데 일부를 연료탱크로 돌려보내야 하기 때문에 전유량계통보다 더 큰 압력펌프를 사용해야 하며, 압력을 규제하는 장치도 함께 설치해야 한다. 이로 인해 압력계통 무게가 증가하고 운전 동력이 증가하는 단점이 있다. 따라서 대부분의 가스터빈엔진은 전유량계통을 채택하고 있다. 그림 9.3에 나타나 있는 윤활계통은 전유량계통이다.

9.5 윤활계통 구성품

윤활계통은 윤활이 요구되는 곳에 오일을 공급해주며, 사용한 오일을 펌프를 이용하여 다시 회수하여 재사용할 수 있도록 해준다. 따라서 윤활계통은 오일을 순환시키기 위한 세 개의 하부계통, 즉 오일 저장 및 공급계통, 사용한 오일을 회수하기 위한 스캐빈지계통, 사용한 오일에 포함된 공기를 분리하여 윤활계통 외부로 내보내기 위한 벤트계통으로 구성된다. 그림 9.5에 가스터빈엔진 윤활계통 개략도를 나타냈다.

9.5.1 오일탱크

윤활계통은 별도의 오일탱크를 갖춘 건식계통(dry-sump system)과 오일탱크가 없는 습식계통(wet-sump system)으로 분류한다. 대부분의 가스터빈엔진에서 채택하고 있는 건식계통은 오일용량이 더 크며, 오일의 온도를 조절하기 위하여 오일쿨러를 갖추고 있다.

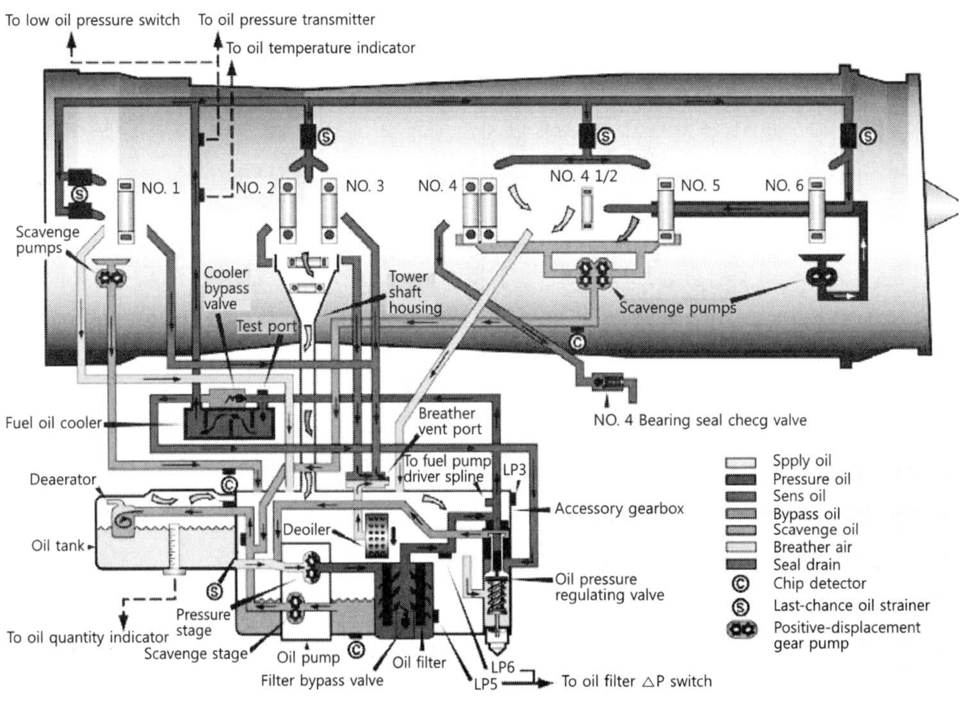

그림 9.5 간략한 윤활계통 개략도

적은 양의 오일이 필요하면서 냉각이 요구되지 않는 가스터빈엔진은 습식계통으로 설계한다. 습식계통에서 오일은 액세서리 기어 케이싱이나 액세서리 기어 케이싱 바닥에 설치한 섬프에 저장한다. 오일은 게이싱의 일부만 차지하기 때문에 윤활 후에 발생하는 거품과 온도상승에 의한 오일의 체적팽창을 수용할 수 있다. 그리고 기어박스 내부에 있는 탈기기는 오일에 포함되어 있는 거품을 제거하여 외부로 배출시킨다. 습식계통의 단점은 섬프 용량에 의해 오일 공급량이 제한되며, 오일을 냉각시키기 어렵다는 점이다. 습식계통의 경우 오일은 지속적으로 엔진 온도에 영향을 받기 때문에 건식계통에 비해 더 높은 온도를 가진다. 아울러 비행자세가 급격하게 변하는 경우 오일이 엔진으로 흘러넘치는 문제가 발생한다.

대부분의 가스터빈엔진은 하나의 오일탱크를 가지고 있는 건식윤활계통을 채택하고 있다. 팬 케이스나 액세서리 기어박스에 설치하는 오일탱크는 엔진을 윤활하기 위한 충분한 양의 오일을 저장하며, 오일 냉각과 안전을 위하여 약간의 여분을 가진다. 오일탱크에는 급유장치와 드레인장치가 설치되어 있으며, 오일 레벨을 점검하기 위하여 검사 유리창(sight glass)이나 딥스틱이 설치되어 있다.

오일탱크 내부에는 오일의 슬로싱을 최소화하기 위하여 배플을 설치한다. 그리고 윤활을 마치고 돌아오는 오일에 포함된 공기를 분리하기 위하여 그림 9.5와 그림 9.6에서 확인할 수 있는 것처럼 탈기기(deaerator)가 설치되어 있다. 탈기기에서 분리된 공기는 오일탱크 상부에 있는 벤트계통을 통해서 외부로 배출된다. 대부분의 오일탱크에는 압력이

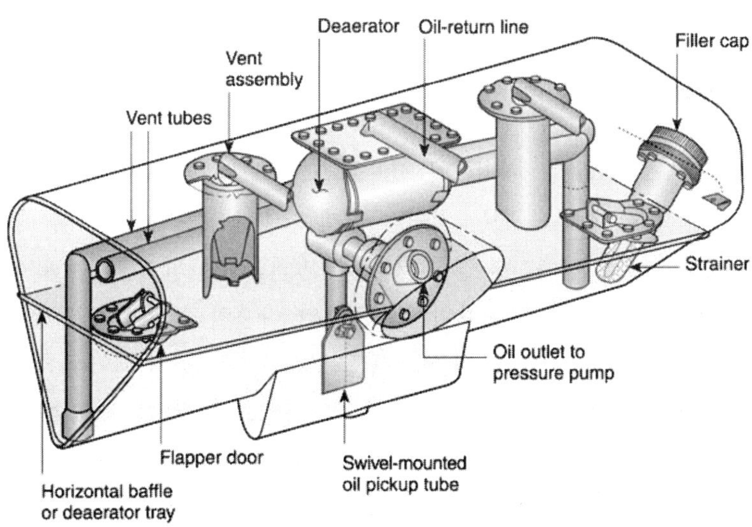

그림 9.6 대표적인 오일탱크

가해져 있어 오일이 오일펌프 입구로 잘 흘러 들어가게 해주며, 탱크 내부에 기포 발생을 억제하여 펌프에서 캐비테이션이 발생하는 것을 방지해준다. 탱크벤트릴리프밸브는 탱크 내부압력과 대기압 사이의 차압이 3~6 psi일 때 여분의 공기를 외부로 배출한다. 엔진이 정지한 후에는 릴리프밸브 내부에 있는 작은 블리드 오리피스(bleed orifice)가 탱크 내부 압력을 제거한다.

오일탱크는 오일쿨러 위치에 따라 두 가지로 분류한다. 하나는 오일쿨러가 압력계통에 위치하기 때문에 섬프로부터 고온의 오일을 직접 탱크로 돌려보내는 핫탱크계통이이며, 다른 하나는 오일쿨러가 스캐빈지계통에 위치해서 오일을 냉각시켜 오일탱크로 보내주는 콜드탱크계통이다.

9.5.2 압력펌프

가스터빈엔진 윤활계통은 대개 하나의 압력펌프를 가지고 있다. 압력펌프는 오일에 압력을 가하여 윤활개소로 오일을 보내준다. 압력펌프에는 그림 9.7에 나타나 있는 것처럼 기어형 펌프인 기어펌프와 지로터펌프, 그리고 베인펌프가 사용된다. 이 세가지 펌프 모두 자체윤활방식이며, 용적형펌프(positive displacement pump)이다. 용적형펌프는 케이싱과 그에 내접하는 가동 부재와의 사이에 형성되는 밀폐공간의 이동 또는 변화에 의해 오일을 흡입 측으로부터 송출 측으로 밀어내는 형식의 펌프이다. 용적형펌프는 대개 한 회전당 정해진 일정한 양의 오일을 송출한다.

9.5.3 스캐빈지펌프

스캐빈지펌프는 윤활개소를 빠져나와 섬프에 고여 있는 오일을 오일탱크로 이송한다. 그림 9.3과 그림 9.5에 나타나 있는 것처럼 대개 스캐빈지펌프는 각각의 섬프에 하나씩 설치한다. 따라서 축류형 압축기를 장착한 가스터빈엔진의 윤활계통에는 4~6개의 스캐빈지펌프가 설치된다. 오일펌프는 하나의 압력펌프와 다수의 스캐빈지펌프를 분산시켜 배치할 수 있으며, 또는 압력펌프와 스캐빈지펌프 모두를 한 곳에 모아서 설치할 수도 있다. 한편, 그림 9.7에서와 같이 압력펌프와 스캐빈지펌프가 결합되어 있는 2단펌프를 사용하기도 한다. 사용한 오일의 체적은 윤활개소에 공급되는 신선한 오일에 비해 크다. 이는 사용한 오일은 거품을 포함하고 있으며, 온도가 높기 때문에 팽창하기 때문이다. 따라서 그림 9.8에 나타나 있는 것처럼 스캐빈지펌프는 압력펌프보다 용량이 약 2배 더 크다.

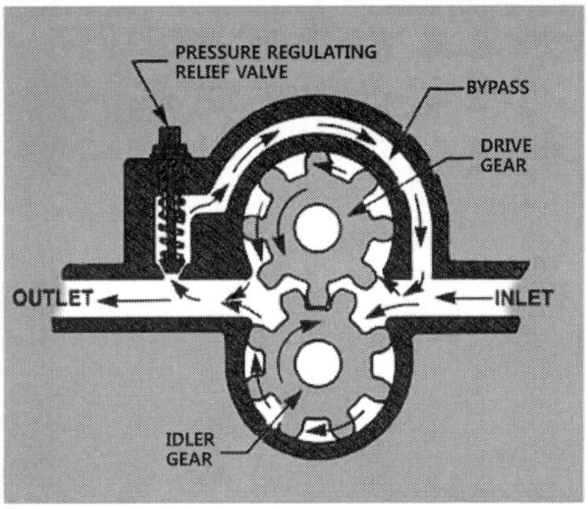

(a) 기어펌프

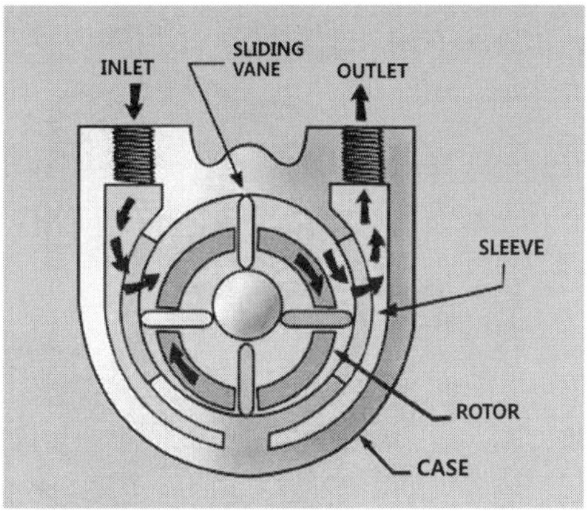

(b) 베인펌프

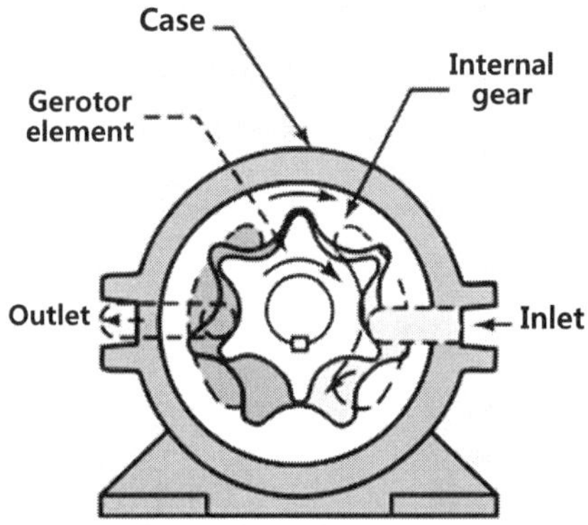

(c) 지로터펌프

그림 9.7 압력펌프 종류

9.5.4 오일필터

윤활계통에서 청정기능을 수행하는 오일필터는 윤활계통 고장을 방지해주는 매우 중요한 요소이다. 오일은 작은 구멍과 좁은 오일통로를 통과해야 하기 때문에 비록 오일에 포함되어 있는 작은 입자라도 오일 흐름을 막을 수 있으며, 이로 인해 윤활개소가 파괴될 수 있다. 정상적인 운전 상태에서 베어링과 기어에서 마찰이 일어나면서 작은 금속조각들이 떨어져 나온다. 이들은 오일에 의해서 베어링과 기어로부터 씻겨 나와 섬프에 모인다. 이들 금속조각은 오일에 부상하여 흐르다가 필터에서 매우 작은 조각을 제외하고 거의 완벽하게 제거된다. 만약 베어링이나 기어에서 파손이 진행되면 정상적인 마모에서

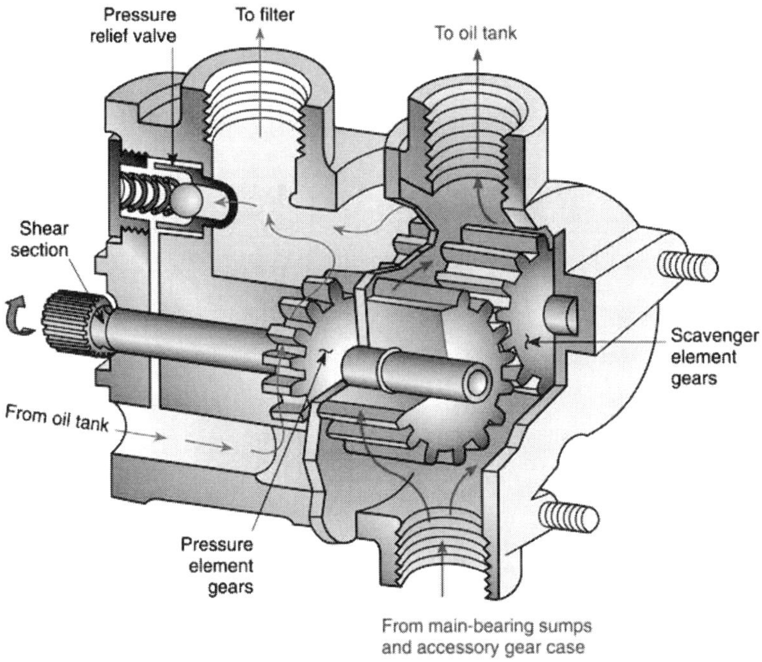

그림 9.8 대표적인 2단 오일펌프

발생하는 입자보다 더 큰 입자들이 필터와 마그네틱 칩 디텍터에서 발견된다.

일반적으로 윤활계통에는 그림 9.9에 나타나 있는 것처럼 압력펌프 하류에 하나의 압력필터를 설치하고 스캐빈지펌프 하류에 하나의 스캐빈지필터를 설치한다. 이렇게 두 군데 필터를 설치하는 경우 스캐빈지필터는 가장 미세한 필터요소를 가진 필터를 설치한다. 한편, 압력계통에만 하나의 필터를 설치하기도 한다. 이런 경우 메인필터가 막히는 경우를 대비하여 백업필터를 함께 설치한다. 그리고 모든 필터는 필터가 막히더라도 오일유량을 확보하기 위하여 바이패스밸브를 함께 설치한다. 오일필터에 사용하는 메시 크기는 15~65 미크론(0.015~0.065 mm)이다. 그리고 가장 미세한 필터에는 필터 막힘을 감지하기 위하여 차압 스위치를 설치한다. 따라서 필터가 막히면 경고등이 작동하여 승무원에게 필터 효율에 문제가 발생했다는 것을 알려준다.

9.5.5 오일쿨러

베어링과 기어 같은 윤활개소에서 마찰이 일어나면서 발생하는 열은 오일이 흡수한다.

오일의 온도가 올라가면 점성이 낮아지기 때문에 윤활계통에 설치된 오일쿨러에서 설정된 온도 이내로 오일의 온도를 유지시켜 준다. 오일을 냉각시키기 위하여 연료냉각 오일쿨러 또는 공기냉각 오일쿨러를 사용할 수 있으며, 어떤 경우에는 이 두 가지를 조합하여 사용하기도 한다. 오일쿨러는 압력계통에 설치할 수 있으며, 스캐빈지계통에 설치할 수도 있다.

터보팬엔진에 설치하는 대표적인 오일쿨러는 연료냉각 방식이다. 연료냉각 오일쿨러는 동일한 냉각용량을 가지는 공기냉각 오일쿨러에 비해 부피가 작으며, 냉각재로서 연료를 사용하기 때문에 연료계통에서 공급되는 차가운 연료를 미리 가열하여 연소기에 공급함

(a) 엔진에 장착된 오일필터

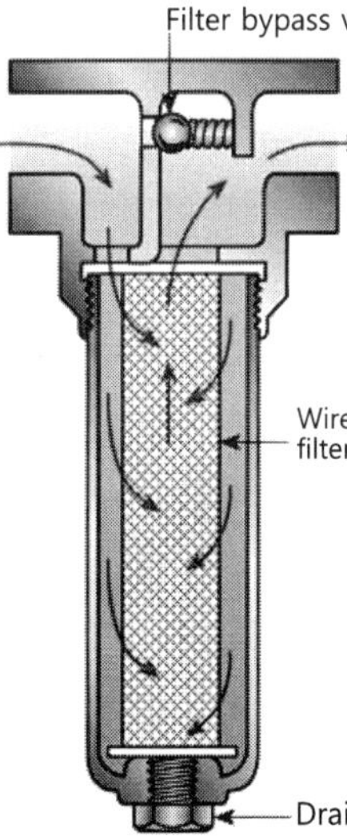

(b) 오일필터 단면도

그림 9.9 오일필터

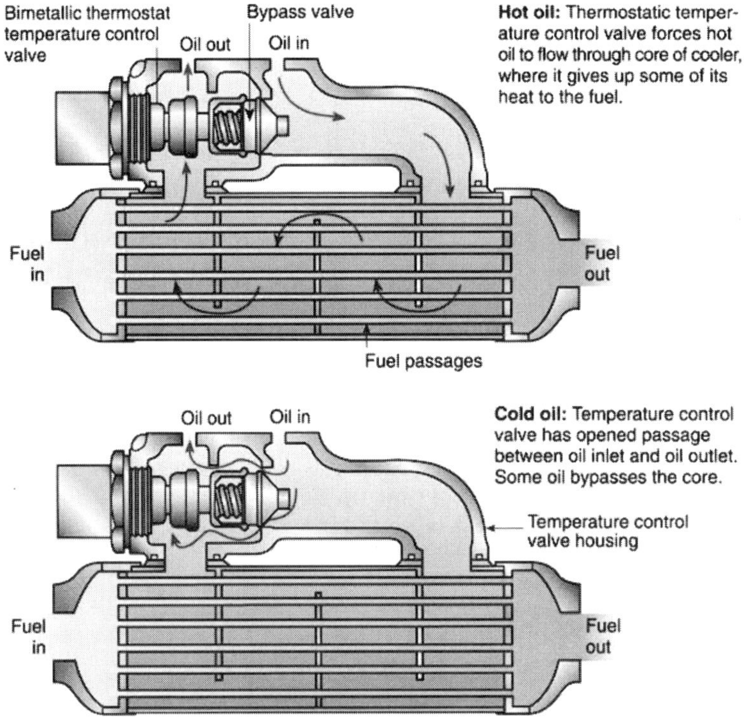

그림 9.10 자동온도조절용 바이패스밸브가 설치된 연료냉각 오일쿨러

으로써 가스터빈 열효율이 증가하는 장점을 가진다. 아울러 연료냉각 오일쿨러는 공기흐름에 노출시킬 필요가 없기 때문에 항공기가 지상에서 운전하는 동안에 효과적이다. 연료냉각 오일쿨러에는 그림 9.10에 나타나 있는 것처럼 자동온도조절용 바이패스밸브가 포함되어 있다. 이 밸브는 오일쿨러를 통과하는 오일유량을 변화시켜 오일의 온도를 적당하게 유지시켜준다.

일부 가스터빈엔진 윤활계통은 연료유량이 낮은 상태에서 운전하는 동안 오일과 연료의 온도를 조절하기 위하여 그림 9.11에 나타나 있는 공기냉각 오일쿨러를 추가해서 사용하기도 한다.

9.5.6 벤트계통 구성품

그림 9.2에 나타나 있는 것처럼 베어링 윤활에 사용되는 오일이 엔진 외부로 유출되지 못하도록 베어링실 외부에서 축 실(shaft seal)을 통해 베어링실 내부로 계속해서 공기를

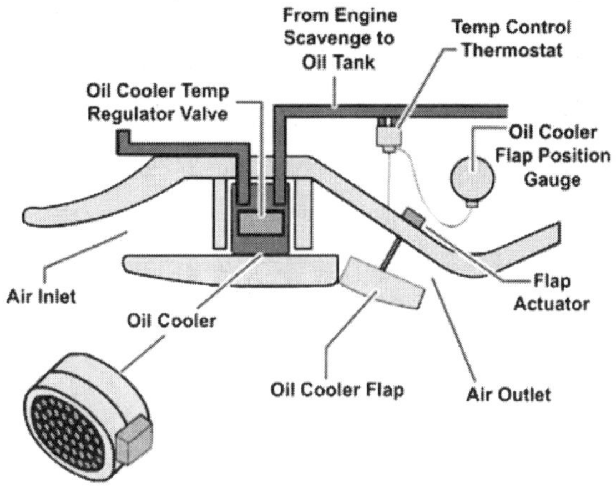

그림 9.11 공기냉각 오일쿨러

주입한다. 이렇게 베어링실에 주입된 실에어(sealing air)의 대부분은 베어링실에서 배출되며, 일부는 스캐빈지 오일에 혼합되어 오일탱크로 이송된다. 그런데 베어링실에서 배출되는 공기에는 많은 오일 액적이 포함되어 있다. 따라서 대기 중으로 깨끗한 공기를 배출하기 위하여 베어링실로부터 배출되는 공기에 포함되어 있는 오일 액적을 공기로부터 분리시켜야 한다.

베어링실을 빠져나간 공기는 그림 9.5와 그림 9.12에 나타나 있는 오일분리기(de-oiler)를 통과시켜 공기에 포함되어 있는 오일 액적을 제거한다. 오일분리기는 원심분리기 형태로 오일 액적에 작용하는 원심력에 의해 오일분리기 벽면에 부착하여 흘러내려 하부에

그림 9.12 오일분리기

고이면 스캐빈지펌프를 이용하여 오일탱크로 이송한다. 오일분리기를 이용하여 공기에 포함되어 있는 오일 액적을 분리하더라도 적은 양의 오일이 공기와 함께 외부로 배출된다. 그림 9.12에 오일분리기가 설치되어 있는 형상이 나타나 있다.

스캐빈지 오일에 포함되어 있는 공기는 오일탱크 내부에 설치되어 있는 탈기기에서 오일과 분리된다. 이렇게 분리된 공기는 오일탱크에 있는 벤트계통을 통해 외부로 내보낸다. 한편 오일탱크에 설치되어 있는 벤트계통은 오일탱크 내부압력이 설계값 이상으로 높아지는 것을 막아주며, 외부 대기압보다 낮아지는 것을 막아준다.

9.5.7 마그네틱 칩 디텍터

윤활계통을 구성하는 요소 가운데 베어링, 실, 기어 등에서는 마찰이 일어나면서 마모에 의해 작은 금속조각이 떨어져 나온다. 그리고 다른 윤활계통 구성품들에서도 침식과 부식에 의해 작은 금속조각이 떨어져 나온다. 이렇게 윤활계통 구성품으로부터 떨어져 나온 작은 금속조각들은 오일에 부상하여 윤활계통을 흘러 다니다 오일필터에 포집된다. 따라서 윤활계통을 순환하는 오일의 상태는 윤활계통의 상태를 매우 정확하게 반영하고 있다. 정상적인 마모가 일어나는 경우 금속조각의 크기는 매우 작은 편이다. 그러나 베어링이나 기어에서 손상이 진행되는 경우에는 금속조각의 크기가 커진다. 따라서 오일에 포함되어 있는 이런 금속입자들을 탐지해낼 수 있다면 베어링이나 기어의 손상을 초기

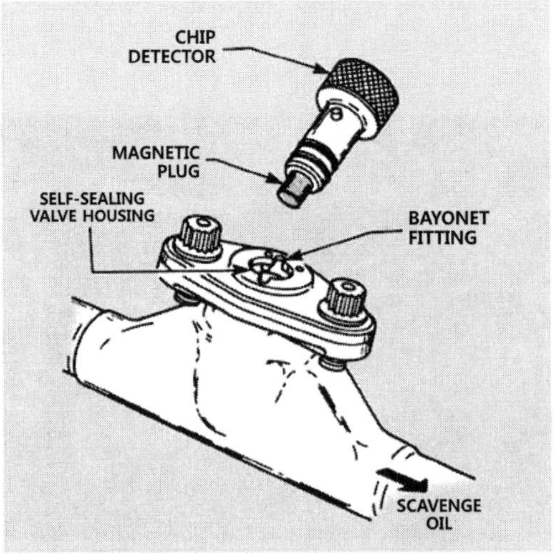

그림 9.13 마그네틱 칩 디텍터

단계에서 알아낼 수 있다. 비록 이런 금속입자들은 오일필터에 의해 포집되지만 오일필터 점검주기가 너무 길어서 이런 손상을 조기에 발견하기 어렵다. 따라서 점검주기를 단축시켜 오일 상태를 점검하기 위하여 그림 9.5와 그림 9.13에 나타나 있는 것처럼 스캐빈지계통에 마그네틱 칩 디텍터를 설치한다. 베어링과 기어는 강철로 제작하기 때문에 여기서 떨어져 나온 금속조각은 오일에 부상하여 흐르다가 칩 디텍터 끝단에 설치된 자석에 부착된다. 마그네틱 칩 디텍터에는 0.02~1 mm 크기의 금속입자들이 부착된다.

만약 칩 디텍터에서 금속조각이 발견되면 실험실 분석을 통하여 이들 금속조각들이 어떤 부품으로부터 떨어져 나왔는지 정확하게 밝혀낸다. 한편, 매우 작은 금속가루가 검출된 경우에는 정상적인 운전에서 발생하는 마모의 결과이므로 엔진을 계속해서 운전해도 된다. 그러나 크기가 0.1인치를 초과하는 금속 칩이나 얇은 조각은 엔진 내부에 심각한 마모나 고장이 발생했다는 것을 의미한다.

9.5.8 베어링

베어링은 회전하고 있는 기계의 축을 일정한 위치에 고정시키고 축의 자중과 축에 걸리는 하중을 지지하면서 마찰 저항을 작게 하여 축을 원활하게 회전시키는 역할을 수행하는 기계요소이다. 베어링은 하중방향에 따라 그 구조가 많이 달라지며, 축과 수직으로 하중이 걸리는 경우에 사용하는 것을 레이디얼(radial)베어링, 축방향으로 하중이 작용하는 경우에 사용하는 것을 스러스트(thrust)베어링이라 한다. 가스터빈엔진에는 그림 9.14에 나타나 있는 볼베어링과 그림 9.15에 나타나 있는 롤러베어링을 사용한다. 볼베어링은 볼을 내부레이스와 외부레이스의 그루브가 감싸고 있기 때문에 축방향 하중을 지탱하는 스러스트베어링으로 사용한다. 그러나 볼베어링은 반경방향으로 작용하는 하중도 지탱할 수 있기 때문에 레이디얼베어링으로도 사용한다. 롤러베어링은 그림에서 확인할 수 있는 것처럼 내부나 외부 한쪽에 그루브가 없기 때문에 축방향으로의 이동이 자유롭다. 가스터빈엔진은 운전조건에 따라 축방향을 따라 수축 또는 팽창이 일어난다. 롤러베어링은 이렇게 부품 사이에 일어나는 상대적인 축방향 이동을 흡수하면서 반경방향으로 작용하는 하중을 지탱하는 레이디얼베어링이다.

9.5.9 실

유체를 포함하는 모든 계통은 유체 손실을 방지하기 위해 실(seal)이 필요하다. 윤활계통에 실이 부적절하게 설치되어 있거나 실에서 누설이 발생하면 베어링 손상, 화재, 조종

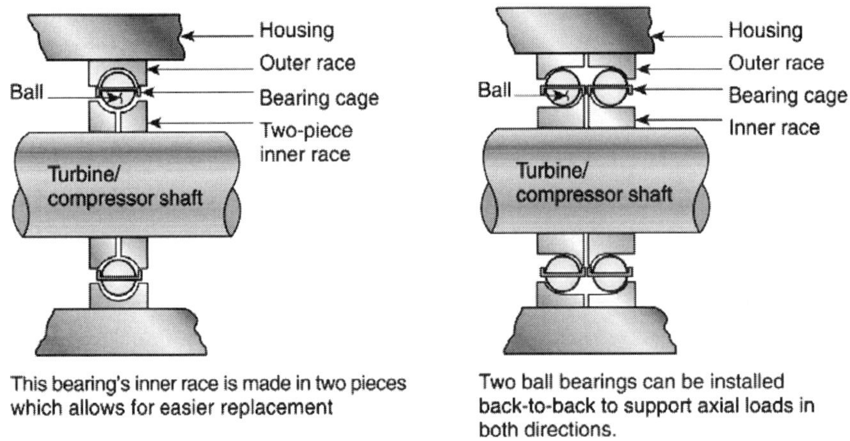

그림 9.14 볼베어링

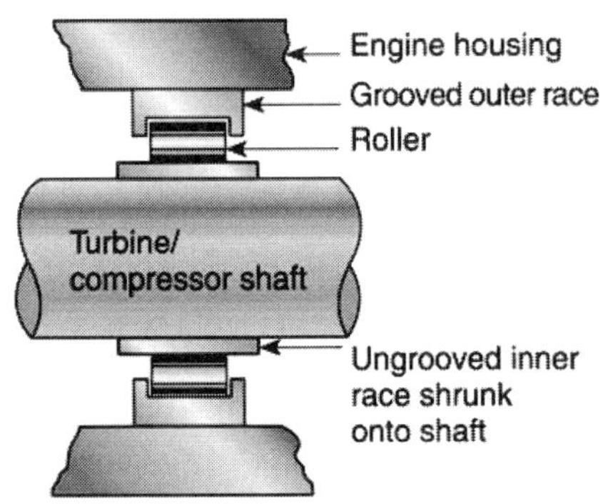

그림 9.15 롤러베어링

실 매연 유입의 원인이 된다. 가스터빈엔진 윤활계통에는 합성실, 카본실, 라비린스실 세 가지가 사용된다.

금속과 금속이 만나는 부분에서 누설을 방지하기 위해 패킹이나 O-링 같은 합성실(synthetic seal)을 이용한다. 이런 실은 다양한 형태와 크기를 가지며, 재사용하면 안 된다.

카본실(carbon seal)은 베어링실에서 오일이 누설되는 것을 방지하기 위해 사용한다. 카본실은 그림 9.16에 나타나 있는 것처럼 강철 표면이나 실 레이스에 부드러운 카본을 접촉시켜 문지름이 발생하면서 유체를 밀봉시킨다. 카본이 항상 실 레이스에 접촉하도록 해주기 위해 카본에는 예비하중을 걸어준다. 예비하중은 스프링 인장력, 원심력, 또는 공기 압력을 이용하여 발생시킨다.

라비린스실은 그림 9.2에 나타나 있는 것처럼 일련의 칼날같이 가늘고 뾰족한 형상을

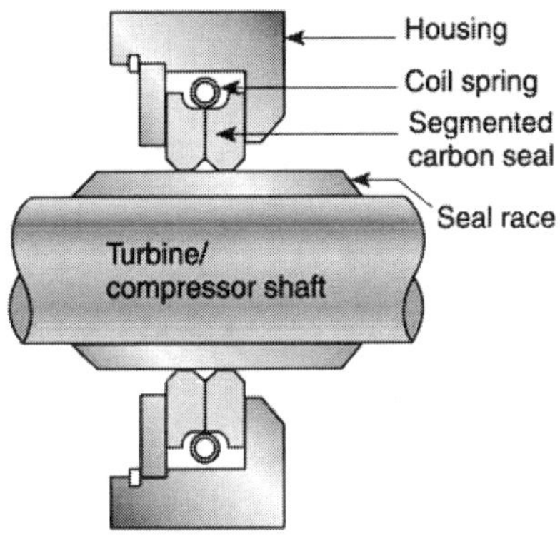

(a) Ring-type

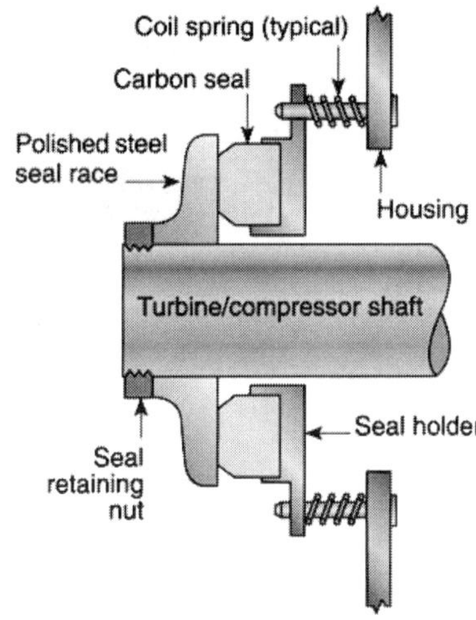

(b) face-type

그림 9.16 카본실

강철 표면에 가깝게 위치시켜 그 사이에 형성되는 좁은 간극을 통해 빠져나가는 유체의 흐름을 최소화시킨다. 라비린스실은 초기에 개발된 가스터빈엔진의 메인베어링에 사용되었다.

9.6 오일 샘플링

가스터빈엔진의 윤활개소에서는 비록 금속 간 접촉에 의한 마찰력이 얇은 유막에 의해 크게 줄어들더라도 일부 미크론 단위의 금속입자가 갈려 나온다. 이렇게 크기가 매우 작은 금속입자는 육안으로 볼 수 없고 손으로도 느낄 수 없으며, 필터를 자유롭게 통과하여 오일에 부상하여 오일탱크로 이송된다. 대부분의 경우 마모율은 일정하면서 느리게 진행된다. 그러나 어떤 조건에 의해 마찰력이 증가하면 마모율이 가속되면서 발생하는 마모입자 양과 크기가 증가한다. 이런 상태를 발견하지 못하여 적기에 적절한 조치를 취하지 않으면 마모가 계속해서 가속되며, 대개의 경우 엔진의 다른 부품들에 2차 손상을 입혀 결국에는 엔진 전체가 파손된다.

분광오일분석(spectrometric oil analysis)이란 오일분광계(oil spectrometer)를 이용하여 오일에 포함되어 있는 이물질을 ppm단위로 분석하여 엔진을 분해하지 않고도 엔진의 손

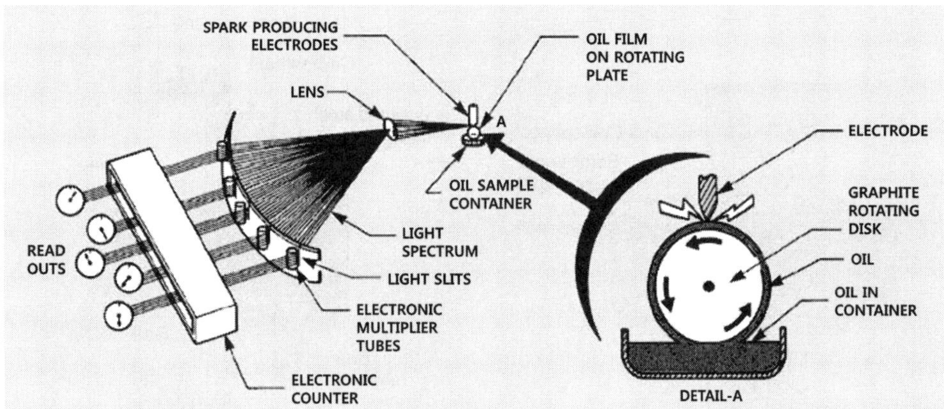

그림 9.17 분광오일분석

상 정도와 위치를 파악하는 작업이다. 이를 위해 엔진 정지 후와 엔진 운전 직전에 오일 탱크 내부의 침전물이 없는 위치에서 오일샘플을 채취한다. 오일분광계는 색을 분석하고, 어떤 빛 스펙트럼에서 입자가 탈 때 나타나는 밝기의 강도를 측정하여 오일에 포함된 마모입자 수준을 자동으로 기록한다. 많은 민간회사에서 분광오일분석 작업을 수행하여 항공사에 제공하며, 항공사는 이를 이용하여 엔진 내부에서 진행되는 마모 경향을 분석한다. 항공사는 분석된 자료를 이용하여 적기에 조치를 취함으로써 고가의 수리나 장비의 손실 등을 피할 수 있다.

분석을 위해 채취한 오일은 그림 9.17에 나타나 있는 것처럼 회전하는 고순도 흑연디스크 표면에 묻어 유막을 형성한다. 그리고 수직전극과 회전 디스크 사이에 정밀하게 조절된 고압의 교류 스파크를 발생시켜 얇은 유막을 태운다. 오일이 타는 동안 발생하는 빛은 특정 오염물질을 감지할 수 있는 파장길이에 맞춰 정밀하게 위치한 슬릿(slit)을 통과하며, 이를 통해 오일에 포함되어 있는 이물질을 분석한다.

샘플링 주기는 표준화되어 있지 않으며, 엔진에 따라 달라진다. 그리고 비록 같은 종류의 엔진이라도 운영자에 따라 엔진 상태가 달라지기 때문에 샘플링 주기가 달라진다. 샘플링 주기는 짧게는 소형엔진의 경우 25 엔진작동시간이며, 길게는 대형엔진의 경우 250 엔진작동시간이다. 샘플링 주기에 관계없이 오일분석 결과 이물질이 증가하면 윤활 개소에 대한 더욱 세밀한 감시를 위하여 샘플링 주기를 단축한다. 따라서 가끔 샘플링 주기가 매 비행종료 후로 짧아지기도 한다. 최초로 과도한 마모 징후가 나타나면 정비사는 엔진의 과거 이력과 오일분석에 대한 경험을 바탕으로 다음 가운데 하나를 결정해야 한다.

- 샘플링 주기 단축
- 메인오일필터를 오일흐름 반대방향으로 세척해서 마모입자를 수집하여 분석
- 오일 교환 및 샘플링 주기 단축
- 오일계통 세척 및 샘플링 주기 단축
- 엔진을 장탈하여 마모입자가 포함되어 있는 엔진 부품 점검

제10장

시동계통

가스터빈엔진의 시동은 시동기 출력을 액세서리 기어박스로 전달하여 압축기를 회전시켜 이루어진다. 터보프롭엔진과 터보샤프트엔진 같이 압축기가 하나인 엔진은 압축기만 회전시켜 시동을 걸며, 자유동력터빈은 시동동력으로부터 분리되어 있다. 듀얼스풀엔진의 경우에 시동동력은 고압압축기에만 전달되어 시동이 이루어진다.

시동기의 자체 동력만으로는 가스터빈을 시동완료 상태인 아이들속도까지 가속시킬 수 없다. 시동기가 가스터빈엔진을 회전시키면 압축기가 회전하면서 압축공기가 연소기에 공급되며, 연소기에서 연료가 분사되면서 터빈을 구동하면 터빈에서 동력이 발생하기 시작한다. 가스터빈엔진의 시동은 시동기에서 공급되는 동력과 터빈에서 생산되는 동력이 결합되어 이루어지며, 정상적인 경우에 약 30초 이내에 시동절차가 완료된다.

그림 10.1에 가스터빈엔진 시동 시에 나타나는 압축기 회전속도와 EGT변화가 나타나 있다. 가스터빈엔진의 시동은 시동스위치를 작동하여 시동기에 동력을 공급함으로써 시작된다. 엔진이 아이들속도의 5~10% 회전에 도달하면 점화기를 작동시킨 후에 연료레버를 연다. 연소실에 연료가 공급되면 화염이 형성(engine lights up)되면서 터빈에서 동력이 발생하기 시작하기 때문에 엔진은 더욱 가속된다. 그리고 연소실에 화염이 형성되면 EGT가 급격히 증가한다. 연소실에 화염이 형성된 후 엔진은 자체가속속도(self-accelerating speed, or self-sustaining speed)에 도달한다. 자체가속속도에 도달했다는 것은 시동기 동력의 도움 없이 터빈에서 생산된 동력만으로 압축기를 회전시킬 수 있

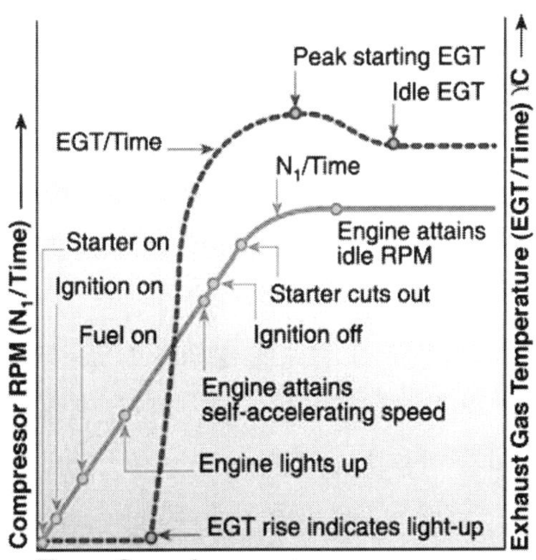

그림 10.1 가스터빈엔진 시동절차

는 상태가 되었다는 것을 의미한다. 따라서 자체가속속도에 도달한 후에 점화기를 끈 후에 시동기를 차단한다. 그 후에 가스터빈엔진에서 자체적으로 생산된 동력에 의해 엔진은 아이들속도에 도달하여 시동절차가 완료된다.

시동동력이 작거나, 점화가 약하게 일어나거나, 또는 연료배관에 공기가 포함되어 있으면 시동이 느리게 진행되거나 점화가 일어나지 않는 문제가 발생한다. 가장 대표적인 시동불량으로 결핍시동(hung start)과 고온시동(hot start)이 있다. 결핍시동이란 시동기가 차단된 상태에서 엔진 회전이 머물러 있으면서 아이들속도에 도달하지 못하고 회전하고 있는 상태를 말한다. 결핍시동은 시동기에 충분한 동력이 공급되지 못해서 발생하며, 연료 공급량이 부족해서 발생하기도 한다. 결핍시동이 나타나면 엔진을 즉시 정지시킨 후에 문제점을 조사하여 조치해야 한다. 고온시동은 연료가 비정상적으로 많이 공급되어 엔진시동 시에 EGT가 제한치 이상으로 올라가는 상태를 말한다. 고온시동은 결핍시동 시에 엔진을 가속시키기 위하여 무리하게 연료 공급량을 늘리는 경우 흔히 발생한다. 고온시동은 압축기 서지를 유발시키기도 하며, 고온시동에 의해 엔진이 손상을 받았다면 엔진을 교환해야 할 정도로 문제가 커진다. 이밖에도 브리드밸브 고장, VIGVs와 가변정익 고장, 잘못된 교정, 또는 압축기 FOD 등에 의해서도 시동불량이 발생할 수 있다. 한편, 자유동력터빈을 가지지 않는 터보프롭엔진과 터보샤프트엔진을 시동할 때는 저항을 줄이기 위해 프로펠러와 로터 블레이드를 저피치에 위치시킨다.

10.1 전기시동기

전기시동기는 무겁기 때문에 항공기용 가스터빈엔진에 거의 사용하지 않고 있으며, APU(Auxiliary Power Unit; 보조동력장치)와 GPU(Ground Power Unit; 지상동력장치), 또는 일부 소형항공기 엔진에 사용하고 있다.

APU는 항공기 뒤쪽이나 낮은 동체 부분에 장착되어 있는 일종의 소형 가스터빈엔진으로 압축공기 및 전기를 생산한다. GPU는 바퀴 달린 카트에 APU를 설치한 것으로서 지상에서 자유롭게 이동시켜 사용할 수 있다.

대부분의 전기시동기는 엔진으로부터 시동기를 분리시키기 위하여 자동풀림 클러치장치(automatic release clutch mechanism)를 가지고 있다. 클러치는 최적의 속도가 얻어졌을 때 모터와 엔진을 분리시킨다. 따라서 모터와 엔진 분리는 자동적으로 일어난다. 이밖에도 클러치는 시동기가 엔진을 구동시키기 위하여 지나친 토크를 전달하는 것을 막아준다. 아울러 클러치는 오버런닝 클러치로 작용한다. 즉 엔진이 아이들 속도에 가까워지면 엔진 속도가 시동기 속도를 추월하기 때문에 클러치는 엔진이 시동기를 구동하는 것을 막아준다.

10.2 시동기-발전기

시동기-발전기는 하나의 장치로 시동기와 발전기 두 가지 기능을 수행하기 때문에 경제적인 측면에서 매우 바람직하다. 즉 시동기-발전기는 두 가지의 보기류를 장착할 공간에 하나만 장착하기 때문에 무게와 공간을 줄일 수 있다는 장점 때문에 소형 제트항공기에 많이 사용하고 있다. 시동기-발전기 시동장치는 시동기로서의 기능을 마친 후에, 즉 엔진이 자체가속속도에 도달한 후에 2차권선으로 전환하여 발전기로 사용한다는 점을 제외하고는 전기시동기와 동일하다. 한편, 전기시동기는 시동이 완료된 후에 엔진 축으로부터 시동기를 분리시키는 장치를 설치해야 하지만 시동기-발전기는 구동기어를 통해 엔진 축에 영구적으로 결합되어 있다.

시동기-발전기는 기본적으로 무거운 직렬권선(series winding)으로 되어 있는 분권 발전기(shunt generator)이다. 이 직렬권선은 시동에 필요한 큰 토크를 얻기 위한 강자기장을 생산하기 위하여 전기적으로 연결되어 있다. 그러나 시동기-발전기에서 생산되는 시동동력은 크지 않기 때문에 대형 가스터빈엔진에는 적합하지 못하다.

10.3 공기시동기

공기터빈시동기(air turbine starter)라고 흔히 불리는 공기시동기는 작고 가벼우면서 큰 시동토크를 생산할 수 있도록 설계되었다. 대표적인 공기시동기는 동일한 엔진을 시동할 수 있는 전기시동기의 1/4~1/2 정도에 해당하는 무게를 가지기 때문에 가볍다는 큰 장점을 가지고 있다. 아울러 공기시동기는 전기시동기에 비해 훨씬 더 큰 토크를 생산할 수 있다. 따라서 모든 대형 상업용 항공기와 대형 군사용 항공기는 공기시동기를 사용하고 있으며, 소형 항공기에도 사용이 증가하고 있는 추세이다. 공기시동기는 그림 10.2에 나타나 있는 것처럼 엔진 하부에 장착되어 있다.

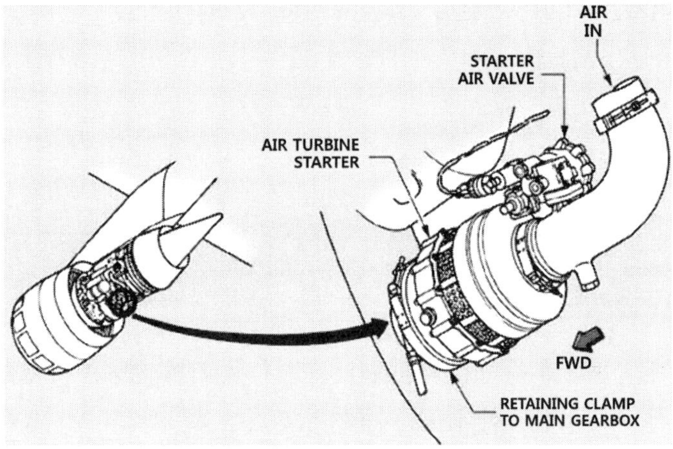

그림 10.2 공기시동기 설치 위치

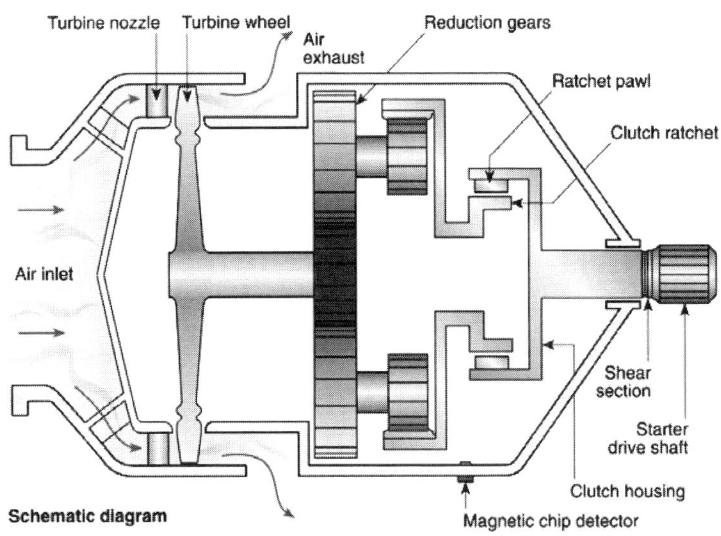

그림 10.3 공기시동기 단면도

공기시동기는 그림 10.3에 나타나 있는 것처럼 감속기어와 시동기 클러치 기구를 통해 구동커플링을 회전시키는 하나의 축류형 터빈으로 구성되어 있다. 공기시동기를 구동하는 공기는 그림 10.4에 나타나 있는 것처럼 APU, GPU, 또는 이미 운전 중인 엔진으로부터 공급받는다.

공기시동기는 시동기 입구로 충분한 체적(50~100 lb/min)과 압력(30~50 psi)을 가진

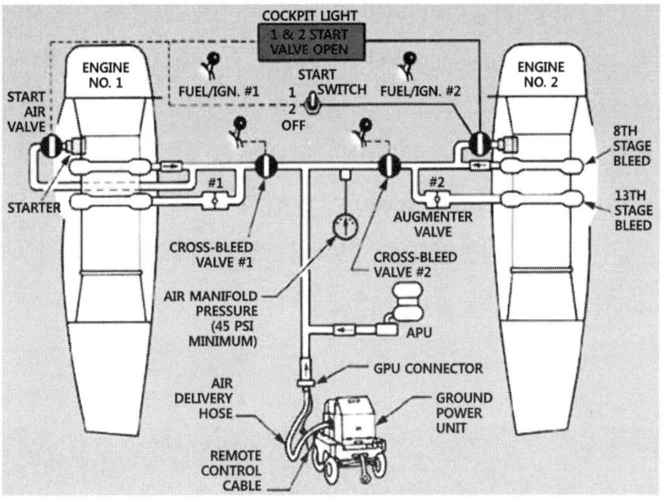

그림 10.4 공기시동기 공기공급 방법

공기가 유입되면서 작동하기 시작한다. 시동기로 유입된 공기는 터빈 노즐에서 가속되어 터빈 휠에 부착되어 있는 터빈 블레이드를 지나면서 터빈 휠에 회전동력을 발생시킨다. 터빈 휠은 감속기어 트레인과 로터 피니언, 플래닛 기어와 캐리어, 스프래그 클러치 어셈블리, 출력축 어셈블리, 구동 커플링을 포함하고 있는 클러치 장치를 구동한다. 그림 10.5에 나타나 있는 스프래그 클러치 어셈블리는 터빈 휠이 회전하기 시작하는 동시에

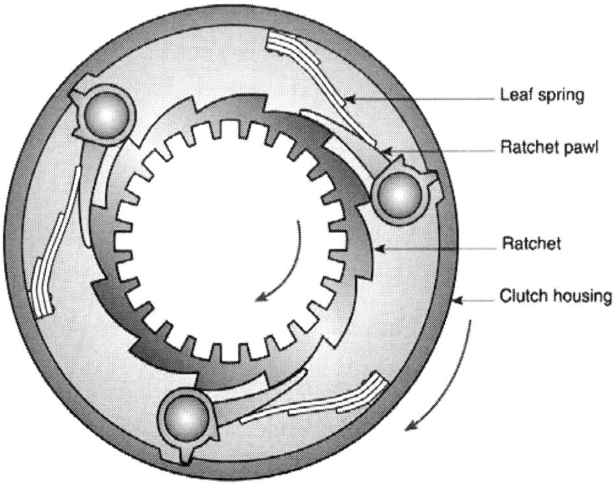

그림 10.5 스프래그 클러치

자동적으로 연결되며, 구동 커플링이 터빈 휠보다 빠르게 회전하는 동시에 분리된다. 시동기가 이 오버런 속도(overrun speed)에 도달하면 스프래그 클러치의 작동으로 관성으로 회전하는 기어 트레인을 정지하게 한다. 출력축 어셈블리와 구동 커플링은 엔진이 회전하는 한 계속해서 회전한다. 터빈 블레이드 허브에 장착되어 있는 로터 스위치 액추에이터는 시동기가 컷아웃 속도(cutout speed)에 도달할 때 터빈 스위치를 열도록 설정되어 있다. 터빈 스위치가 열리면 시동밸브로 전달되는 전기신호가 차단된다. 이때 밸브가 닫히고 시동기로 공급되는 공기의 공급이 중단된다.

10.4 기타 시동기

과거에 군사용이나 상업용 가스터빈엔진을 시동하기 위한 여러 가지 시동기가 개발되었다. 그러나 이들은 현재 범용이나 상업용 항공기에 사용되지 않고 있다.

10.4.1 고-저압 공기식 시동기

고-저압 공기식 시동기(high-low pressure pneumatic starter)는 통상적인 저압시동을 하거나 또는 항공기에 장착된 저장용기로부터 고압(3,000 psi)의 공기를 이용하는 공기터빈 시동기의 한 형태로서 액세서리 기어박스에 장착되는 시동기이다. 보통 한 엔진에만 사용하는 고압공기시동은 APU나 GPU 없이 항공기 자체적으로 시동능력을 가진다. 그림 10.6에 고-저압 공기식 시동기가 나타나 있다.

10.4.2 카트리지 공기시동기

카트리지 공기시동기는 전기시동기보다 빠르게 시동할 수 있기 때문에 빠른 시동이 요구되는 일부 군용기에 적용되었다. 액세서리 기어박스에 장착되는 시동기로서 화약과 유사한 폭발성 고체 추진제를 사용하거나 공기시동기와 유사하게 큰 체적을 가지는 저압공기를 사용한다. 추진제는 항공기 배터리를 이용하여 전기적으로 점화시키기 때문에 항공기는 APU나 GPU 없이 자체시동능력을 가진다. 그림 10.7에 카트리지 공기시동기가 나타나 있다.

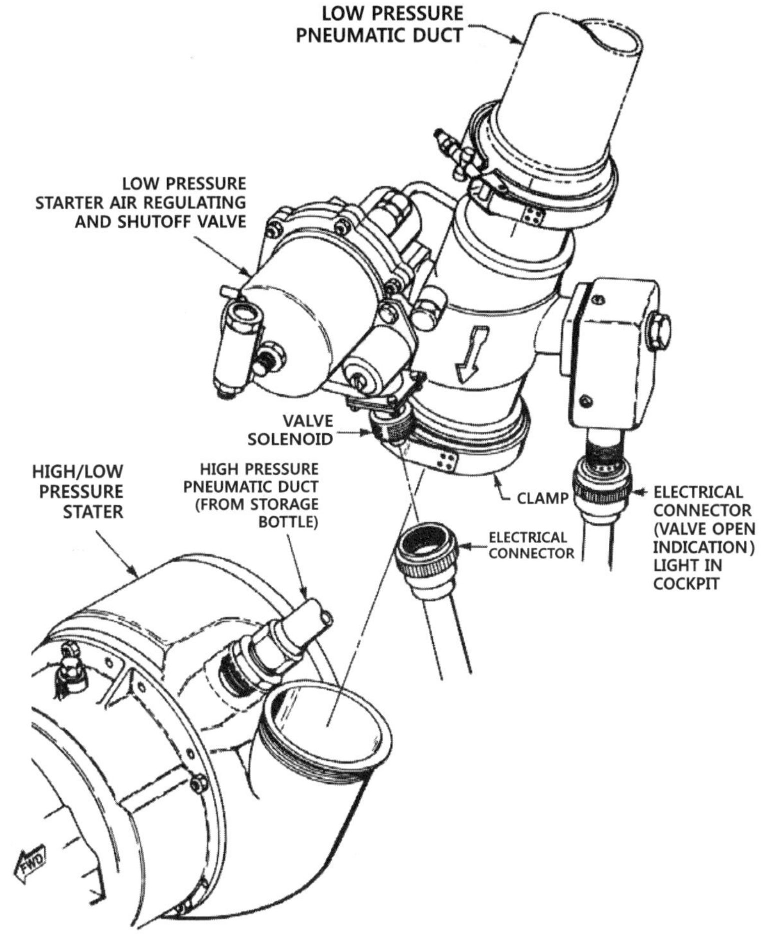

그림 10.6 고-저압 공기식 시동기

10.4.3 연료-공기 연소 시동기

연료-공기 연소 시동기는 액세서리 기어박스에 장착되는 시동기로서 고압공기(3,000 psi)에 연료를 분사하여 연소시켜 사용한다. 연소를 위해 스파크플러그 사용한다. 이 시동기는 소형 가스터빈엔진과 유사하며, 시동기는 기어를 이용하여 엔진과 연결된다. 항공기 배터리를 이용하여 전기적인 점화를 이용하여 연소시키기 때문에 항공기는 자체시동 능력을 가진다. 이 시동기는 속도를 포함한 모든 것이 전기적으로 제어된다. 그림 10.8에 연료-공기 연소 시동기가 나타나 있다.

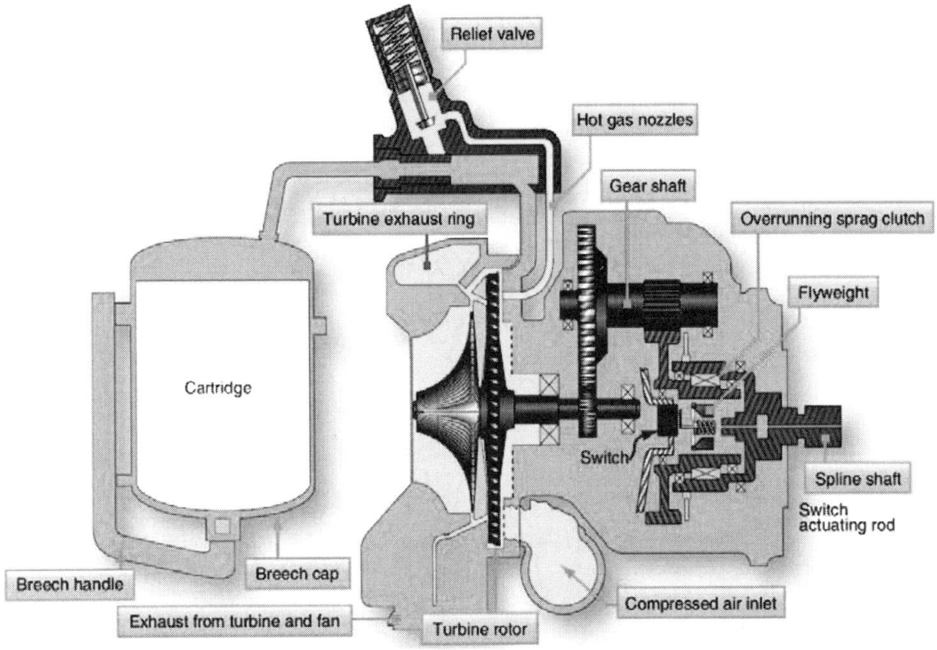

그림 10.7 카트리지 공기식 시동기

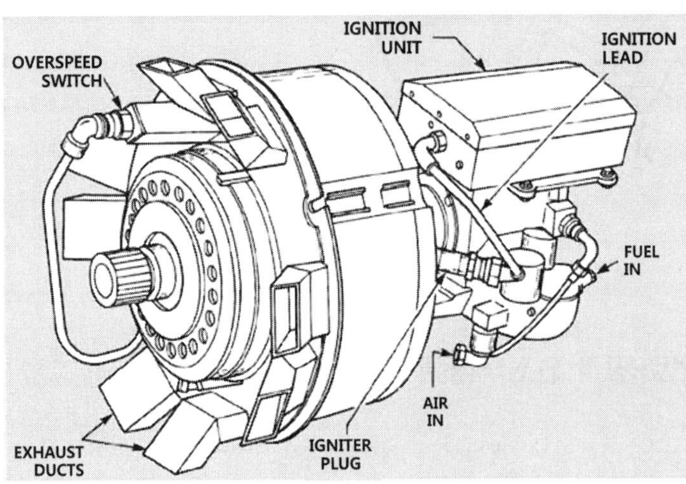

그림 10.8 연료–공기 연소 시동기

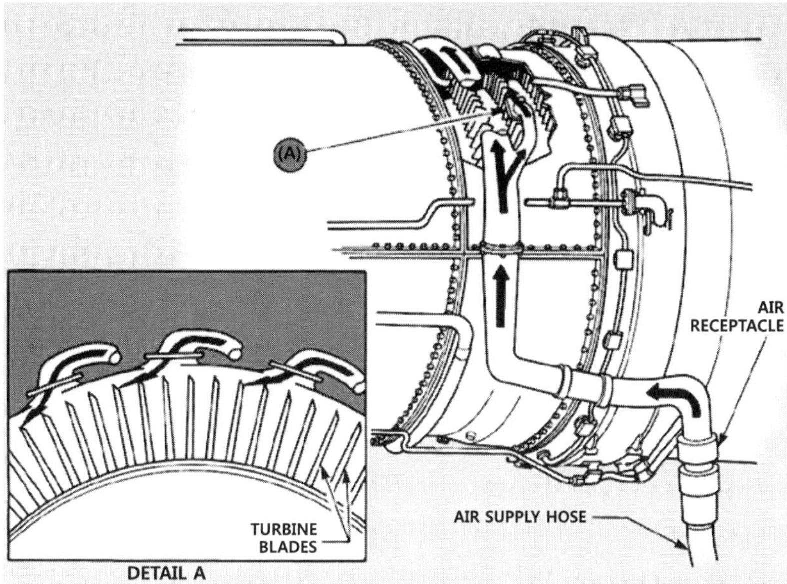

그림 10.9 터빈충돌시동

10.4.4 터빈충돌시동

터빈충돌시동(turbine impingement starting)은 그림 10.9에 나타나 있는 것처럼 큰 체적의 저압공기(45 psig)를 터빈 휠로 보내 블레이드에 직접 충돌시켜 터빈을 회전시켜 시동한다. 가스터빈이 자체가속속도(self-accelerating speed)에 도달하면 공기 공급을 중단한다. 이 시동장치는 보기류가 필요 없으며, 오직 공기를 주입할 수 있는 구멍(inlet air port)만 있으면 되기 때문에 매우 간단한 편이다. 이 시동기는 일부 군용기에 사용되었다.

10.4.5 유압시동기

유압시동기는 액세서리 기어박스에 장착하는 시동기이다. 이 시동기는 APU에 장착된 유압펌프나 수동펌프(hand pump)와 축압기(accumulator)로부터 공급되는 유체에 의해 구동된다. 보잉사의 F/A-18 호넷(Hornet) 전투기에는 변형된 형태의 APU가 설치되어 있다. 이 시동기는 축압기에 저장되어 있는 에너지를 전달받는 유압모터에 의해 시동된다. 이 축압기는 오른쪽 엔진이 시동된 후에 재충전되어 유압을 형성하거나, 오른쪽 메인랜딩기어웰(main landing gear well)에 있는 수동펌프를 이용하여 재충전시킨다.

제11장

점화계통

가스터빈엔진 시동 시에 연소기에서 최초로 분사되는 연료를 연소시키기 위해 점화원이 필요하다. 모든 가스터빈엔진은 시동을 위해 고에너지 점화를 이용한다. 점화플러그는 가스터빈엔진 연소실의 4시와 8시 방향에 두 개가 설치된다. 점화가 완료되어 연소실에 화염이 형성되면 연소실 1차영역에 형성되는 재순환영역에 갇힌 화염이 점화원 역할을 수행하기 때문에 점화계통은 더 이상 작동하지 않는다. 이와 같이 점화계통은 짧은 시간 동안만 사용하기 때문에 고장 발생이 거의 없다.

11.1 일반사항

가스터빈엔진 점화계통은 그림 11.1에 나타나 있는 것처럼 세 가지 주요 구성품, 즉 고압 여진기(exciter), 고압 점화선, 점화플러그로 이루어져 있으며, 이들을 모두 두 개씩 갖추고 있는 듀얼시스템(dual system)으로 구성되어 있다. 고압 여진기는 저전압 전류를 공급받아 고전압 펄스전류를 발생시킨다. 대표적인 점화계통의 정상적인 스파크 비율은 분당 60~100이다. 여자기는 여러 가지 형태가 있으며, 직류 전기를 사용하는 형태는 항공기 배터리로부터 28V의 저전압 직류전기를 공급받으며, 교류형인 경우 항공기 교류버스(aircraft AC bus)로부터 115V 400 Hz의 교류전기를 공급받는다. 고압 점화선은 여진기에서 승압된 전기를 점화플러그로 전달한다. 점화플러그는 고전압 전류를 이용하여 스파크를 발생시켜 연료-공기 혼합기를 점화시킨다.

현대식 가스터빈엔진의 점화계통은 고압계통과 저압계통 두 가지로 분류되는 축전지방전식 점화계통(capacitor discharge ignition system)을 사용한다. 고압계통인 단속임무(intermittent duty) 형식은 점화장치에 과열손상을 초래할 정도의 매우 높은 전류가 흐르기 때문에 작동시간이 제한되며, 냉각기간을 두어야 한다. 이에 반해 저압계통인 확장임무(extended duty) 형식은 낮은 전류를 사용하기 때문에 오랜 시간 연속적으로 작동하거나 작동시간에 제한이 없다.

고압계통은 가스터빈엔진 시동을 위해서도 필요하지만 높은 고도에서 만족스러운 재점화를 위해 필요하다. 그러나 결빙 또는 폭우나 폭설 속에서 이륙하는 비행조건에서는 화염정지가 발생할 가능성이 높기 때문에 자동적으로 재점화가 일어나도록 하기 위해서 연속적으로 작동하는 점화계통이 필요하다. 따라서 이런 경우에는 저압계통이 적합하다. 그러므로 모든 엔진 운전조건에 적합하도록 고압계통과 저압계통이 혼합된 조합계통을 선호하고 있다. 그러나 일부 점화계통은 고압과 저압 모두 공급받을 수 있으며, 고압과 저

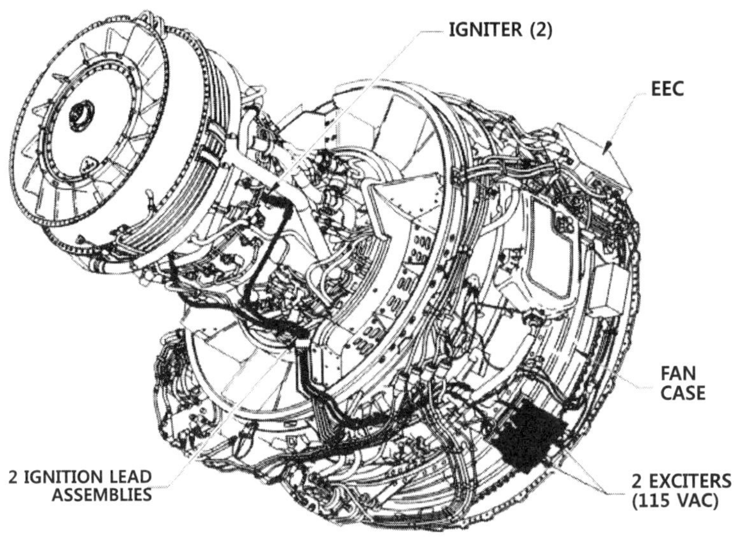

(a) Snecma CFM56 터보팬엔진에 장착된 점화계통 개략도

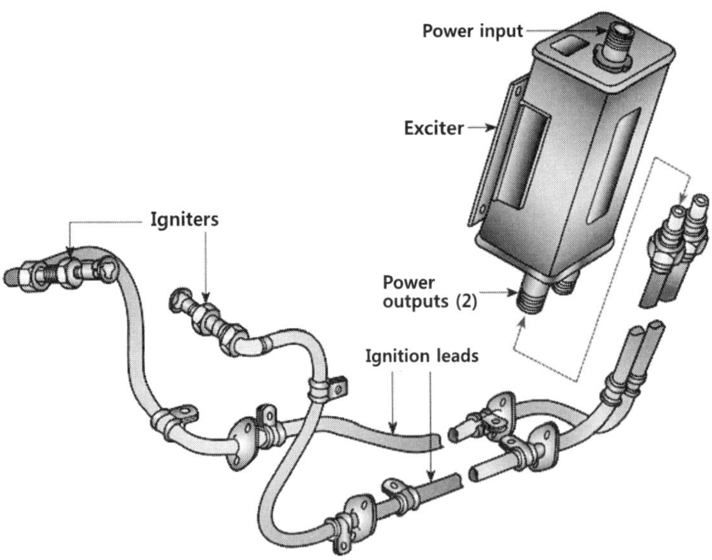

(b) 점화계통 구성

그림 11.1 가스터빈엔진 점화계통

압을 요구에 따라 미리 선택할 수 있도록 되어 있다. 한편, 일부 항공기는 자동점화 장치가 구비되어 있어 흡입구 결빙으로 인해 엔진이 출력이 낮아지기 시작하면 화염정지 위험이 있으며, 이런 경우 자동적으로 점화가 일어나도록 해준다.

11.2 점화플러그

가스터빈엔진에 사용하는 점화플러그는 스파크 점화기(spark igniter)와 예열 플러그 점화기(glow plug igniter) 두 가지가 있다.

11.2.1 스파크 점화기

그림 11.2에 나타나 있는 가스터빈엔진의 스파크 점화기는 왕복엔진 점화플러그에 비해 갭이 훨씬 넓으며, 훨씬 더 높은 강도의 스파크에 견딜 수 있도록 설계되어 있다. 따

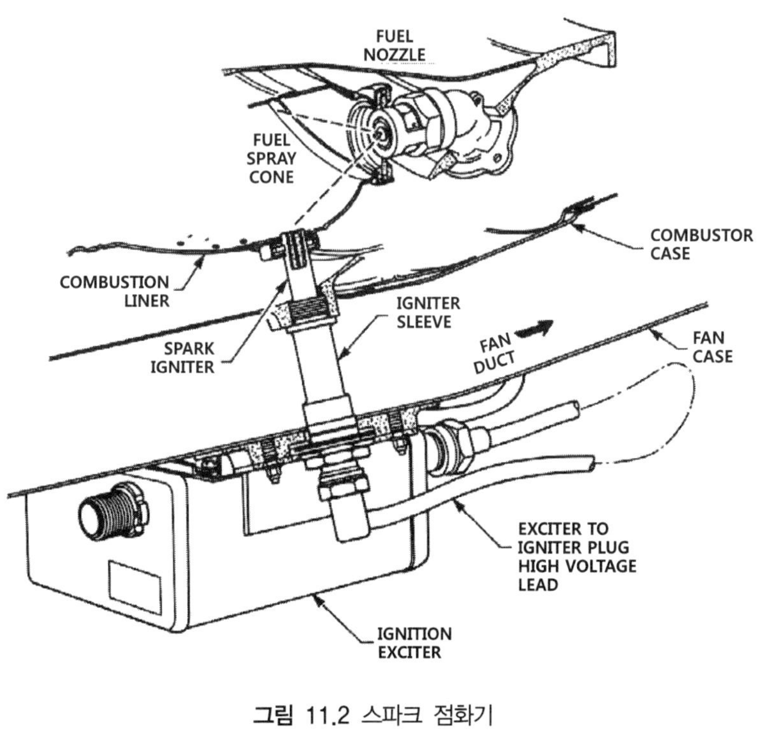

그림 11.2 스파크 점화기

라서 가스터빈엔진에 사용하는 점화플러그는 점화가 일어나면서 고에너지 스파크가 팁에 부착되어 있는 탄소와 다른 부착물질을 제거해주기 때문에 파울링이 줄어든다. 점화플러그 재료는 내부식성과 작은 열팽창계수를 가진 니켈-크롬합금을 사용한다. 아울러 대부분의 나사산은 고착 방지를 위하여 은도금되어 있으며, 이로 인해 고가이다. 점화플러그 고온 쪽 쉘(shell)은 일반적으로 공기냉각을 통하여 주위 가스온도보다 500~600°F 더 낮은 온도로 유지하여 고온부식과 고온침식이 생기지 않도록 해준다. 대부분의 경우 점화플러그 팁은 라이너 내부로 약 0.1인치 들어가 있으며, 스파크가 발생할 때는 0.75인치 더 들어간다.

11.2.2 예열 플러그 점화기

그림 11.3에 나타나 있는 예열 플러그 점화기는 소형 가스터빈엔진에 주로 사용한다.

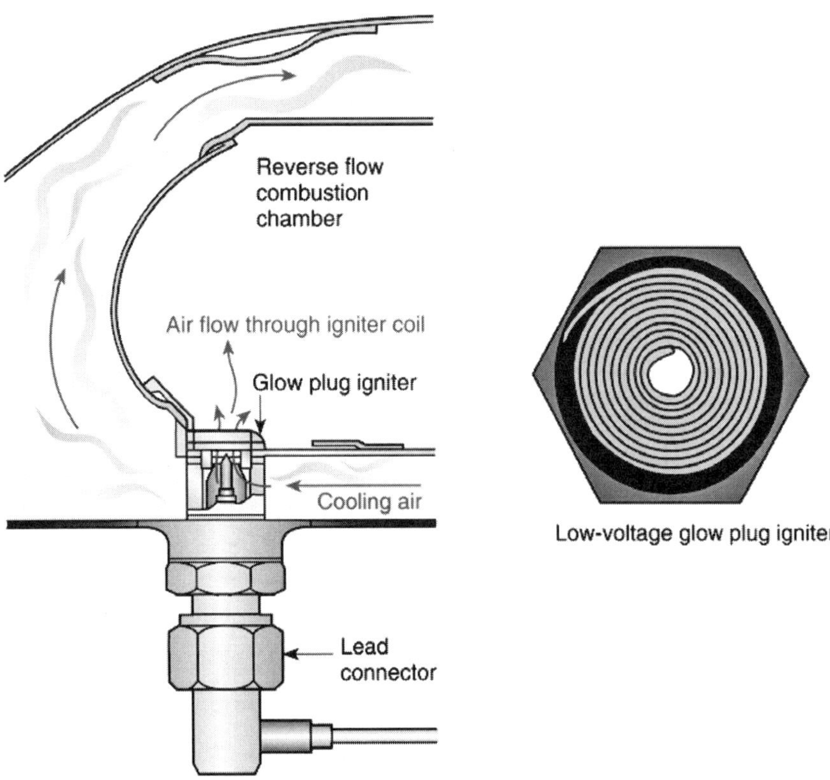

그림 11.3 예열 플러그 점화기

예열 플러그는 매우 높은 열값을 가지는 저항코일이며, 매우 낮은 온도에서의 시동을 위해 설계되었다. 예열 플러그에는 코일을 가열시키기 위해 10 암페어의 28V 직류전류가 공급되며, 예열이 완료되면 코일이 가열되어 노랗게 변한다. 코일은 자동차의 시가잭과 매우 유사하다. 코일을 통과한 공기는 그림 11.3에 나타나 있는 것처럼 위로 흘러가면서 주 연료노즐로부터 흘러내리는 연료와 혼합된다. 이 점화기를 사용하는 경우 엔진을 시동하는 동안 낮은 유량 조건에서 주 연료노즐을 통해 공급되는 연료가 완전히 무화되지 않도록 설계한다. 코일을 빠져나온 공기와 연료가 혼합하면서 핫스트리크(hot streak)나 블로우 토치형 점화(blow torch type ignition)가 일어난다. 연료공급이 중지된 후에 점화기 내부를 흐르는 공기는 엔진이 작동하는 동안 점화코일을 냉각시킨다.

참고문헌

Boyce, M.P., "Gas turbine engineering handbook", 4th ed., Elsevier, 2012.

Chyu, M.K. and S.C. Siw, "Recent advances of internal cooling technologies for gas turbine airfoils", J. Thermal Sci. Eng. Appl. 5(2), 021008, May 17, 2013.

Korpela, S.A., "Principles of turbomachinery", A John Willy & Sons, Inc., Publication, 2011.

Lakshminarayana, B., "Fluid dynamics and heat transfer of turbomachinery", A Wiley-Interscience Publication, 1996.

Otis, C.E. and P.A. Vosbury, "Aircraft gas turbine powerplants", Jeppesen Sanderson Training Products, 2001.

찾아보기

ㅇ

ㅈ

ㅊ

항공용 가스터빈

지은이 이병은
펴낸이 조경희
펴낸곳 경문사
펴낸날 2016년 6월 1일 1판 1쇄
2022년 9월 1일 1판 3쇄
등 록 1979년 11월 9일 제1979-000023호
주 소 04057, 서울특별시 마포구 와우산로 174
전 화 (02)332-2004 팩스 (02)336-5193
이메일 kyungmoon@kyungmoon.com

값 20,000원

ISBN 978-89-6105-410-2